U0180884

住房城乡建设部土建类学科专业"十三五"规划教材
"十二五"普通高等教育本科国家级规划教材

高等学校土木工程专业指导委员会规划推荐教材
（经典精品系列教材）

岩 石 力 学

（第四版）

许 明　张永兴　主编

中国建筑工业出版社

图书在版编目(CIP)数据

岩石力学 / 许明，张永兴主编. —4 版. —北京：
中国建筑工业出版社，2020.10（2022.8 重印）
住房城乡建设部土建类学科专业"十三五"规划教材
"十二五"普通高等教育本科国家级规划教材　高等学校
土木工程专业指导委员会规划推荐教材　经典精品系列
教材
ISBN 978-7-112-25390-6

Ⅰ.①岩…　Ⅱ.①许…②张…　Ⅲ.①岩石力学－高
等学校－教材　Ⅳ.①TU45

中国版本图书馆 CIP 数据核字(2020)第 158169 号

责任编辑：仕　帅　吉万旺　王　跃
责任校对：张惠雯

住房城乡建设部土建类学科专业"十三五"规划教材
"十二五"普通高等教育本科国家级规划教材
高等学校土木工程专业指导委员会规划推荐教材
（经典精品系列教材）

岩 石 力 学
（第四版）

许　明　张永兴　主编

*

中国建筑工业出版社出版、发行（北京海淀三里河路 9 号）
各地新华书店、建筑书店经销
北京红光制版公司制版
北京云浩印刷有限责任公司印刷

*

开本：787 毫米×1092 毫米　1/16　印张：16¾　字数：362 千字
2020 年 11 月第四版　　2022 年 8 月第二十三次印刷
定价：**48.00** 元（赠课件及配套数字资源）
ISBN 978-7-112-25390-6
（36383）

版权所有　翻印必究
如有印装质量问题，可寄本社退换
（邮政编码 100037）

本书在 2015 年出版的第三版基础上根据最新标准规范以及在线课程建设成果修订而成。 内容包括：绪论、岩石的物理力学性质、岩体的力学特性、岩体地应力及其测量方法、岩石地下工程、岩石边坡工程、岩石地基工程、岩石力学研究新进展，每章后附有复习思考题。 本书配套大量二维码教学资源及课件供读者使用。

　　本书可作为土木工程、水利工程、矿业工程、石油工程、地质工程、交通运输工程等专业本科生教材，也可供相关专业教师及工程技术人员参考使用。

*　　　*　　　*

　　本书作者制作了教学课件，有需要的任课老师可以发邮件至 jiangong kejian@163. com 索取。

为规范我国土木工程专业教学，指导各学校土木工程专业人才培养，高等学校土木工程学科专业指导委员会组织我国土木工程专业教育领域的优秀专家编写了《高等学校土木工程专业指导委员会规划推荐教材》。本系列教材自 2002 年起陆续出版，共 40 余册，十余年来多次修订，在土木工程专业教学中起到了积极的指导作用。

本系列教材从宽口径、大土木的概念出发，根据教育部有关高等教育土木工程专业课程设置的教学要求编写，经过多年的建设和发展，逐步形成了自己的特色。本系列教材曾被教育部评为面向 21 世纪课程教材，其中大多数曾被评为普通高等教育"十一五"国家级规划教材和普通高等教育土建学科专业"十五""十一五""十二五"规划教材，并有 11 种入选教育部普通高等教育精品教材。 2012 年，本系列教材全部入选第一批"十二五"普通高等教育本科国家级规划教材。

2011 年，高等学校土木工程学科专业指导委员会根据国家教育行政主管部门的要求以及我国土木工程专业教学现状，编制了《高等学校土木工程本科指导性专业规范》。在此基础上，高等学校土木工程学科专业指导委员会及时规划出版了高等学校土木工程本科指导性专业规范配套教材。为区分两套教材，特在原系列教材丛书名《高等学校土木工程专业指导委员会规划推荐教材》后加上经典精品系列教材。2016 年，本套教材整体被评为《住房城乡建设部土建类学科专业"十三五"规划教材》，请各位主编及有关单位根据《住房城乡建设部关于印发高等教育 职业教育土建类学科专业"十三五"规划教材选题的通知》要求，高度重视土建类学科专业教材建设工作，做好规划教材的编写、出版和使用，为提高土建类高等教育教学质量和人才培养质量做出贡献。

高等学校土木工程学科专业指导委员会
中国建筑工业出版社

  本书第一版于 2004 年由中国建筑工业出版社出版，张永兴任主编，是普通高等教育土建学科专业"十五"规划教材、高等学校土木工程专业指导委员会规划推荐教材。2008 年及 2015 年经过两次修订，该教材为住房城乡建设部土建类学科专业"十三五"规划教材、"十二五"普通高等教育本科国家级规划教材、高等学校土木工程专业指导委员会规划推荐教材。 2010 年岩石力学课程成为国家精品课程，2012 年岩石力学课程成为重庆市精品资源共享课。

  近年来，在线课程随着现代网络信息技术的发展而兴起，成为推行研究性学习的重要途径。 2018 年岩石力学在线课程建设获重庆大学立项，遵循面向土建类专业，结合区域特点，以能力培养为核心，知识单元、知识点与工程实践相结合，与科学研究相结合的原则，深化课程的内容改革，丰富教学形式与手段，提高教学效果，促进因材施教和个性化学习，达到优质教学资源的共享。

  本次修订依托在线课程建设成果，参考国内外诸多教材及在线课程建设经验，调整了一些传统教材的内容，通过文字、图片、动画、视频等各种形式展现岩石力学学科的成就和最新发展，以使教学内容适应我国工程建设发展的新趋势。

  本次修订由重庆大学许明任主编，负责全书统筹及校订，中国矿业大学贺永年任主审，各章节修订人员如下：第 1 章绪论，许明；第 2 章岩石的物理力学性质，许明；第 3 章岩体的力学特性，文海家，刘先珊；第 4 章岩体地应力及其测量方法，谢强；第 5 章岩石地下工程，王桂林；第 6 章岩石边坡工程，吴曙光；第 7 章岩石地基工程，陈建功；第 8 章岩石力学研究新进展，杨海清。

  限于编者的水平，本书不当之处在所难免，恳请读者批评指正。

编 者

2020 年 5 月

第三版前言

本书第一版于 2004 年由中国建筑工业出版社出版，张永兴任主编、阴可任副主编，是普通高等教育土建学科专业"十五"规划教材、高校土木工程专业指导委员会规划推荐教材。2008 年对第一版教材进行修订，出版了《岩石力学》（第二版）。该教材被评为普通高等教育土建学科专业"十一五"规划教材。2012 年，《岩石力学》教材入选第一批"十二五"普通高等教育本科国家级规划教材。2014年，根据我国高等学校土木工程学科专业指导委员会制定的《高等学校土木工程本科指导性专业规范》，结合长期教学与工程实践的经验，开展本教材第三版的修订工作。

本次修订参考了国内外诸多教材建设经验及相关院校国家与省部级精品课程、重点建设课程的教学经验，遵循强调岩石力学基本概念、基本原理和基本设计方法、扩大专业知识面的原则，调整了一些传统教材的内容，适当反映我国有关规范编制建设的成果和岩石力学学科发展新方向，以使教学适应我国工程建设发展的新趋势。

本次修订由重庆大学许明任主编，负责全书统筹及校订，各章节修订人员如下：第 1 章绪论，刘先珊；第 2 章岩石的物理力学性质，阴可；第 3 章岩体的力学特性，文海家；第 4 章岩体地应力及其测量方法，谢强；第 5 章岩石地下工程，王桂林；第 6 章岩石边坡工程，吴曙光；第 7 章岩石地基工程，陈建功；第 8 章岩石力学研究新进展，杨海清。相关章节电子课件可参考重庆大学精品课程网站。

限于编者的水平，本书不当之处在所难免，恳请读者批评指正。

编 者
2014 年 11 月

为适应岩石力学课程多学时及实验教学的需要，对岩石力学第一版教材进行了修订。 主要修订的内容如下：

1. 第一版教材中各章的勘误；

2. 根据《公路隧道设计规范》JTG D70—2004 对第 5 章岩石地下工程作了较大的修改；

3. 增加了第 8 章岩石力学研究新进展；

4. 对复习思考题均作了较大的修改；

5. 增加了岩石力学实验指导书及实验报告。

本次修订由重庆大学许明编写，张永兴、阴可审阅。

本教材出版后，得到了广大读者的厚爱和支持。 经过申报和评审，建设部已批准我们承担普通高等教育土建学科专业"十一五"规划教材《岩石力学》的编写任务。 我们衷心欢迎广大读者和同行们提出宝贵意见。

编 者

2007 年 12 月

　　本书是依据全国高等学校土木工程专业指导委员会推荐的土木工程专业地下、岩土、矿山类专业课群组核心课程《岩石力学》教学大纲编写的。

　　本书内容主要分三大部分。 第一部分重点介绍了岩石与岩体的基本概念、岩石的基本物理力学性能（第1、2章）；第二部分重点介绍了结构面、岩体的基本力学性能及地应力（第3、4章）；第三部分突出介绍了岩石力学基本理论在岩石地下工程、岩石边坡工程及岩石地基工程稳定分析及设计中的应用（第5、6、7章）。 每章附有复习思考题供练习巩固用。

　　本书可作为土木工程、水利工程、矿业工程、石油工程、地质工程、交通运输工程等专业的本科生教材，也可作为高等学校相关专业的教师、科研院所和工程部门的科研人员、工程技术人员的技术参考书。

　　本书由重庆大学张永兴教授任主编，阴可副教授任副主编。 参加编写工作的还有王桂林、文海家、刘新荣、靳晓光、张波、吴曙光、曾鼎华等。 胡居义、谢强、宋静等参加了资料整理并绘制插图。

　　中国矿业大学贺永年教授、重庆大学周小平博士后仔细审阅了全书并提出了宝贵修改意见， 在此表示衷心感谢。

　　限于水平，难免有欠妥之处，敬请读者指正。

编 者

2004 年 7 月

目　录

第 3 章 岩体的力学特性

第8章　岩石力学研究新进展

第1章

绪　论

早在远古时代，人们就开始使用岩石制作工具，利用天然岩洞或挖掘岩洞作居室。在约 4700 年前，古埃及就开采岩石建造金字塔，其最大高度达到了 146.5m；公元 1600 年，火药传入欧洲用以采矿和开挖隧道；19 世纪铁路的大发展，要求限制铁道的坡度，导致隧道技术的快速发展；20 世纪大型水电工程的建设对岩石基础、边坡、地下洞室和隧道工程提出了更高的要求。20 世纪 50 年代末法国 Mal-passet 拱坝的失事和 20 世纪 60 年代初意大利 Vajont 大坝水库高边坡的崩溃，促成了国际岩石力学学会在 1962 年成立，将岩石力学从土力学的领域中分离出来而成为一门专门学科。

1.0.1 法国 Malpasset拱坝　　1.0.2 意大利 Vajont拱坝　　1.0.3 何为地质环境

岩石力学是固体力学的一个新的分支，用以研究岩石材料的力学性能和岩石工程的特殊设计方法。岩石材料不同于一般的人工制造的固体材料，岩石经历了漫长的地质构造作用，内部产生了很大的内应力，具有各种规模的不连续面和孔洞，而且还可能含有液相和气相，岩石远不是均匀的、各向同性的弹性连续体，这就决定了必须开发出与之适应的原理、装置和方法。

岩石力学是伴随着采矿、土木、水利、交通等岩石工程的建设和数学、力学等学科的进步而逐步发展形成的一门学科，按其发展进程可划分四个阶段：

1. 初始阶段（19 世纪末～20 世纪初）

这是岩石力学的萌芽时期，产生了初步理论以解决岩体开挖的力学计算问题。例如，假定地应力是一种静水压力状态，作用在地下岩石工程上的垂直压力和水平压力相等，均等于单位面积上覆盖岩层的重量。由于当时地下岩石工程埋深不大，因而一度认为这些理论是正确的。但随着开挖深度的增

1.0.4 岩石力学的发展简史

加，越来越多的人认识到上述理论是不准确的。

2. 经验理论阶段（20 世纪初～20 世纪 30 年代）

该阶段出现了根据生产经验提出的地压理论，并开始用材料力学和结构力学的方法分析地下工程的支护问题。最有代表性的理论就是自然平衡拱学说，即普氏理论。该理论认为，围岩开挖后自然塌落成抛物线拱形，作用在支护结构上的压力等于冒落拱内岩石的重量，仅是上覆岩石重量的一部分。普氏理论是相应于当时的支护形式和施工水平发展起来的。由于当时的掘进和支护所需的时间较长，支护和围岩不能及时紧密相贴，致使围岩最终往往有一部分破坏、塌落。但事实上，围岩的塌落并不是形成围岩压力的唯一来源，也不是所有的地下空间都存在塌落拱。进一步地说，围岩和支护之间并不完全是荷载和结构的关系问题，在很多情况下围岩和支护形成一个共同承载系统，而且维持岩石工程的稳定最根本的还是要发挥围岩的作用。因此，靠假定的松散地层压力来进行支护设计是不合实际的。尽管如此，上述理论在一定历史时期和一定条件下还是发挥了一定作用的。

3. 经典理论阶段（20 世纪 30 年代～20 世纪 60 年代）

这是岩石力学学科形成的重要阶段，弹性力学和塑性力学被引入岩石力学，确立了一些经典计算公式，形成围岩和支护共同作用的理论。结构面对岩体力学性质的影响受到重视，岩石力学文献和专著的出版，实验方法的完善，岩体工程技术问题的解决，这些都说明岩石力学发展到该阶段已经成为一门独立的学科。

在经典理论发展阶段，形成了"连续介质理论"和"地质力学理论"两大学派。连续介质理论是以固体力学作为基础，从材料的基本力学性质出发来认识岩石工程的稳定问题，这是认识方法上的重要进展，抓住了岩石工程计算的本质性问题。但是，连续介质理论的计算方法只适用于圆形巷道等个别情况，对普通的开挖空间却无能为力，因为没有现成的弹性或弹塑性理论解析解可供应用。早期的连续介质理论忽视了对地应力作用的正确认识，忽视了开挖的概念和施工因素的影响。地应力是一种内应力，由于开挖形成的"释放荷载"才是引起围岩变形和破坏的根本作用力。而传统连续介质理论采用固体力学或结构力学的外边界加载方式，往往得出远离开挖体处的位移大，而开挖体内边缘位移小的计算结果，这显然与事实不符。此外，传统连续介质理论过分注重对岩石"材料"的研究，追求准而又准的"本构关系"。但是，由于岩体组成和结构的复杂性和多变性，要想把岩石的材料性质和本构关系完全弄准确是不可能的。

地质力学理论注重研究地层结构和力学性质与岩石工程稳定性的关系，该理论反对把岩体当作连续介质简单地利用固体力学的原理进行岩石力学特性的分析；强调研究工程围岩的稳定性必须了解原岩应力和开挖后岩体的力学强度变化，重视对岩体节理、裂隙的研究，提出岩体结构面对岩石工程稳定性具有控制作用。该理论同时重视岩石工程施工过程中应力、位移和稳定性状态的监测，这是现代信息岩石力学的雏形。该学派重视支护与围岩的共同作用，特别重视利用围岩自身的强度维持岩石工程的稳定性。在岩石工程施工方面，提出了著名的"新奥法"，该方法特别符合现代岩石力学理论，至今仍被国内外广泛应用。该理论的缺陷是过分强调节理、裂隙的作用，过分依赖经验，而忽视理论的指导作用。该理论完全反对把岩体作为连续介质看待，也是不正确和有害的。因为这种认识阻碍了现代数学力学理论在岩石工程中的应用。虽然岩体中存在这样那样的节理、裂隙，但从大范围、大尺度看仍可将其作为连续介质对待。对节理、裂隙的作用，对连续性和不连续性的划分，均需由具体研究的工程和处理问题的方法而确定，没有绝对的统一模式和标准。

　　4. 现代发展阶段（20 世纪 60 年代～现在）

　　此阶段是岩石力学理论和实践的新进展阶段，其主要特点是，用更为复杂的多种多样的力学模型来分析岩石力学问题，把力学、物理学、系统工程、现代数理科学、现代信息技术等的最新成果引入了岩石力学。而电子计算机的广泛应用为流变学、断裂力学、非连续介质力学、数值方法、灰色理论、人工智能、非线性理论等在岩石力学与工程中的应用提供了可能。

　　从总体上来讲，现代岩石力学理论认为：由于岩石和岩体结构及其赋存状态、赋存条件的复杂性和多变性，岩石力学既不能完全套用传统的连续介质理论，也不能完全依靠以节理、裂隙和结构面分析为特征的传统地质力学理论，而必须把岩石工程看成是一个"人-地"系统，用系统论的方法来进行岩石力学与工程的研究。用系统概念来表征"岩体"，可使岩体的"复杂性"得到全面、科学的表述。从系统来讲，岩体的组成、结构、性能、赋存状态及边界条件构成其力学行为和工程功能的基础，岩石力学研究的目的是认识和控制岩石系统的力学行为和工程功能。时至今日，岩石工程力学问题已被当作一种系统工程来解决。系统论强调复杂事物的层次性、多因素性及相互关联和相互作用特征，并认为人类认识是多源的，是多源知识的综合集成，这些为岩石力学理论和岩石工程实践的结合提供了依据。可以说，从"材料"概念到"不连续介质概念"是现代岩石力学的第一步突破；进入计算力学阶段是第二步突破；而非线性理论、不确定性理论和系统科学理论进入实用阶段，则是岩石力学理论研究及工程应用的第三步意义更为重大的突破。

1.1   岩石与岩体的基本概念

1.1.1   岩石和岩体

　　岩石和岩体是岩石力学的直接研究对象。要学习和研究岩石力学，首先要建立岩石（或岩块）和岩体的基本概念。岩石是组成地壳的基本物质，它

1.1.1 解读岩石的密码

是由矿物或岩屑在地质作用下按一定规律凝聚而成的自然地质体。例如，我们通常所见到的花岗岩、石灰岩、片麻岩，都是指具有一定成因、一定矿物成分及结构构造的岩石。岩石可由单种矿物所组成，例如，纯洁的大理岩由方解石组成；而多数的岩石则是由两种以上的矿物组成，例如，花岗岩主要由石

1.1.2 矿物的种类

1.1.3 岩石的三大种类

英、长石、云母三种矿物所组成。按照成因，岩石可分为岩浆岩、沉积岩和变质岩三大类。

岩浆岩是岩浆冷凝而形成的岩石。绝大多数的岩浆岩是由结晶矿物所组成，由非结晶矿物组成的岩石是很少的。由于组成岩浆岩的各种矿物的化学成分和物理性质较为稳定，它们之间的连接是牢固的，因此岩浆岩通常具有较高的力学强度和均质性。

沉积岩是由母岩（岩浆岩、变质岩和早已形成的沉积岩）在地表经风化剥蚀而产生的物质，通过搬运、沉积和固结作用而形成的岩石。沉积岩由颗粒和胶结物组成，各有不同的成分。颗粒包括各种不同形状和大小的岩屑及不同矿物，胶结物常见的有钙质、硅质、铁质以及泥质等。沉积岩的物理力学特性不仅与矿物和岩屑的成分有关，而且与胶结物的性质有很大的关系，例如，硅质、钙质胶结的沉积岩的强度一般较高，而泥质胶结的和带有一些黏土胶结的沉积岩，其强度就较低。另外，由于沉积环境的影响，沉积岩具有层理构造，这就使沉积岩沿不同方向表现出不同的力学性能。

变质岩是由岩浆岩、沉积岩甚至变质岩在地壳中受到高温、高压及化学活动性流体的影响下发生变质而形成的岩石。它在矿物成分、结构构造上具有变质过程中所产生的特征，也常常残存有原岩的某些特点。因此，它的物理力学性质不仅与原岩的性质有关，而且与变质作用的性质和变质程度有关。

1.1.4 三大类岩石特征对比

岩石的物理力学指标是在实验室内用一定规格的试件进行实验而测定的。这种岩石试件是由钻孔中获取的岩芯，或在工程范围内用爆破以及其他方法获得的岩石碎块经加工而制成的，这样采集的标本或岩芯仅仅是在自然地质体中的岩石小块，称为岩块。我们平时所称的岩石，在一定程度上都是指岩块，所以我们在这里就不把自然地质体的岩石（岩体）和岩块这两个概念严格加以区分了。因为岩块是不包含有显著弱面的较均质的岩石块体，所以通常把它作为连续介质及均质体来看待。

1.1.5 岩石与岩体的区别与联系

岩体是指一定工程范围内的自然地质体，它经历了漫长的自然历史过程，经受了各种地质作用，并在地应力的长期作用下，在其内部保留了各种永久变形和各种各样的地质构造形迹，例如不整合、褶皱、断层、层理、节理、劈理等不连续面。岩石与岩体的重要区别就是岩体包含若干不连续面。由于不连续面的存在，岩体的强度远低于岩石强度。因而对于设置在岩体上或岩体中的各种工程所关心的岩体稳定问题来说，起决定作用的是岩体强度，而不是岩石强度。

1.1.2 岩体结构

岩体是地质历史的产物，在长期的成岩及变形过程中形成了它们特有的结构。岩体结构包括两个基本要素，结构面和结构体。结构面即岩体内具有一定方向、延展较大、厚度较小的面状地质界面，包括物质的分界面和不连续面，它是在地质发展历史中，尤其是地质构造变形过程中形成的。被结构面分割而形成的岩块，四周均被结构面所包围，这种由不同产状的结构面组合切割而形成的单元体称为结构体。

1.1.6 岩体结构

结构面是岩体的重要组成单元，岩体质量的好坏与结构面的性质密切相关。

有关结构面的成因及分类在第3章中将详细讨论。结构面的强度取决于它的特性，即它的粗糙度及充填物的性质。其中，结构面对岩体结构类型的划分常起着主导作用。在研究结构面时，一方面要注意结构面的强度、密度及其延展性，另一方面还需注意结构面的规模大小和它们之间的组合关系。

结构体就是被结构面所包围的完整岩石，或隐蔽裂隙的岩石，结构体也是岩体的重要组成部分。在研究结构体时，首先要弄清结构体的岩石类型及其物理力学属性，然后根据结构面的组合确定结构体的几何形态和大小，以及结构体之间的镶嵌组合关系等。结构体的不同形态称为结构体的形式。常见的单元结构体有块状、柱状、板状体，以及菱形、楔形、锥形体等。

岩体结构是由结构面的发育程度和组合关系，或结构体的规模及排列形式决定的。岩体结构类型的划分反映出岩体的不连续性和不均一性特征。中国科学院地质研究所根据多年的工程实践，从岩体结构的角度提出了岩体结构分类（表1-1）。根据这个分类，岩体结构分为块状结构、镶嵌结构、碎裂结构、层状结构、层状碎裂结构以及松散结构等。我国有不少专门为工程目的的岩体分类，例如为建造地下隧道和洞室的围岩分类（铁路隧道规范分类、岩石地下建筑技术措施分类等），都是以岩体结构分类为基础的。

1.1.7 岩体结构类型

岩体结构类型及其特征   表 1-1

岩体结构类型	岩体地质类型	主要结构体形式	结构面发育情况	工程地质评价
块状结构	厚层沉积岩 火成侵入岩 火山岩变质岩	块状 柱状	节理为主	岩体在整体上强度较高，变形特征接近于均质弹性各向同性体，作为坝基及地下工程洞体具有良好的工程地质条件，在坝肩及边坡条件虽也属良好，但要注意不利于岩体稳定的平缓节理

岩体结构类型	岩体地质类型	主要结构体形式	结构面发育情况	工程地质评价
镶嵌结构	火成侵入岩非沉积变质岩	菱形锥形	节理比较发育，有小断层错动带	岩体在整体上强度仍高，但不连续性较为显著，在坝基经局部处理后仍为良好地基；在边坡过陡时易以崩塌形式出现，不易构成大滑坡体；在地下工程，若跨度不大，塌方事故很少
碎裂结构	构造破坏强烈岩体	碎块状	节理、断层及断层破碎带交叉劈理发育	岩体完整性破坏较大，强度受断层及软弱结构面控制，并易受地下水作用影响，岩体稳定性较差，在坝基要求对规模较大断层进行处理，一般可灌浆固结；在边坡有时出现较大的塌方；在地下矿坑开采中易产生塌方、冒顶，要求紧跟支护；对永久性地下工程要求衬砌
层状结构	薄层沉积岩沉积变质岩	板状楔形	层理、片理、节理比较发育	岩体呈层状，接近均一的各向异性介质。作为坝基、坝肩、边坡及地下洞体的岩体时其稳定与岩层产状关系密切，一般陡立的较为稳定，而平缓的较差。倾向不同时也有很大差异，要结合工程具体考虑。这类岩体在坝肩、坝基及边坡处较易出现破坏事故
层状碎裂结构	较强烈褶皱及破碎的层状岩体	碎块状楔形	层理、片理、节理、断层层间错动面发育	岩体完整性差，整体强度低，软弱结构面发育，易受地下水不良作用影响。稳定性很差，不宜选作高混凝土坝、坝基、坝肩；边坡设计角度低，地下工程施工中常遇塌方；作为永久性工程要求加厚衬砌
松散结构	断层破碎带风化破碎带	鳞片状碎屑状颗粒状	断层破碎带、风化带及次生结构面	岩体强度遭到极大破坏，接近松散介质，稳定性最差，在坝基及人工边坡上要作清基处理，在地下工程进出口处也应进行适当处理

1.2 岩石力学的应用范围

人类生活在地球上，很多活动都利用岩石进行工程建设。随着我国经济建设的蓬勃发展，出现了大量岩石工程的建设与开发，从而岩石力学在建筑、矿山、水工、铁路和国防等领域得到日益广泛的应用与深入研究。

位于地表上建筑物的设计，需要密切注意工程地质存在的隐患（例如，可能影响建筑物选址的活断层或滑坡等），岩石力学就成为减少这种潜在危险的一种有效工具。工程地质学家必须揭露潜在的隐患，并充分运用已有的岩石力学知识去消除隐患。例如，在里约热内卢，花岗岩的剥离层曾对陡岩脚下的建筑物造成威胁，这时，工程师就可以设计锚杆系统或者进行控制爆破以消除这种危险；对于一些轻型建筑物，用岩石力学的知识便可帮助人们认清页岩地基可能存在的膨胀性；对于高大的建筑物、大型桥梁和工厂等，则有可能还需要进行荷载作用下岩体的弹性试验和滞后沉陷试验；在喀斯特灰岩或深部已采空的煤层上，则可能要进行大量的试验研究和采用专门设计的基础，以保证建筑物的稳定性。

爆破的控制也是与岩石力学密切相关的一个方面。在城市中，新建建筑的基础可能非常靠近已有建筑物，在爆破时，就要使振动不致危害邻近的建筑物或扰动附近的住宅。另外，临时开挖也可能需要设置锚固系统，以防止滑坡或岩块松动。

1.2.1 岩石爆破
工程

最苛求于岩石力学的地面建筑物是大坝，特别是拱坝和支墩坝。它作用在岩基或坝头的应力很大，同时还承受水压力及水的其他作用。除了必须注意地基内的活断层外，还要仔细评价可能产生的滑坡对水库造成的威胁。意大利 Vajont 坝失事的严重灾难至今仍让人记忆犹新。在这次事故中，巨大的滑坡体使库水漫过高大的 Vajont 拱坝，致使下游两千多人丧生。岩石力学还可以应用于材料的选择，例如选择保护堤坡免遭波浪冲蚀的抛石、混凝土骨料、各种反滤层材料和填筑石料等。根据岩石试验可以确定这些材料的耐久性和强度特性。由于不同的坝型在岩体上产生的应力状态很不相同，因此，岩体变形和岩体稳定的分析就成为工程设计研究的重要组成部分。

对于混凝土坝，通过室内试验和现场试验所确定的坝基与坝头岩体的变形特性值，可在混凝土坝应力的模型研究或数值分析中综合运用。所有坝体下面的大小楔形岩体的安全性都要通过静力计算来确定。必要时，需要使用锚索或锚杆等支护设备，以便对基岩或坝与基岩的接触面施加预应力。

运输工程在许多方面同样有赖于岩石力学。铁路、公路、运河、管道和压力钢管管线、路堑边坡等设计中，可能要对断裂的岩体进行试验和分析。根据岩石力学的研究，通过调整后得到的合适的线路方位，很可能会大量降低造价。是否应把上述这些线路埋设在地下，在一定程度上取决于对岩石情况的判断以及对采用隧洞与明挖费用的比较。如果能把压力钢管埋设在隧洞里，让一部分应力由岩石来承担，则可以节省钢材。在这种情况下，就需通过岩石试验测定设计上所需的岩石特性。有时，压力管道可以不要衬砌，这时就需要进行岩石的应力测量，以保证不致因渗漏而发生危险。在市区内，由于地价高昂，地面的运输线可能要采用近似直立的边坡，这样就需要用人工支护以维持边坡的长期稳定。

为了其他目的进行地面开挖时，在爆破控制、开挖坡度、安全台阶位置的选择以及支护措施等方面，也往往需要用到岩石力学的知识。露天矿坑是否合理，取决于使用是否方便和开挖是否经济，这就要求对其边坡岩体进行大量的研究工作以选择出合适的开挖坡度。

地下开挖在很多方面都要依靠岩石力学知识。在采矿中，切割机和钻机必须根据相应实验室试验得到的岩石性状来进行设计。采矿的一个重大决策，是在开采矿石时究竟力图维持洞室的形状不变还是允许岩体适当变形。这时，岩体性状及应力条件在制定正确决策时是最为重要的，可以基于岩石力学通过数值分析、理论计算和进行全面的岩体试验等研究加以确定。

地下洞室目前除用于运输和采矿外，还另有一些用途，其中有些用途需要获得岩体物理力学方面新的资料数据和专门技术。例如在地下洞室内存贮液化天然气，需要对岩体进行在极端低温条件下性能的测定和对岩体进行热传导性能的分析；在地下洞室内存贮油和气时，需要研究当地岩体的性状以便找到一个能防止渗漏的地下环境。在山区，地下水电厂较地面电厂有较多的优点，地下水电厂有很大的地下厂房和其他许多洞室，是复杂的空间布置，这些洞室的方位和布置，几乎都要根据岩石力学及地质学来研究决定。因此，岩石力学可以说是一种基本工具。在军事方面，地下洞室必须具有抵抗预定核爆炸产生的动力荷载的能力，因而必须在地壳巨大震动力的作用下能够保持安全牢固，所以岩石动力学在这类工程设计中占有重要的地位。

1.2.2 岩石地下工程TBM施工

岩石力学在能源开发领域中也是很重要的。在采油工程中，钻头的设计与岩性有关，因为钻头磨损是采油成本的一个重要组成部分。岩石力学可用来解决深孔和深层采油所发生的问题。

目前，岩石力学的新用途、新领域不断出现。外层空间的探测和开发、地震预报、溶解法采矿、压缩空气的地下存贮以及其他崭新的领域，正要求岩石力学技术的进一步深入发展。但是，即使对于上述一般的应用领域，我们至今仍然没有完全掌握进行合理设计所需要的岩石力学知识，这主要是因为岩体的性质特殊，它与其他工程材料相比在处理上也相当困难。

1.2.3 岩石力学的应用范围、研究内容与方法

1.3 岩石力学的基本内容与研究方法

1.3.1 岩石力学的基本内容

岩石力学是研究岩石及岩体在各种不同受力状态下产生变形和破坏的规律，并在工程地质定性分析的基础上，定量地分析岩体稳定性的一门学科。从工程实用性来看，它主要涉及岩体稳定性以及岩体破碎规律的研究。前者包括岩坡稳定、基岩稳定、洞室围岩稳定等问题的研究，这也是本书的主要内容；后者主要讨论机械破岩、爆破破岩、水力破岩等方面的研究。然而，不论是对岩体稳定性还是岩体破碎规律方面的研究，都必须建立在对岩体的物理力学性质有充分而正确地认识的基础上，因此岩体的物理力学性质也是岩石力学中重点探讨

的课题之一。

　　岩石力学是在 20 世纪 50 年代初兴起的一门学科。与土力学相比，它的历史很短且与现代化大生产的发展分不开。随着大生产的发展，在对自然界能源的开采、利用以及在各项工程建设中，例如采矿、水利、水电、土木工程、铁路交通以及国防建设等，都出现了各种有关岩体稳定性的课题。由于

1.3.1 工程地质与
水文地质条件
分析

对岩体的稳定性认识不足，在一定程度上带有盲目性，一些大型水坝、岩质边坡、大型地下洞室以及深部采矿等工程，都出现了重大的工程事故，究其原因，都是与各种受力状态下的岩体失稳分不开的，这就引起了人们对岩石力学的重视。目前，现代化工程建设的规模正在逐年增大，随之对工程建设的责任性也相应增大，为了使得工程建设达到安全可靠、经济合理的目的，就必须对岩体稳定性问题作出定量的评价。

　　随着现代化建设的进一步增强和工程规模的逐年扩大，岩石力学对工程实践所起的作用也逐步被人们更深刻地理解。同时，岩石力学毕竟是一门年轻的学科，所以在很多方面还不够成熟，特别是由于岩体作为一种自然地质体，影响其稳定性的各种因素之间的关系纷繁复杂，它们中间的很多规律尚未得到充分认识，这些都迫使我们去进一步探索和研究。正是由于工程实践的需要，60 多年来岩体力学得到了高速发展。目前，在试图解决各种岩体稳定性问题的时候，不仅要有现代化的实验设备和方法，而且要有先进的理论指导和现代化的计算方法，才能有效地综合各种成果，求得接近于实际的答案。

　　由此，岩石力学的基本内容，可以大致归纳为以下三个方面：

　　(1) 基本原理，包括岩石的破坏、断裂、蠕变及岩石内应力、应变理论等的研究；

　　(2) 实验室试验和现场原位试验，包括各种静力和动力方法，以确定岩块和岩体在静力和动力荷载下的性状以及岩体内的初始应力；

　　(3) 实际应用方面，包括地表岩石地基（如高坝、高层建筑、核电站的地基）的稳定和变形问题、岩石边坡（如水库边坡、高坝岸坡、渠道、路堑、露天开采坑等人工和天然岩石边坡）的稳定问题、地下洞室（如地下电站、水工隧洞、交通隧洞、采矿巷道、战备地道等）围岩的稳定、变形和加固问题、岩石破碎（如将岩石破碎成所要求的规格）、岩石爆破、地质作用（如分析因采矿而地表下陷、解释地球的构造理论、预估地震与控制地震）等问题的研究。

1.3.2　岩石力学的研究方法

　　岩石力学是一门新兴的学科，又是一门重要的交叉学科和边缘学科，是用力学的观点对自然存在的岩石和岩体进行性质测定和理论计算来为具体的工程建设服务的。岩石力学的研究必须采用科学实验与理论分析紧密结合的方法。

　　岩石力学中的科学实验是岩石力学研究工作的基础。进行岩石和岩体的物理力学参数测

定，以及进行各项现场和室内的原型和模型试验，是建立岩石力学概念和理论的基础，因为它不仅能够为工程设计和施工提供必不可少的岩石物理力学性质的第一手资料，而且还能为岩石力学课题的理论分析提供客观的物理基础。现在，从事于岩石力学的工作者为了更好地获得这种第一手资料，广泛地采用现代测试新技术来进行岩石的室内试验和现场试验。事实证明，每当用新的技术对岩石进行科学实验而获得成功时，我们对岩石性能的认识也就前进了一步。因此，岩石力学的科学实验必须采用最先进的测试手段。

我们现在所应用的岩石力学理论是建立在前人的基础上的，例如弹性理论、塑性理论、松散介质力学理论等，将这些理论应用于岩石或岩体的分析研究中，其适用性要接受实践的检验。由于一定的理论都是在一定的假设条件下建立的，它与复杂多变的自然岩体之间总是存在一定的差距，理论的适用性总是要受到一定的限制。因此，在应用理论时就要注意它的适用性。目前，岩石力学中尚有不少问题应用现有理论知识仍然不能获得完善的解答，只能凭借实践中所获得的经验来进行处理，这在目前仍然是很需要的；但这些经验绝不是阻碍和放弃理论的发展，而是要促进理论的发展。

现代计算技术飞速发展，电子计算机以其惊人的计算速度和处理复杂数据的能力越来越受到众多学者的青睐，其在各个领域的应用，在技术上掀起了一场大革命，电子计算机应用于岩体力学也成为必然。不仅复杂的岩体力学问题要利用电子计算机进行计算，而且作为自然体的岩体所反映的性能是多变的，带有一定的概率性，大量的科学实验数据和成果也需要利用电子计算机进行统计和处理。因此，电子计算机对岩体力学是十分有用的强大工具。目前，许多学者已经把人工智能运用到岩石力学的各个方面，并取得了显著的成果，其应用有着广阔的发展前景。

由于岩石和岩体是天然地质体，它经历了漫长的自然演变过程，各类岩体有它的地质成因，也经受了各种地质构造变动过程，各种结构面就是在这个过程中形成和演变的，岩体力学的研究脱离不了工程地质的定性研究，各类不同力学性质结构面的形成也与地质力学的研究成果分不开，因此，研究岩体力学还要求具备一定的工程地质和地质力学的知识。

1.3.2 国际年代地层表

另外，岩石力学又是一门应用性很强的学科，因此，在应用岩石力学知识解决具体工程问题的时候又必须与工程的设计与施工保持密切的联系和相互配合。岩石力学应该为设计与施工提出有利于岩体稳定的方案，又能为新的设计和施工提出岩体稳定的理论根据，这是我们努力的目标。

1.3.3 岩石力学研究的现状和未来

复习思考题

1.1 解释岩石与岩体的概念，指出两者的主要区别与联系。
1.2 岩体的力学特征是什么？
1.3 自然界中的岩石按地质成因分类可分为几大类，各有什么特点？
1.4 简述岩石力学的研究任务与研究内容。
1.5 岩石力学的研究方法有哪些？

第 2 章

岩石的物理力学性质

2.1 岩石的结构和构造

2.1.1 岩石的结构
和构造

　　岩石的物理力学性质除与其组成成分有关外，还取决于岩石的结构和构造。岩石的结构是指矿物颗粒的形状、大小和联结方式所决定的结构特征，岩石的构造则是指各种不同结构的矿物集合体的各种分布和排列方式。一般来说，岩石"结构"一词是针对构成岩石的微细粒子部分而言，而岩石"构造"是指较大的部分，"构造"比"结构"使用更广泛。

　　矿物颗粒间具有牢固的联结是岩石区别于土壤并使岩石具有一定强度的主要原因。岩石颗粒间联结分为结晶联结和胶结联结两类。结晶联结是矿物颗粒通过结晶相互嵌合在一起，如岩浆岩、大部分变质岩和部分沉积岩都具有这种联结。它通过共用原子或离子使不同晶粒紧密接触，故一般强度较高。胶结联结是矿物颗粒通过胶结物联结在一起，这种联结的岩石的强度取决于胶结物的成分和胶结类型。岩石矿物颗粒结合的胶结物质有硅质、铁质、钙质、泥质等。一般来说，硅质胶结的岩石强度最高，铁质和钙质胶结的次之，泥质胶结的岩石强度最差，且抗水性差。

　　以风化程度划分，岩石又分为微风化、中等风化和强风化岩石。在岩石力学中，根据岩石坚硬程度可分为坚硬岩、较硬岩、较软岩、软岩和极软岩。

2.2 岩石的基本物理性质

2.2.1 岩石的基本
物理性质

2.2.1 重度和密度

岩石单位体积（包括岩石中孔隙体积）的重量称为重度。岩石重度的表达式为：

$$\gamma = \frac{W}{V} \tag{2-1}$$

式中　γ——岩石重度（kN/m^3）；

　　　W——岩样的重量（kN）；

　　　V——岩样的体积（m^3）。

根据岩石试样的含水情况不同，重度可分为干重度（γ_d）、天然重度（γ）和饱和重度（γ_{sat}），一般未说明含水状态时是指天然重度。

岩石的重度取决于组成岩石的矿物成分、孔隙大小以及含水量。当其他条件相同时，岩石的重度在一定程度上与其埋藏深度有关。一般而言，靠近地表的岩石重度往往较小，而深层的岩石则具有较大的重度。岩石重度的大小，在一定程度上反映出岩石力学性质的优劣，通常岩石重度愈大，其力学性质愈好。

岩石的密度定义为岩石单位体积（包括岩石中孔隙体积）的质量，用 ρ 表示，单位一般为"kg/m^3"。它与岩石重度之间存在如下关系：

$$\gamma = \rho g \tag{2-2}$$

式中　g——重力加速度（m/s^2）。

相应地，岩石的密度也可分为干密度（ρ_d）、天然密度（ρ）、饱和密度（ρ_{sat}）。通常实验室采用比重瓶法或水中称量法测定岩石颗粒密度，采用量积法、水中称量法或蜡封法测定岩石块体密度。岩石颗粒密度采用比重瓶法测定时，先将岩石研磨成粉末，烘干后用比重瓶测量。

2.2.2　相对密度

岩石的相对密度就是岩石的干重量除以岩石的实体积（不包括岩石中孔隙体积）所得的量与 1 个大气压下 4℃时纯水的重度的比值，可由下式计算：

$$G_s = \frac{W_s}{V_s \gamma_w} \tag{2-3}$$

式中　G_s——岩石的相对密度；

　　　W_s——岩石的干重量（kN）；

　　　V_s——岩石的实体部分（不包括空隙）的体积（m^3）；

　　　γ_w——1 个大气压下 4℃时纯水的重度（kN/m^3）。

岩石的相对密度可采用比重瓶法测定。岩石的相对密度取决于组成岩石的矿物相对密度，岩石中重矿物含量越多其相对密度越大，大部分岩石的相对密度在 2.50～2.80 之间。

2.2.3 孔隙率和孔隙比

岩石试样中孔隙体积与岩石试样总体积的百分比称为孔隙率，可用下式表示：

$$n = \frac{V_v}{V} \times 100 \tag{2-4}$$

式中　　n——孔隙率，以百分比表示；

　　　V_v——岩样的孔隙体积（m^3）；

　　　V——岩样的体积（m^3）。

岩石的孔隙率也可根据干重度 γ_d 和相对密度 G_s 计算：

$$n = 1 - \frac{\gamma_d}{G_s \gamma_w} \tag{2-5}$$

孔隙率分为开口孔隙率和封闭孔隙率，两者之和总称孔隙率。由于岩石的孔隙主要是由岩石内颗粒间的孔隙和细微裂隙构成，所以孔隙率是反映岩石致密程度和岩石力学性能的重要参数，孔隙率越大，岩石中的孔隙和裂隙就越多，岩石的力学性能就越差。

孔隙比是指孔隙的体积 V_v 与固体的体积 V_s 的比值。其公式为：

$$e = \frac{V_v}{V_s} \tag{2-6}$$

根据岩样中三相体的相互关系，孔隙比 e 与孔隙率 n 存在着如下关系：

$$e = \frac{n}{1-n} \tag{2-7}$$

2.2.4 含水率、吸水率和饱和吸水率

岩石中水的质量 m_w 与岩石固体颗粒质量 m_s 比值的百分数表示称为岩石含水率，即

$$w = \frac{m_w}{m_s} \times 100 \tag{2-8}$$

岩石吸水率是指岩石在大气压力和室温条件下吸入水的质量 m_w 与岩石固体颗粒质量 m_s 之比的百分数表示，一般以 w_a 表示，即

$$w_a = \frac{m_w}{m_s} = \frac{m_0 - m_s}{m_s} \times 100 \tag{2-9}$$

式中　　m_0——岩样浸水 48h 后的质量，其余符号同前。

岩石吸水率的大小取决于岩石中孔隙数量和细微裂隙的连通情况。一般地，孔隙愈大、愈多，孔隙和细微裂隙连通情况愈好，则岩石的吸水率愈大，岩石的力学性能愈差。

岩石饱和吸水率是岩样在强制状态（真空抽气、煮沸或高压）下，岩样的最大吸入水的质量与岩样固体颗粒质量比值的百分数，以 w_{sa} 表示，即

$$w_{sa} = \frac{m_p - m_s}{m_s} \times 100 \tag{2-10}$$

式中　m_p——岩样强制饱和后的质量，其余符号同前。

在高压条件下，通常认为水能进入岩样中所有敞开的裂隙和孔隙中去，国外采用高压设备使岩样饱和，由于高压设备较为复杂，国内实验室常用真空抽气法或煮沸法使岩样饱和。饱和吸水率反映岩石中张开型裂隙和孔隙的发育情况，对岩石的抗冻性有较大的影响。

饱水系数 k_w 是指岩石吸水率与饱和吸水率的比值，即

$$k_w = \frac{w_a}{w_{sa}} \tag{2-11}$$

一般岩石的饱水系数在 0.5～0.8 之间。

2.2.5　岩石的渗透性

岩石的渗透性是指在水压力作用下，岩石的孔隙和裂隙透过水的能力。岩石的渗透性可用渗透系数来衡量。渗透系数的物理意义是介质对某种特定流体的渗透能力。因此，对于水在岩石中渗流来说，渗透系数的大小取决于岩石的物理特性和结构特征，例如岩石中孔隙和裂隙的大小、开闭程度以及连通情况等。

2.2.3 达西实验

2.2.6　岩石的膨胀性

岩石的膨胀性是指岩石浸水后体积增大的性质。某些含黏土矿物（如蒙脱石、水云母及高岭石）成分的软质岩石，经水化作用后在黏土矿物的晶格内部或细分散颗粒的周围生成结合水溶剂腔（水化膜），并且在相邻近的颗粒间产生楔劈效应，当楔劈作用力大于结构联结力，岩石显示膨胀性。

2.2.4 水化作用

岩石膨胀性可通过室内膨胀性试验来确定。目前国内大多采用土工压缩仪和膨胀仪测定岩石的膨胀性，岩石膨胀性试验常用的有岩石自由膨胀率试验、岩石侧向约束膨胀率试验和岩石体积不变条件下的膨胀压力试验。

2.2.7　岩石的崩解性

岩石的崩解性是指岩石与水相互作用时失去黏结性并变成完全丧失强度的松散物质的性能。这种现象是由于水化过程中削弱了岩石内部的结构联结引起的，常见于由可溶盐和黏土质胶结的沉积岩地层中。岩石崩解性一般用岩石的耐崩解性指数表示，这个指标是测定岩石在经过干燥和浸水循环后岩石残留质量与其原质量比值的百分数，可以在实验室内通过岩石耐崩解性试验确定。对于极软的岩石及耐崩解性低的岩石，还应综合考虑崩解物的塑性指数、颗粒成分与耐崩解性指数划分岩石质量等级。

2.2.8　岩石的软化性

岩石的软化性是指岩石与水相互作用时强度降低的特性。软化作用的机理也是由于水分子进入粒间间隙而削弱了粒间联结造成的。岩石的软化性与其矿物成分、粒间联结方式、孔隙率以及微裂隙发育程度等因素有关。大部分未经风化的结晶岩在水中不易软化，许多沉积岩如黏土岩、泥质砂岩、泥灰岩以及蛋白岩、硅藻岩等则在水中极易软化。

2.2.5 盐风化作用

岩石的软化性高低一般用软化系数表示，软化系数是岩样饱和状态下的抗压强度与烘干状态的抗压强度的比值，即

$$\eta_c = \frac{R_{cw}}{R_c} \tag{2-12}$$

式中　η_c——岩石的软化系数；

　　　R_{cw}——岩样在饱和状态下的抗压强度（MPa）；

　　　R_c——岩样烘干状态下的抗压强度（MPa）。

岩石的软化系数总是小于1的。

2.2.9　岩石的抗冻性

岩石抵抗冻融破坏的性能称为岩石的抗冻性，通常用冻融系数来表示。

岩石冻融系数是指岩样在$-20℃\sim+20℃$的温度区间内，反复降温、冻结、升温、融解，岩样冻融后抗压强度与冻融前饱和岩样抗压强度的比值，即

2.2.6 冰劈作用

$$K_{fm} = \frac{\overline{R_{fm}}}{\overline{R_w}} \tag{2-13}$$

式中　K_{fm}——岩石冻融系数；

　　　$\overline{R_{fm}}$——冻融后岩石单轴抗压强度平均值（MPa）；

　　　$\overline{R_w}$——岩石饱和单轴抗压强度平均值（MPa）。

岩石在反复冻融后其强度降低的主要原因，一是构成岩石的各种矿物的膨胀系数不同，当温度变化时，由于矿物的胀缩不均而导致岩石结构的破坏；一是当温度降低到0℃以下时，岩石孔隙中的水将结冰，其体积增大约9%，会产生很大的膨胀压力，使岩石的结构发生改变，直至破坏。

2.3　岩石的强度

通常将岩石能承受的最大荷载应力称为岩石的强度。例如岩石在单轴压缩荷载作用下所

能承受的最大压应力称为岩石的单轴抗压强度，单轴拉伸荷载作用下所能承受的最大拉应力称为岩石的单轴抗拉强度等。岩石的强度取决定于很多因素，岩石结构、风化程度、水、温度、围压大小、各向异性以及试样形状和尺寸等都影响岩石的强度。注意，本章所讨论的岩石强度是指不含裂隙的完整岩块的强度。

2.3.1 岩石抗压强度

岩石抗压强度包括岩石的单轴抗压强度和三轴抗压强度。

2.3.1 岩石抗压强度

1. 单轴抗压强度

岩石单轴抗压强度就是岩石试件在单轴压力作用下（无围压，只在轴向加压力）所能承受的最大压应力，如图 2-1 所示。单轴抗压强度 R_c 等于达到破坏时最大轴向压力 P_c 除以试件的横截面积 A，即

$$R_c = \frac{P_c}{A} \tag{2-14}$$

岩石试件在单轴压力作用下常见的破坏形式有：单轴压力作用下试件的劈裂；单斜面剪切破坏；多个共轭斜面剪切破坏，分别如图 2-2（a）、（b）和（c）所示。

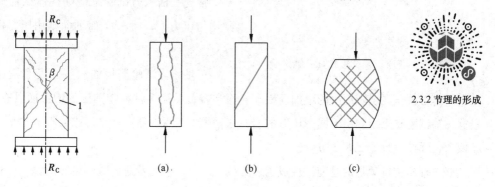

2.3.2 节理的形成

图 2-1 岩石的抗压强度试验   图 2-2 岩石单轴压缩时的常见

β-破坏角；1-剪切破裂   破坏形式

岩石单轴抗压强度一般是在室内试验机上通过加压试验得到的，试件采用圆柱体或立方体，广泛采用的圆柱体岩样尺寸一般为 $\phi 50\mathrm{mm} \times 100\mathrm{mm}$。进行岩石单轴抗压强度试验时应注意试件端部效应，当试验由上下加压板加压时，加压板与试件之间存在摩擦力，因此在试件端部存在剪应力，约束试件端部的侧向变形，所以试件端部的应力状态不是非限制性的，只有在离开端部一定距离的部位，才会出现均匀应力状态。为了减少"端部效应"，应将试件端部磨平，并在试件与加压板之间加入润滑剂，以充分减少加压板与试件端面之间的摩擦力。同时应使试件长度达到规定要求，以保证在试件中部出现均匀应力状态。

影响试验结果的因素还有试件的形状、尺寸、加载速率等。

试件的形状和尺寸对强度的影响，主要表现在高径比 h/d 或高宽比 h/s 和横断面积上。试件太长、高径比太大，会由于弹性不稳定提前发生破坏，降低岩石的强度；试件太短，又会由于试件端面与承压板之间出现的摩擦力阻碍试件的横向变形，使试件局部产生约束效应，增大岩石的试验强度。试件横断面积减小，会相对增强端部约束效应，因而强度也会有所提高。经长期大量试验研究，认为取高径比 h/d 在 $2\sim2.5$ 之间为宜，这时试件内部应力分布均匀，并能保证破坏面不承受承压板约束可自由通过试件的全断面。

2.3.3 抗压强度
试验

进行单轴压缩试验时，施加荷载的速率对试验结果也有明显影响。加载速率越大，测得的弹性模量越大，强度偏高；加载速率越小，测得的弹性模量越小，强度趋于长期强度值。

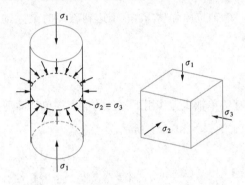

图 2-3　普通三轴试验和真三轴试验

2. 三轴抗压强度

为了获得岩石全面力学特性的三轴试验，根据三个方向施加应力的不同可分为常规三轴压力试验（一般为圆柱体）和真三轴压力试验（一般为立方体），如图 2-3 所示。

常规三轴压力试验是使圆柱体试件周边受到均匀压力（$\sigma_2 = \sigma_3$），而轴向则用压力机加载（σ_1）。

三轴压力试验测得的岩石强度和围压关系很大，岩石抗压强度随围压的增加而提高。通常岩石类脆性材料随围压的增加而具有延性。根据三轴试验结果绘制出不同围压下的岩石三轴强度关系曲线，可计算出岩石的黏聚力和内摩擦角。详细过程见 2.3.2 节。

真三轴压力试验加载是使试件成为 $\sigma_1 > \sigma_2 > \sigma_3$ 的应力状态。真三轴压力试验可得到许多不同应力路径下的力学结果，为岩石力学理论研究提供更为全面的资料。但是真三轴试验装置复杂，试件六面均可受到加压引起的摩擦力，影响试验结果的准确性，故较少进行该类试验。

2.3.2 岩石抗剪强度

岩石抗剪强度是岩石抵抗剪切破坏的极限能力，是岩石力学性能的重要指标之一，常以黏聚力 c 和内摩擦角 φ 这两个抗剪参数表示。确定岩石抗剪强度的方法可分为室内试验和现场试验两大类。室内试验常采用岩石直剪试验、楔形剪切试验和三轴压缩强度试验来测定岩石的抗剪强度指标。

1. 直剪试验

直剪试验采用直剪试验仪进行，如图 2-4 所示。

2.3.4 岩石抗剪
强度

每次试验时，先在试样上施加垂直荷载 P，然后在水平方向逐渐施加水平剪切力 T，直至试样破坏。剪切面上的正应力 σ 和剪应力 τ 按下列公式计算：

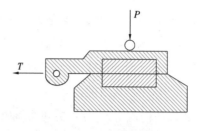

2.3.5 直剪试验

$$\sigma = \frac{P}{A} \qquad (2\text{-}15)$$

$$\tau = \frac{T}{A} \qquad (2\text{-}16)$$

图 2-4　直剪试验仪

式中　A——试样的剪切面面积。

在给定正应力下的抗剪强度以 τ_f 表示。用相同的试样、不同的 σ 进行多次试验即可求出不同 σ 下的抗剪强度 τ_f，绘成关系曲线 $\tau_f\text{-}\sigma$，如图 2-5 所示。

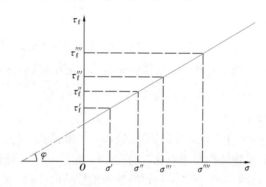

2.3.6 晶粒尺度的剪切作用

图 2-5　抗剪强度 τ_f 与正应力 σ 的关系

试验证明，这条强度线并不是绝对严格的直线，但在岩石较完整或正应力值不很大时可近似看作直线。

2. 楔形剪切试验

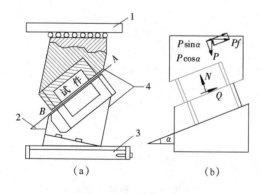

图 2-6　楔形剪切仪

（a）装置示意图；（b）试验时受力情况

1-上压板；2-倾角；3-下压板；4-夹具

楔形剪切试验用楔形剪切仪进行，这种仪器的主要装置和试件受力情况如图 2-6 所示。试验时把装有试件的这种装置放在压力机上加压，直至试件沿着 AB 面发生剪切破坏。这种试验实际上是另一种形式的直接剪切试验。

根据受力平衡条件，可以列出下列方程式：

$$N - P\cos\alpha - Pf\sin\alpha = 0 \qquad (2\text{-}17)$$

$$Q + Pf\cos\alpha - P\sin\alpha = 0 \qquad (2\text{-}18)$$

式中　P——压力机上施加的总垂直力（kN）；

　　　N——作用在试件剪切面上的法向总压力（kN）；

　　　Q——作用在试件剪切面上的切向总剪力（kN）；

　　　f——压力机垫板下面的滚珠的摩擦系数，可由摩擦校正试验决定；

　　　α——剪切面与水平面所成的角度。

将式（2-17）和式（2-18）分别除以剪切面面积即得：

$$\sigma = \frac{P}{A}(\cos\alpha + f\sin\alpha) \tag{2-19}$$

$$\tau_f = \frac{P}{A}(\sin\alpha - f\cos\alpha) \tag{2-20}$$

式中　A——剪切面面积。

　　试验中采用多个试件，分别以不同的 α 角进行试验。当破坏时，对应于每一个 α 值可以得出一组 σ 和 τ_f 值，由此可得到如图 2-7 所示的曲线。从图中可以看出，当 σ 变化范围较大时 τ_f-σ 为曲线关系，但当 σ 不大时可视为直线，求出 c 和 φ。

　　3. 三轴压缩强度试验

　　岩石三轴压缩强度试验采用岩石三轴试验机进行，三轴试验设备如图 2-8 所示。在进行三轴试验时，先将试件同步施加侧向压力和轴向压力至预定的侧压力值，即小主应力 σ_3'；然后在使侧向压力始终保持常数条件下，采用连续加载施加轴向荷载，直至试件破坏，得到破坏时的大主应力 σ_1'，从而得到一个破坏时的莫尔应力圆。采用相同的岩样，改变侧压力为 σ_3''，施加垂直压力直至破坏，得 σ_1''，从而又得到一个莫尔应力圆。绘出这些莫尔应力圆的包络线，即可求得岩石的抗剪强度曲线，如图 2-9 所示。如果把它看作是一根近似直线，则可根据该线在纵轴上的截距和该线与水平线的夹角求得黏聚力 c 和内摩擦角 φ。

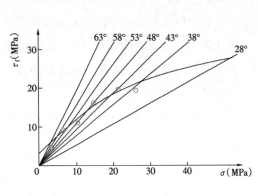

图 2-7　楔形剪切试验结果

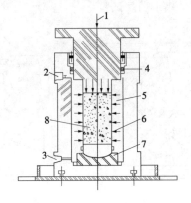

图 2-8　三轴试验装置图

1-施加垂直压力；2-侧压力液体出口处，排气处；
3-侧压力液体进口处；4-密封设备；5-压力室；
6-侧压力；7-球状底座；8-岩石试件

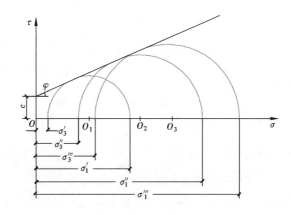

图 2-9　三轴试验破坏时的莫尔圆

2.3.3　岩石抗拉强度

2.3.7 岩石抗拉
强度

　　岩石的抗拉强度就是岩石试件在单轴拉力作用下抵抗破坏的极限能力，它在数值上等于破坏时的最大拉应力值。对岩石直接进行抗拉强度的试验比较困难，其能否成功进行的关键在于，一是岩石试件与夹具间必须有足够的黏结力或摩擦力，且要消除约束边界局部破坏对整体拉伸破坏的影响；二是所施加的拉力必须与岩石试件同轴心。目前一般进行各种各样的间接试验，再用理论公式算出岩石的抗拉强度。

　　岩石的直接抗拉试验的试件如图 2-10 所示，在试验时将这种试样的两端固定在拉力机上，对试样施加轴向拉力直至破坏，然后计算出试样的抗拉强度：

$$R_t = \frac{P_r}{A} \tag{2-21}$$

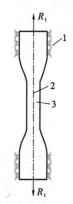

式中　　R_t——岩石抗拉强度（kPa）；

　　　　P_r——试件破坏时的最大拉力（kN）；

　　　　A——试件中部的横截面面积（m²）。

　　该方法的缺点是试样制备困难，且不易与拉力机固定，在试件固定处附近又常常有应力集中现象，同时难免在试件两端面有弯曲力矩。因此，这种直接测定岩石抗拉强度的方法使用并不多。

图 2-10　抗拉试验
的试件

1-夹子；2-垂直轴线；
3-岩石试件

　　目前常用劈裂法（也称巴西试验法）间接测定岩石抗拉强度。试验时沿着圆柱体岩石试件的直径方向施加一对线性荷载，试件受力后可能沿着试件直径贯穿破坏，如图 2-11 所示。

　　根据弹性力学公式，这时沿着竖向直径产生几乎均匀的水平方向拉应力 σ_x，这些拉应

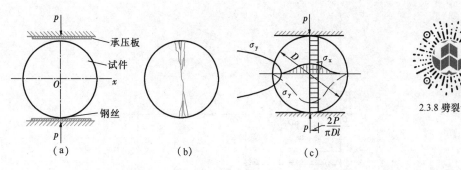

图 2-11　岩石劈裂试验

(a) 劈裂试验加载情况；(b) 试件裂开情况；(c) 试件内的应力分布情况

力的平均值为：

$$\sigma_x = \frac{2P}{\pi Dl} \qquad (2\text{-}22)$$

式中　P——作用荷载（N）；

　　　　D——圆柱体试样的直径（mm）；

　　　　l——圆柱体试样的长度（mm）。

而在试样的水平方向直径平面内，产生最大的压应力值为（在圆柱形的中心处）：

$$\sigma_y = \frac{6P}{\pi Dl} \qquad (2\text{-}23)$$

这两个直径内的应力分布如图 2-11（c）所示。可以看出，圆柱体试样的压应力只有拉应力的三倍，但岩石的抗压强度往往是抗拉强度的 10 倍，这就使得岩石试样在这种条件下是受拉破坏而不是受压破坏的。因此，我们可以采用劈裂法来间接测定岩石的抗拉强度，这时只需在式（2-22）中用破裂时的最大荷载代替其中的 P，即得岩石的抗拉强度：

$$R_t = \frac{2P_{\max}}{\pi Dl} \qquad (2\text{-}24)$$

式中　$P_{\max}$——试件破坏荷载（N）。

这个方法的优点是简便易行，主要试验设备只需普通压力机即可，因此该方法获得了广泛应用。该方法缺点是这样确定的岩石抗拉强度与直接拉伸试验所得的强度有一定的差别。

岩石的抗拉强度比抗压强度要小得多，抗拉强度与抗压强度之间可考虑存在着某种线性关系，近似地表示为：

$$R_t = \frac{R_c}{C_m} \qquad (2\text{-}25)$$

式中　C_m——线性系数，依据岩石类型而定。

2.3.4　岩石强度准则

岩石强度理论（破坏准则）是岩石力学的基本问题之一，就是确定岩石破坏时的应力状态。岩石力学研究表明，岩石破坏有两种基本类型：一是脆性破坏，它的特点是岩石达到破坏时不产生明显的变形；二是塑性破坏，破坏时会产生明显的塑性变形而不呈现明显的破坏面。通常认为，岩石脆性破坏是由于应力条件下岩石中裂隙产生和发展的结果；而塑性破坏通常是在塑性流动状态下发生的，是由于组成物质颗粒间相互滑移所致。

目前的强度理论多数是从应力的观点来考察材料破坏的。岩石力学中广泛应用的莫尔-库仑强度理论和以后发展起来的格里菲斯（Griffith）强度理论，都是立足于应力观点来考察岩石的破坏。莫尔-库仑强度理论一般能较好地反映岩石的塑性破坏机制，加上它较为简便，所以在工程界广为应用。但

2.3.9 什么是应力

莫尔-库仑强度理论不能反映具有细微裂隙的岩石破坏机理，而格里菲斯强度理论能反映裂隙材料的脆性破坏机理。本节主要介绍这两种岩石强度理论。

1. 莫尔-库仑准则

库仑（C. A. Coulomb）1773 年提出内摩擦准则，常称为库仑强度理论。若用 σ 和 τ 代表受力单元体某一平面上的正应力和剪应力，则这条准则规定：当 τ 达到如下大小时，该单元就会沿此平面发生剪切破坏，即

$$|\tau| = f\sigma + c \tag{2-26}$$

式中　c——黏聚力；

　　　f——内摩擦系数。

引入内摩擦角 φ，并定义：

$$f = \tan\varphi \tag{2-27}$$

这个准则在 τ-σ 平面上，是一条斜率为 $f = \tan\varphi$、截距为 c 的直线。剪切面上的正应力和剪应力可分别由应力圆给出，如图 2-12 所示。当此应力圆与式（2-26）所表示的直线相切时，即发生破坏。

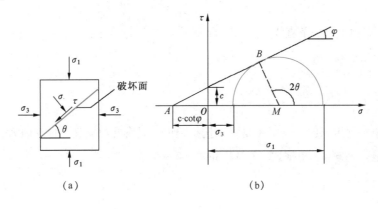

图 2-12　莫尔-库仑破坏准则及破坏面

（a）单元体受力状态；（b）莫尔-库仑准则

在图 2-12(b) 直角三角形 ABM 中,

$$\sin\varphi = \frac{BM}{AM} = \frac{\dfrac{\sigma_1 - \sigma_3}{2}}{c \cdot \cot\varphi + \dfrac{\sigma_1 + \sigma_3}{2}} ,$$ 由此可得:

$$\sigma_1 = \sigma_3 \tan^2\left(45° + \frac{\varphi}{2}\right) + 2c \cdot \tan\left(45° + \frac{\varphi}{2}\right)$$

$$\sigma_3 = \sigma_1 \tan^2\left(45° - \frac{\varphi}{2}\right) - 2c \cdot \tan\left(45° - \frac{\varphi}{2}\right)$$

若将破坏面上的 τ 和 σ 用主应力 σ_1、σ_2 和 σ_3 表示, 这里 $\sigma_1 > \sigma_3$, 则:

$$\sigma = \frac{1}{2}(\sigma_1 + \sigma_3) + \frac{1}{2}(\sigma_1 - \sigma_3)\cos2\theta \qquad (2-28)$$

$$\tau = \frac{1}{2}(\sigma_1 - \sigma_3)\sin2\theta \qquad (2-29)$$

式中　θ——剪切面与最小主应力 σ_3 之间的夹角, 即剪切面的法线方向与最大主应力 σ_1 的夹角。

因此:

$$c = |\tau| - f\sigma = \frac{1}{2}(\sigma_1 - \sigma_3)(\sin2\theta - f\cos2\theta) - \frac{f}{2}(\sigma_1 + \sigma_3)$$

令 $\dfrac{\partial c}{\partial \theta} = 0$, 可得:

$$\tan2\theta = -\frac{1}{f} \qquad (2-30)$$

2.3.10 Mohr-Coulumb强度理论

所以, 2θ 的值介于 $90°$ 和 $180°$ 之间, $\theta = 45° + \dfrac{\varphi}{2}$。由此可得主应力表示的库仑准则:

$$2c = \sigma_1[(f^2+1)^{1/2} - f] - \sigma_3[(f^2+1)^{1/2} + f] \qquad (2-31)$$

此式在 σ_1-σ_3 平面上是一条直线, 如图 2-13 所示, 并交 σ_1 轴于:

$$C_0 = 2c/[(f^2+1)^{1/2} - f] \qquad (2-32)$$

交 σ_3 轴于:

$$T = -2c/[(f^2+1)^{1/2} + f] \qquad (2-33)$$

这里, C_0 为单轴抗压强度, 但 T 不是单轴抗拉强度, 只有几何意义。这是因为式 (2-26) 隐含的物理假定是 $\sigma > 0$, 根据式 (2-28) 和式 (2-30) 得:

$$\sigma_1[(f^2+1)^{1/2} - f] + \sigma_3[(f^2+1)^{1/2} + f] > 0 \qquad (2-34)$$

此式与式 (2-31) 联合, 可得:

$$\sigma_1 > c[(f^2+1)^{\frac{1}{2}} + f] = \frac{1}{2}C_0 \qquad (2-35)$$

由此可得，只有图 2-13(a) 中直线 AC_0P 部分才代表有效的准则。

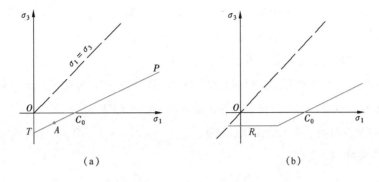

图 2-13 莫尔-库仑准则在主应力平面的几何关系

单轴抗压强度试验和轴对称三轴试验的结果证明：库仑准则不适于 $\sigma_3 < 0$，即有拉应力的情况（因为断裂面与 σ_3 垂直）；也不适用于高围压的情况。但对于一般工程来说，库仑准则还是适用的。库仑准则没有考虑中间主应力 σ_2 的影响，但试验证明这个影响是存在的。

莫尔（Mohr）1900 年提出材料强度是应力的函数，在极限时滑动面上的剪应力达到最大值 τ_f（即抗剪强度），并取决于法向压力和材料的特性。这一破坏准则可表示为如下的函数关系，即：

$$\tau_f = f(\sigma) \tag{2-36}$$

此式在 τ-σ 平面上是一条曲线，它可以由试验确定，即在不同应力状态下达到破坏时的应力圆的包络线。这个准则也没有考虑 σ_2 对破坏的影响，这是它存在的一个问题。

根据莫尔强度理论，在判断材料内某点处于复杂应力状态下是否破坏时，只要在 τ-σ 平面上作出该点的莫尔应力圆。如果所作应力圆在莫尔包络线以内，如图 2-14 中的圆 1，图中曲线 4 表示包络线，则通过该点任何面上的剪应力都是小于相应面上的抗剪强度 τ_f，说明该点没有破坏。如果所绘应力圆刚好与包络线相切，如图 2-14 中的圆 2，则通过该点有一对平面上的剪应力刚好达到相应面上的抗剪强度，该点开始破坏，或者称之为处于极限平衡状态。而与包络线相割的应力

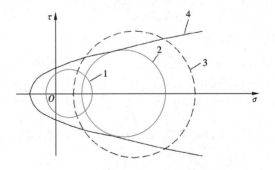

图 2-14 用莫尔包络线判别材料的破坏
1-未破坏的应力圆；2-临界破坏的应力圆；
3-破坏应力圆；4-莫尔包络线

圆，如图 2-14 中的虚线圆 3，实质上是不存在的，因为当应力达到这一状态之前，该点就沿这一对平面破坏了。

关于莫尔包络线的数学表达式，有直线型、双曲线型、抛物线型和摆线型等多种形式，

但以直线型为最通用。如果莫尔包络线是直线，则莫尔准则与库仑准则相同，因此在实际中常将式（2-26）称为莫尔-库仑准则。但要注意这两个准则的物理依据不尽相同。

对于莫尔-库仑准则，需要指出的是：

（1）库仑准则是建立在实验基础上的破坏判据。

（2）库仑准则和莫尔准则都是以剪切破坏作为其物理机理，但是岩石试验证明：岩石破坏存在着大量的微破裂，这些微破裂是张拉破坏而不是剪切破坏。

（3）莫尔-库仑准则适用于低围压的情况。

2. 格里菲斯准则

格里菲斯（A. A. Griffith）假定材料中存在着许多随机分布的微小裂隙，材料在荷载作用下，裂隙尖端产生应力集中。当方向最有利的裂隙尖端附近的最大应力达到材料的特征值时，会导致裂隙不稳定扩展而使材料脆性破裂。因此，格里菲斯准则认为：脆性破坏是拉伸破坏，而不是剪切破坏。

2.3.11 格里菲斯准则

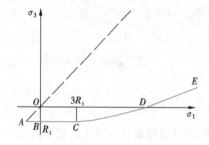

图 2-15　格里菲斯破坏准则在 σ_1-σ_3 平面内的图形

以单轴抗拉强度 R_t 来度量，对于二维情况中的主应力 σ_1、σ_3，格里菲斯强度理论的破裂准则如下：

当 $\sigma_1 + 3\sigma_3 \geqslant 0$ 时，

$$(\sigma_1 - \sigma_3)^2 - 8R_t(\sigma_1 + \sigma_3) = 0 \qquad (2-37)$$

当 $\sigma_1 + 3\sigma_3 < 0$ 时，

$$\sigma_3 = -R_t \qquad (2-38)$$

这样，在 σ_1-σ_3 平面内，此准则由 $-R_t < \sigma_1 < 3R_t$ 时的直线 ABC（即 $\sigma_3 = -R_t$ 部分）和在 C 点 $(3R_t, -R_t)$ 与直线 ABC 相切的抛物线（式 2-37）CDE 部分来代表，如图 2-15 所示。

当 $\sigma_3 = 0$ 即单轴压缩时，$\sigma_1 = 8R_t$，所以单轴抗压强度为：

$$R_c = 8R_t \qquad (2-39)$$

这个由理论明确给出的结果与实验测定的结果相比在数量级上是合理的。

2.4.1 砾石形变过程

2.4　岩石的变形

岩石的变形是指在物理因素作用下岩石形状和大小的变化，工程上最常研究由于外力（例如在岩石上建造大坝）作用引起的变形或在岩石中开挖引起的变形。岩石的变形对工程建（构）筑物的安全和使用影响很大，因为当岩石产生较大位移时，建（构）筑物内部应力可能大大增加，因此研究岩石

2.4.2 物质的变形

的变形在岩石工程中有着重要意义。

1. 岩石在单轴压缩状态下的应力-应变曲线

在刚性压力机上进行岩石单轴压力试验可以获得完整的岩石应力-应变全过程曲线。典型的完整岩石应力-应变曲线如图 2-16 所示，该曲线一般可分为四个区段：①在 OA 区段内，曲线稍微向上弯曲，属于压密阶段，这期间岩石中初始的微裂隙受压闭合；②在 AB 区段内，接近于直线，近似于线弹性工作阶段；③BC 区段内，曲线向下弯曲，属于非弹性阶段，主要是在平行于荷载方向开始逐渐生成新的微裂隙以及裂隙的不稳定，B 点是岩石从弹性转变为

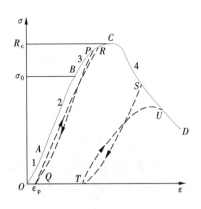

图 2-16　岩石的典型应力-应变全过程曲线

非弹性的转折点；④下降段 CD，为破坏阶段，C 点的纵坐标就是单轴抗压强度 R_c。

对大多数岩石来说，在 AB 区段内应力-应变曲线近似直线，这种应力-应变关系可用下式表示：

$$\sigma = E\varepsilon \tag{2-40}$$

式中　E ——岩石的弹性模量，即 OB 线的斜率。

2.4.3 变形的三个阶段

如果岩石严格地遵循式（2-40）的关系，那么这种岩石就是线弹性的（图 2-17a），弹性力学的理论适用于这种岩石。如果某种岩石的应力-应变关系不是直线，而是曲线，但应力与应变之间存在一一对应关系，则称这种岩石为完全弹性的（图 2-17b）。由于这时应力与应变的关系是一条曲线，对于某一应力 σ 值的点，有一个切线模量和割线模量。切线模量就是该点在曲线上切线的斜率 $d\sigma/d\varepsilon$，而割线模量就是该点割线的斜率，它等

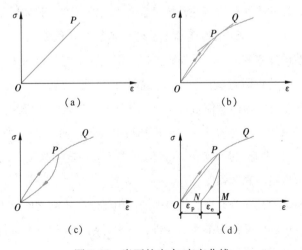

图 2-17　岩石的应力-应变曲线

（a）线性弹性材料；（b）完全弹性材料；（c）加、卸载形成回滞环的弹性材料；（d）弹塑性材料

于 σ/ε。如果逐渐加载至某点，然后再逐渐卸载至零，应变也退至零，但卸荷曲线与加载曲线不是同一路线，这时产生了所谓滞回效应，卸载曲线上该点的切线斜率就是相当于该应力的卸载模量（图 2-17c）。如果不仅卸载曲线不走加载曲线的路线，而且应变也不恢复到零（原点），则称这种材料为弹塑性材料（图 2-17d）。

第三区段 BC 的起点 B 往往是在 C 点最大应力值的 2/3 处。从 B 点开始，岩石中产生新的张拉裂隙，岩石模量下降，应力-应变曲线的斜率随着应力的增加而逐渐降低到零。在这一范围内，岩石将发生不可恢复的变形，加载与卸载的每次循环都是不同的曲线。在这阶段发生的变形中，能恢复的变形叫弹性变形，而不能恢复的变形称为塑性变形、残余变形或永久变形，如

2.4.4 单轴压缩状态下的应力-应变曲线

图 2-17(d) 中的卸载曲线 PN 在零应力时还有残余变形 ε_p。加载曲线与卸载曲线所组成的环叫作塑性滞回环。弹性模量 E 就是加载曲线直线段的斜率，而加载曲线直线段大致与卸载曲线的割线相平行。因此，一般可将卸载曲线割线的斜率作为弹性模量，而岩石的变形模量 E_0 取决于总的变形量，即取决于弹性变形与塑性变形之和，它是正应力 σ 与总的正应变之比，$E_0 = \sigma/(\varepsilon_e + \varepsilon_p)$。在图 2-17 上，它相应于割线 OP 的斜率。

在线性弹性材料中，变形模量等于弹性模量；在弹塑性材料中，当材料屈服后，其变形模量不是常数，它与荷载的大小或范围有关。在应力-应变曲线上的任何点与坐标原点相连的割线的斜率，表示该点的变形模量。如果岩石上再加载，如图 2-16 所示，则再加载曲线 QR 总是在曲线 $OABC$ 以下，但最终与之连接起来。

第四区段 CD，开始于应力-应变曲线上的峰值 C 点，是下降曲线，在这一区段内卸载可能产生很大的残余变形。图中 ST 表示卸载曲线，TU 表示再加载曲线。可以看出，TU 线在比 S 点低得多的应力值下趋近于 CD 曲线。

应当指出，压力机的特性对岩石的破坏过程有很大的影响。假如压力机在对试件加压的同时自身变形也相当大，当达到试件能承受的峰值荷载时，积蓄在压力机内的能量突然释放，从而引起实验系统急骤变形，试件崩碎。这种情况就不能获得图 2-16 上所示应力-应变曲线的 CD 段，而是在 C 点附近就因发生突然破坏而终止。反之，如果压力机的变形甚小（即刚性压力机），积蓄在机器内的能量很小，试件不会突然破坏成碎片。用这样的刚性压力机对已发生破坏但仍保持完整的岩石能测出破坏后的变形，如图 2-16 所示。从图 2-16 所示破坏后的荷载循环 STU 来看，破坏后的岩石仍可能具有一定的强度，从而也具有一定的承载能力，该强度称为岩石的残余强度。

以前大多数材料试验是在普通试验机上做的，由于试验机刚度不够大，无法获得材料的某些力学特性，这类试验机又称为柔性试验机。只有在刚性压力机上进行试验才能获得岩石类材料的应力应变全过程曲线。

定义某试验系统的刚度为：

$$K = \frac{P}{\delta_x} \qquad (2\text{-}41)$$

式中　δ_x——力 P 作用下沿 P 作用方向产生的位移。

则储存于系统中的弹性应变能可写为：

$$S = \frac{P^2}{2K} \qquad (2\text{-}42)$$

对压力机-试件系统，如图 2-18（a）所示，在压缩试验中储存的总弹性能为：

$$S = \frac{P^2}{2}\left(\frac{1}{K_r} + \frac{1}{K_m}\right) \qquad (2\text{-}43)$$

式中　K_r、K_m——分别为岩石试件和试验机的刚度。

如果取 $K_r = 3\times10^4\,\mathrm{MPa\cdot cm}$，$K_m = 0.7\times10^4\,\mathrm{MPa\cdot cm}$，可以从上式看出压力机储存的弹性能大约是试件的 4 倍。这样，当试件破坏时，压力机和试件都要将式（2-43）中各自之前储存的弹性能释放出来，而压力机释放的能量会影响试件的破坏，并影响试件的变形，峰值强度之后真实的应力-应变曲线就不能完整得到。在图 2-18（b）中可以看见，峰值强度后柔性压力试验机的刚度用较平的直线 K_1 表示，而刚性压力机的刚度用较陡的 K_2 线表示，岩石试件的真实应力-应变曲线介于这两者之间。当试件发生 Δx 的压缩量时，对应这一压缩量岩石试件抵抗荷载的能力减少了 $\Delta P_r = \dfrac{\mathrm{d}P}{\mathrm{d}x}\Delta x$。此时压力机作用的荷载变化值 $\Delta P_m = K_m \Delta x$，如果 $\left|\dfrac{\mathrm{d}P}{\mathrm{d}x}\right| > |K_m|$，且 $|K_m| = |K_1|$，则此时试件抵抗荷载的能力小于此时压力机作用于其上的荷载，试件会迅速地发生破坏。对于柔性压力试验机来说，一般属于这种情况。如果 $\left|\dfrac{\mathrm{d}P}{\mathrm{d}x}\right| < |K_m|$，且 $|K_m| = |K_2|$，则不会发生突然失稳的情况。此时在任一荷载下，储存在试验机中的弹性能可用 K_2 线以下的面积表示，它总是小于试件进一步压缩所需要的能量，如图 2-18（b）所示。

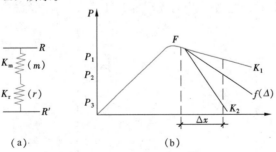

图 2-18　压力机系统刚度示意图

符合压力机刚度大于试件刚度的压力试验机称为刚性压力试验机。目前除采用刚性试验机外，主要是采用能控制试验加载的位移、应变和加载速率等指标的电液伺服试验系统来获取岩石的全应力-应变曲线。

2. 反复加载与卸载条件下岩石的变形特性

对于具有弹-塑性特性的岩石（体），在反复多次加载与卸载循环时，所得的应力-应变曲线具有以下特点：

2.4.5 反复加载与卸载条件下岩石的变形特性

（1）卸载应力水平一定时，每次循环中的塑性应变增量逐渐减小，加、卸载循环次数足够多后，塑性应变增量将趋于零。因此，可以认为所经历的加、卸载循环次数愈多，岩石则愈接近弹性变形，如图 2-19 所示。

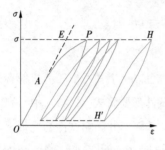

图 2-19 常应力下弹塑性岩石加、卸载循环应力-应变曲线

（2）加卸载循环次数足够多时，卸载曲线与其后一次再加载曲线之间所形成的滞回环的面积将愈变愈小，即愈靠拢且愈趋于平行，表明加、卸载曲线的斜率愈接近，如图 2-19 所示。

（3）如果多次反复加载、卸载循环，每次施加的最大荷载比前一次循环的最大荷载为大，则可得图 2-20 所示的曲线。随着循环次数的增加，塑性滞回环的面积也有所扩大，卸载曲线的斜率（它代表着岩石的弹性模量）也逐次略有增加，这个现象称为强化。此外，每次卸载后再加载，在荷载超过上一次循环的最大荷载以后，变形曲线仍沿着原来的单调加载曲线上升（图 2-16 中的 OC 线），好像不曾受到反复加卸荷载的影响似的，这就是所谓的岩石具有记忆效应。

3. 三轴压缩状态下岩石的变形特征

2.4.6 三轴压缩状态下岩石的变形特征

常规三轴变形试验采用圆柱形试件，通常做法是在某一侧向压应力即围压（$\sigma_2 = \sigma_3$）作用下，逐渐对试件施加轴向压力，直至试件压裂，压裂时的轴向应力值就是该围压 σ_3 下的 σ_1。施加轴向压力过程中，及时全过程记录所施加的轴向压力及相对应的三个应变 ε_1、ε_2 和 ε_3，直到岩石试件完全破坏为止。根据上述记录资料可绘制该岩石试件的应力-应变曲线。图 2-21 为苏长岩试件在 20.59MPa 围压下，反

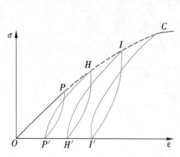

图 2-20 弹塑性岩石在变应力水平下加、卸载循环时的应力-应变曲线

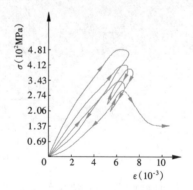

图 2-21 苏长岩试件在反复加载、卸载条件下的全应力-应变曲线
（$\sigma_3 = 20.59$MPa）

复加、卸载的全应力-应变曲线；图 2-22 为某砂岩试件的试验曲线；图 2-23 则为某黏土质石英岩在不同围压下的轴向应力与轴向应变关系曲线以及径向应变之和与轴向应变曲线。

图 2-23 反映了不同围压值 σ_3 对于应力-应变关系曲线以及径向应变与轴向应变关系曲线的影响。从图 2-23 中 $\sigma_3=0$ 的变形曲线可以看出，试件在变形较小时就发生破坏，曲线顶端稍有一点下弯，而当围压 σ_3 逐渐增加，则试件破裂时的极限轴向压力 σ_1 亦随之增加，岩石在破坏时的总变形量亦随之增大，这说明随着围压 σ_3 的增大，其破坏强度和塑性变形均有明显的增长。

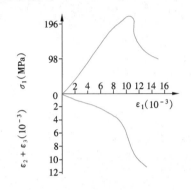

图 2-22　砂岩轴向应力-应变曲线以及
径向应变-轴向应变曲线

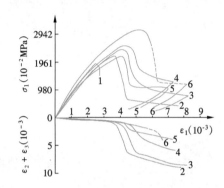

图 2-23　黏土质石英岩在不同侧限压力下的轴向
应力-应变曲线以及径向应变-轴向应变曲线

$1-\sigma_3=0$；$2-\sigma_3=3.43$MPa；$3-\sigma_3=6.77$MPa；
$4-\sigma_3=13.62$MPa；$5-\sigma_3=27.07$MPa；$6-\sigma_3=41.25$MPa

4. 真三轴压缩试验的应力-应变曲线

进行真三轴压缩试验（$\sigma_1 > \sigma_2 > \sigma_3$），可充分反映第二主应力 σ_2 对于岩石变形和强度的影响，这也正是与常规三轴试验的主要差别。日本的茂木清夫对山口县大理岩进行了 $\sigma_1 > \sigma_2 > \sigma_3$ 的真三轴试验，他分别以固定 σ_3、变动 σ_2 和固定 σ_2、变动 σ_3 的方法测得 σ_2、σ_3 对于轴向应变 ε_1 的影响，如图 2-24 所示。从图中可以看出：

（1）当 $\sigma_2 = \sigma_3$ 时，随围压的增大，岩石的塑性和岩石破坏时的强度、屈服极限同时增大；

（2）当 σ_3 为常数（55MPa）时，随着 σ_2 的增大（53～231MPa），岩石的强度和屈服极限有所增大，而岩石的塑性却减少了；

（3）当 σ_2 为常数（108MPa）时，随着 σ_3 的增大（25～70MPa），岩石的强度和塑性有所增大，但其屈服极限并无变化。

图 2-25 表示三轴试验中测定的轴向应力-应变曲线和轴向应力-体积应变曲线，是用图 2-23 上的曲线 3 重新绘制的。体积应变 $\Delta V/V_0$ 就是三个主应变之和 $\varepsilon_1 + \varepsilon_2 + \varepsilon_3$，这里 ΔV 是试件压缩时的体积变化，而 V_0 是原来没有施加任何应力时的体积。从图中看出，当轴向应力 σ_1

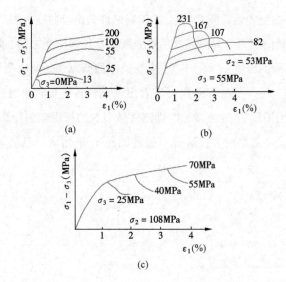

图 2-24 岩石在三轴压缩状态下的应力-应变曲线（茂木清夫）

（a）$\sigma_2 = \sigma_3$ 时的围压效应；（b）σ_3 = 常数时的 σ_2 的影响；

（c）σ_2 = 常数时的 σ_3 的影响

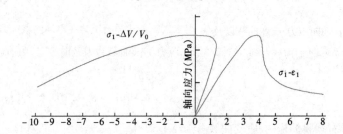

图 2-25 岩石的轴向应力-应变曲线和轴向应力-体积应变曲线

较小时，岩石符合线弹性材料的性状。体积应变 $\Delta V/V_0$ 是具有正斜率的直线，这是由于 $\varepsilon_1 > |\varepsilon_2 + \varepsilon_3|$，亦即体积随着压力的增加而减小。当应力大约达到强度的一半时，体积应变开始偏离线弹性材料的直线。随着应力的增加，这种偏离的程度也愈来愈大，在接近破裂时，偏离程度是如此之大，使得岩石在压缩阶段的体积超过其原来的体积，产生负的压缩体积应变，通常称之为扩容。扩容就是体积扩大的现象，它往往是岩石破坏的前兆。为解释这个扩容，试件在接近破裂时的侧向应变之和必须超过其轴向应变，即 $\varepsilon_1 < |\varepsilon_2 + \varepsilon_3|$。扩容是由于岩石试件内细微裂隙的形成和扩张所致，这种裂隙的长轴与最大主应力的方向是平行的。

5. 岩石的各向异性

在上述的介绍中都将岩石视为连续、均匀和各向同性的介质材料。事实上，岩石具有不连续性、不均质性和各向异性。岩石的物理力学性质随方向不同而表现出差异的特性称为岩石的各向异性。由于岩石的各向异性，在不同方向加载时，岩石会表现出不同的变形特性，不同的弹性模量和泊松比，

2.4.7 岩石的各向异性

不同的强度等。

1）完全各向异性体

在物体内的任一点沿任何两个不同方向的物理力学性质都互不相同，这样的物体称为完全各向异性体。实际工程材料中很少遇到。

完全各向异性体的特点是：任何一个应力分量都会引起六个应变分量，也就是说正应力不仅能引起线应变，也能引起剪应变；剪应力不仅能引起剪应变，也能引起线应变。

2）正交各向异性体

假设在弹性体构造中存在着这样一个平面，在任意两个与此面对称的方向上，材料的弹性相同，或者说弹性常数相同，那么，这个平面就是弹性对称面。

如果在弹性体中存在着三个互相正交的弹性对称面，在各个面两边的对称方向上，弹性相同，但在这个弹性主向上弹性并不相同，这种物体称为正交各向异性体，见图 2-26。

3）横观各向同性体

横观各向同性体是各向异性体的特殊情况，见图 2-27。在岩石某一平面内的各方向弹性性质相同，这个面称为各向同性面，而垂直此面方向的力学性质是不同的，具有这种性质的物体称为横观各向同性体。其弹性体可以用五个独立的弹性参数表示。

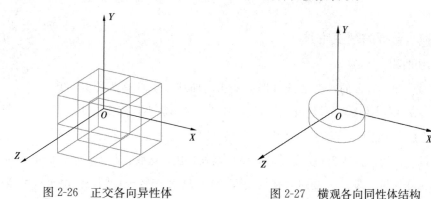

图 2-26　正交各向异性体　　　　　图 2-27　横观各向同性体结构

4）各向同性体

若物体内的任一点沿任何方向的弹性都相同，则这样的物体称为各向同性体。各向同性体可用两个独立的弹性参数表示，如弹性模量 E 和泊松比 μ。

2.5　岩石的流变

岩石流变是指岩石矿物组构（骨架）随时间不断调整重组，其应力、应变状态也随时间而持续变化的性质，又称黏性。岩石的流变包括蠕变、松弛、长期强度和黏滞效应。蠕变是指在应力为恒定的情况下岩石变形随时间发展的现象；松弛是指在应变保持恒定的情况下岩石的应力随时间而减少的现象。图 2-28 显示了蠕变和松弛的特征。加载时继瞬间发生的弹性变形后，仍有部分后续的黏性变形随时间增长；另外，在一定应力水平持续作用下，在卸荷后，这部分黏性变形虽属可恢复的，但其恢复过程需要一定的滞后时间。在加载过程中变形随时间增长称为"滞后效应"，卸荷之后变形随时间逐渐恢复则称为"弹性后效"，两者统称为"黏滞效应"。当前岩石流变特性研究主要集中在岩石的蠕变、松弛和长期强度等方面，本节对这三方面作基本介绍。

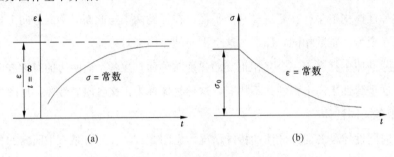

图 2-28　蠕变与松弛的特征曲线

(a) 蠕变；(b) 松弛

2.5.1 岩石的蠕变性质

1. 蠕变曲线

由试验可知，岩石的蠕变曲线（即应变历时曲线 ε-t）具有两种典型形式。以图 2-29 所示花岗岩的蠕变曲线为例，其蠕变变形甚小，荷载施加后不久变形就趋稳定，此为稳定蠕变。这类蠕变对工程不会造成后患，可以忽略不计。又如图 2-29 中的砂岩蠕变曲线，在蠕变的开始阶段，变形增长较快，之后也趋于稳定，稳定后的变形量可能比初始变形量（即 $t=0$ 的瞬时弹性变形量）ε_e 增大 30%～40%，但由于这种蠕变最终仍是稳定的，一般也不致对工程酿成严重危害。而图 2-29 中的页岩蠕变曲线却与上述两者

2.5.1 岩石的蠕变、松弛性质

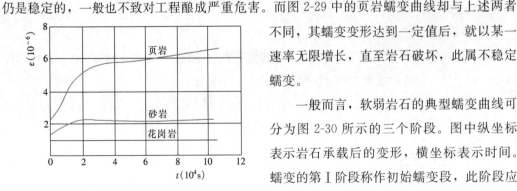

图 2-29　在 9.8MPa 的常应力及常温下页岩、砂岩和花岗岩的典型蠕变曲线

不同，其蠕变变形达到一定值后，就以某一速率无限增长，直至岩石破坏，此属不稳定蠕变。

一般而言，软弱岩石的典型蠕变曲线可分为图 2-30 所示的三个阶段。图中纵坐标表示岩石承载后的变形，横坐标表示时间。蠕变的第 Ⅰ 阶段称作初始蠕变段，此阶段应变-时间曲线向下弯曲，应变与时间大致呈对数关系，即 $\varepsilon \propto \log t$；第 Ⅰ 阶段结束后就进

入第Ⅱ阶段（自 B 点开始），在此阶段内变形缓慢，应变与时间近于线性关系，故亦称等速蠕变段或稳定蠕变段；最后，进入第Ⅲ阶段，此阶段内呈加速蠕变，这将导致岩石的迅速破坏，称为加速蠕变段。

如果在阶段Ⅰ内，将所施加的荷载骤然移除，则 $\varepsilon\text{-}t$ 曲线具有图 2-30 中所示 PQR 的形式。其中，PQ 为瞬时弹性变形，而曲线 QR 表明应变需经历一定时间才能完全恢复，这种现象就是弹性后效。这说明初始蠕变段尚未产生不可恢复的永久变形，初始蠕变段岩石仍保持着弹性性能。如果在等速应变段Ⅱ内将所施加的应力骤然降到零，则 $\varepsilon\text{-}t$ 曲线呈 TUV 曲线的路径，最终将保持一定的永久塑性变形。

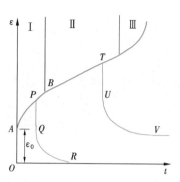

图 2-30　软弱岩石典型蠕变三阶段
曲线图

图 2-31 为一组石膏的单轴试验蠕变曲线。图中每一根曲线代表一种轴向应力。可以看出，蠕变曲线与所加应力的大小有很大的关系，在低应力时，蠕变可以渐趋稳定，材料不致破坏；在高应力时，蠕变则加速发展，终将引起材料的破坏。应力愈大，则蠕变速率愈大。这一现象说明：存在一临界荷载 σ_f，当荷载小于这个临界荷载时，岩石不会发展到蠕变破坏；而大于这个临界荷载时，岩石会持续变形，并发展到破坏。这个临界荷载叫做岩石的长期强度，对工程很有意义。

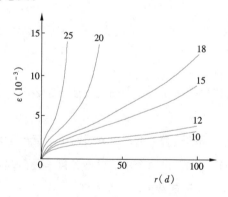

图 2-31　石膏的蠕变，曲线上的数字表示
以 MPa 计的单轴压应力
［格立格斯（Griggs）资料］

2. 蠕变模型

为了描述岩石的蠕变特性，目前常采用简单的基本单元来模拟材料的某种性状，再将这些基本单元进行不同的组合，获得岩石不同的蠕变方程式，以模拟不同岩石的蠕变属性。通常采用的基本单元有三种：弹性单元、塑性单元和黏性单元。

1）弹性单元

这种模型是线性弹性的，完全服从虎克定律，所以也称虎克体。应力作用下应变及时发生，且应力与应变成正比关系，如应力 σ 与应变 ε 的关系可写为：

$$\sigma = E\varepsilon \tag{2-44}$$

这种模型可用刚度为 E 的弹簧来表示，如图 2-32（a）所示。

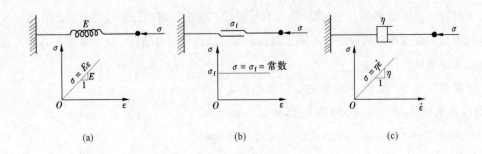

图 2-32　基本单元模型

(a) 线性弹簧（弹性单元）；(b) 粗糙滑块（塑性单元）；(c) 线性缓冲壶（黏性单元）

2）塑性单元

这种模型是理想刚塑性的，在应力小于屈服值时可以看成刚体，不产生变形；应力达到屈服值后，应力不变而变形无限增长。此模型也称为圣维南体。

这种模型可用两块粗糙的滑块来表示，如图 2-32（b）所示。

3）黏性单元

这种模型完全服从牛顿黏性定律，它表示应力与应变速率成比例，如应力 σ 与应变速率 $\dot{\varepsilon}$ 的关系可写为：

$$\sigma = \eta\,\dot{\varepsilon} \tag{2-45}$$

或者

$$\sigma = \eta\,\frac{\mathrm{d}\varepsilon}{\mathrm{d}t} \tag{2-46}$$

式中　t——时间；

　　　η——黏滞系数。

这种模型也可称为牛顿体，它可用充满黏性液体的圆筒状容器内的有孔活塞来表示，如图 2-32（c）所示。

将以上若干个基本单元串联或并联，就可得到不同的组合模型。串联时每个单元模型承受着同一总荷载，它们的应变率之和等于总应变率；并联时由每个单元模型各自承受荷载之和等于总荷载，而它们的应变率是相等的。图 2-33 是几种最常见的蠕变模型。

1）马克斯威尔（Maxwell）模型

这种模型是用弹性单元和黏性单元串联而成，如图 2-33（a）所示。当骤然施加应力并保持为常量时，变形以常速率不断发展。这个模型用两个常数 E 和 η 来描述。由于串联，所以这两个单元上作用着相同的应力 σ，即

$$\sigma = \sigma_{\mathrm{a}} = \sigma_{\mathrm{b}} \tag{2-47}$$

同时有

$$\dot{\varepsilon} = \dot{\varepsilon}_{\mathrm{a}} + \dot{\varepsilon}_{\mathrm{b}} \tag{2-48}$$

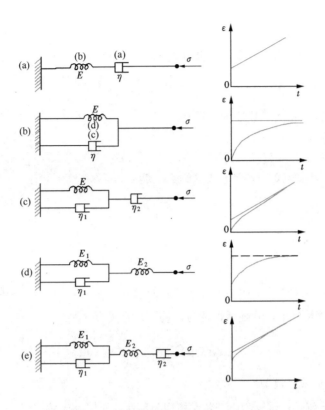

图 2-33　简单的线性黏弹性模型及其蠕变曲线

(a) 马克斯威尔模型；(b) 开尔文模型；(c) 广义马克斯威尔模型；

(d) 广义开尔文模型；(e) 伯格斯模型

又因为 $\sigma_a = \eta \dot{\varepsilon}_a$ 以及 $\sigma_b = E\varepsilon_b$，代入式（2-48），得：

$$\dot{\varepsilon} = \frac{\sigma}{\eta} + \frac{\dot{\sigma}}{E} \tag{2-49}$$

或者

$$\frac{d\varepsilon}{dt} = \frac{\sigma}{\eta} + \frac{1}{E}\frac{d\sigma}{dt} \tag{2-50}$$

上式表示描述马克斯威尔材料黏弹性体应力 σ 与应变 ε 关系的微分方程式。对于单轴压缩试验在 $t=0$ 时骤然施加轴向应力 σ_0 的情况（σ 保持为常量），这个方程式的解答是：

$$\varepsilon(t) = \sigma_0 \left(\frac{t}{\eta} + \frac{1}{E} \right) \tag{2-51}$$

式中　$\varepsilon(t)$——轴向应变。

2）开尔文（Kelvin）模型

该模型又称伏埃特（Voigt）模型，它由弹性单元和黏性单元并联而成，如图 2-33（b）所示。这个模型也可用两个常数 E 和 η 来描述。由于并联，模型上的应力是弹性单元和黏性单元各自应力之和，由下列方程式给出：

$$\sigma = \sigma_c + \sigma_d \tag{2-52}$$

黏性单元（c）的应力与应变的关系由式（2-45）给出：

$$\sigma_c = \eta\,\dot{\varepsilon}_c \tag{2-53}$$

弹性单元（d）的应力与应变的关系是：

$$\sigma_d = E\varepsilon_d \tag{2-54}$$

将式（2-53）和式（2-54）代入式（2-52），得：

$$\sigma = \eta\,\dot{\varepsilon} + E\varepsilon \tag{2-55}$$

或者

$$\sigma = \eta\frac{\mathrm{d}\varepsilon}{\mathrm{d}t} + E\varepsilon \tag{2-56}$$

上式是描述开尔文模型中应力 σ 与应变 ε 的微分关系式。对于单轴压缩蠕变试验的情况，σ_0 在 $t=0$ 时骤然施加，并随后保持为常量，方程式的解为：

$$\varepsilon(t) = \frac{\sigma_0}{E}(1 - e^{-Et/\eta}) \tag{2-57}$$

3）广义马克斯威尔模型

如图 2-33(c) 所示，该模型由开尔文模型与黏性单元串联而成，用三个常数 E、η_1 和 η_2 描述。应变开始以指数速率增长，逐渐趋近于常速率。

4）广义开尔文模型

如图 2-33(d) 所示，模型由开尔文模型与弹性单元串联而成，用三个常数 E_1、E_2 和 η_1 表示该种材料的性状。开始时产生瞬时应变，随后应变以指数递减速率增长，最终应变速率趋于零，应变不再增长。

5）伯格斯（Burgers）模型

这种模型由开尔文模型与马克斯威尔模型串联而组成，如图 2-33(e) 所示。模型用 4 个常数 E_1、E_2、η_1 和 η_2 来描述。蠕变曲线上开始有瞬时变形，然后应变以指数递减的速率增长，最后趋于不变速率增长。从形成一般的蠕变曲线（图 2-29）的观点来看，这种模型是用来描述第三期蠕变以前的蠕变曲线比较好且最简单的模型。当然，用增加弹性单元和黏性单元的办法还可组成更复杂而合理的模型，但是柏格斯模型对实用而言已经足够了，另外，由胡克体、开尔文体和理想黏塑性体串联而成的西原模型也是被认为能较好反映岩石流变特性并被广泛应用的流变模型。

2.5.2 岩石的松弛性质

松弛是指在保持恒定应变条件下应力随时间逐渐减小的性质，用松弛方程［$f(\varepsilon =$

const,σ,t) = 0] 和松弛曲线（图 2-34）表示。

松弛特性可划分为三种类型：

（1）立即松弛——应变保持恒定后，应力立即消失到零，这时松弛曲线与 σ 轴重合，如图 2-34 中 ε_6 曲线。

（2）完全松弛——应变保持恒定后，应力逐渐消失，直到应力为零，如图 2-34 中 ε_5、ε_4 曲线。

（3）不完全松弛——变形保持恒定

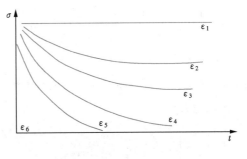

图 2-34　松弛曲线

后，应力逐渐减小，但最终不完全消失，而是趋于某一定值，如图 2-34 中 ε_3、ε_2 曲线。

此外，还有一种极端情况：应变保持恒定后应力始终不变，即不松弛，松弛曲线平行于 t 轴，如图 2-34 中 ε_1 曲线。

在同一应变条件下，不同材料具有不同类型的松弛特性。同一材料，在不同应变条件下也可能表现为不同类型的松弛特性。

2.5.3　岩石的长期强度

2.5.2 岩石的长期强度

一般情况下，当荷载达到岩石瞬时强度时，岩石发生破坏。在岩石承受荷载低于瞬时强度的情况下，如果荷载持续作用的时间足够长，由于流变特性岩石也可能发生破坏。因此，岩石的强度可能随荷载作用时间的延长而降低，通常把作用时间 $t \to \infty$ 的强度 s_∞ 称为岩石的长期强度。

长期强度的确定有两种方法。第一种方法：长期强度曲线，即强度随时间降低的曲线，它可以通过各种应力水平长期恒载试验获取。设在荷载 $\tau_1 > \tau_2 > \tau_3 > \cdots\cdots$ 试验的基础上，绘出非衰减蠕变的曲线簇，并确定每条曲线加速蠕变达到破坏前的应力 τ 及荷载作用所经历的时间，如图 2-35(a) 所示。然后以纵坐标表示破坏应力 τ_1，τ_2，τ_3，$\cdots\cdots$，横坐标表示破坏前经历的时间 t_1，t_2，t_3，$\cdots\cdots$，作破坏应力和破坏前经历时间的关系曲线，如图 2-35(b) 所示，称为长期强度曲线。

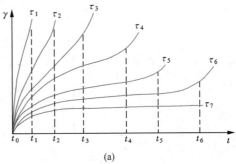

(a)

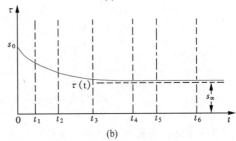

(b)

图 2-35　岩石蠕变曲线和长期强度曲线

所得曲线的水平渐近线在纵轴上的截距就是所求的长期强度。

第二种方法：通过不同应力水平恒载蠕变试验，得到蠕变曲线簇，在图 2-36(a) 上作 $t_0(t=0),t_1,t_2,\cdots\cdots,t_\infty$ 时与纵轴平行的直线，且与各蠕变曲线相交，各交点包含 τ、γ 和 t 三个参数，如图 2-36(a) 所示。应用这三个参数，作等时的 τ-γ 曲线簇，得到相应的等时 τ-γ 曲线，对应于 t_∞ 的等时 τ-γ 曲线的水平渐近线在纵轴上的截距就是所求的长期强度，如图 2-36(b) 所示。

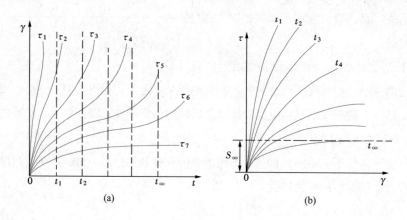

图 2-36　由岩石蠕变试验曲线确定长期强度

岩石长期强度曲线如图 2-37 所示，可用指数型经验公式表示为：

$$\sigma_t = A + Be^{-at} \tag{2-58}$$

由 $t=0$ 时，$\sigma_t = s_0$，得 $s_0 = A + B$；由 $t \to \infty$ 时，$\sigma_t \to s_\infty$，得 $s_\infty = A$；故得 $B = s_0 - A = s_0 - s_\infty$。因此式（2-58）可写成：

$$\sigma_t = s_\infty + (s_0 - s_\infty)e^{-at} \tag{2-59}$$

式中　α——由试验确定的另一个经验常数。

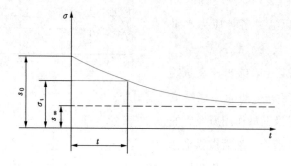

图 2-37　长期恒载破坏试验确定长期强度

由式（2-59）可确定任意时刻 t 的岩石强度 σ_t。岩石长期强度是一个很有价值的时间效应指标。当评价永久性或使用期长的岩石工程的稳定性时，不应以瞬时强度而应以长期强度作为岩石强度的计算指标。

在恒定荷载长期作用下，某些岩石会在比瞬时强度小很多的情况下破坏。根据目前试验资料，对于大多数岩石，长期强度与瞬时强度之比 (s_∞/s_0) 为 $0.4\sim0.8$，软岩和中等坚固岩石为 $0.4\sim0.6$，硬质岩石为 $0.7\sim0.8$，表 2-1 中列出了几种岩石瞬时强度与长期强度的比值。

几种岩石长期强度与瞬时强度之比　　　　表 2-1

岩石名称	石灰岩	盐岩	砂岩	白垩	黏质页岩
s_∞/s_0	0.73	0.70	0.65	0.62	0.50

复习思考题

2.1　名词解释：孔隙比、孔隙率、吸水率、渗透性、抗冻性、扩容、蠕变、松弛、弹性后效、长期强度、岩石的三向抗压强度。

2.2　岩石的结构和构造有何区别？岩石颗粒间的联结有哪几种？

2.3　岩石物理性质的主要指标及其表示方式是什么？

2.4　已知岩样的重度 $\gamma=22.5\text{kN/m}^3$，相对密度 $G_s=2.80$，含水率 $w=8\%$，试计算该岩样的孔隙率 n，干重度 γ_d 及饱和重度 γ_{sat}。

2.5　影响岩石强度的主要试验因素有哪些？

2.6　岩石破坏有哪些形式？对各种破坏的原因作出解释。

2.7 什么是岩石的全应力-应变曲线？什么是刚性试验机？为什么普通材料试验机不能得出岩石的全应力-应变曲线？

2.8 什么是岩石的弹性模量、变形模量和卸载模量？

2.9 在三轴压力试验中岩石的力学性质会发生哪些变化？

2.10 岩石的抗剪强度与剪切面上正应力有何关系？

2.11 简要叙述库仑、莫尔和格里菲斯岩石强度准则的基本原理及其之间的关系。

2.12 简述岩石在单轴压力试验下的变形特征。

2.13 简述岩石在反复加卸载下的变形特征。

2.14 体积应变曲线是怎样获得的？它在分析岩石的力学特征上有何意义？

2.15 什么叫岩石的流变、蠕变、松弛？

2.16 岩石蠕变一般包括哪几个阶段？各阶段有何特点？

2.17 不同受力条件下岩石流变具有哪些特征？

2.18 简要叙述常见的几种岩石流变模型及其特点。

2.19 什么是岩石的长期强度？它与岩石的瞬时强度有什么关系？

2.20 请根据 σ-τ 坐标下的库仑准则，推导由主应力、岩石破断角 θ 和岩石单轴抗压强度 σ_c 给出的在 σ_3-σ_1 坐标系中的库仑准则表达式 $\sigma_1 = \sigma_3 \tan^2\theta + \sigma_c$，式中 $\sigma_c = \dfrac{2c\cos\varphi}{1-\sin\varphi}$，$\theta = 45° + \dfrac{\varphi}{2}$。

2.21 将一个岩石试件进行单轴试验，当压应力达到 100MPa 时即发生破坏，破坏面与大主应力平面的夹角（即破坏所在面与水平面的仰角）为 65°，假定抗剪强度随正应力呈线性变化（即遵循莫尔-库仑破坏准则），试计算：

(1) 内摩擦角；

(2) 在正应力等于零的那个平面上的抗剪强度；

(3) 在上述试验中与最大主应力平面呈 30° 夹角的那个平面上的抗剪强度；

(4) 破坏面上的正应力和剪应力；

(5) 预计单轴拉伸试验中的抗拉强度；

(6) 岩石在垂直荷载等于零的直接剪切试验中发生破坏，试画出这时的莫尔圆。

2.22 请推导马克斯威尔模型的本构方程、蠕变方程和松弛方程，并画出力学模型、蠕变和松弛曲线。

2.23 请推导开尔文模型的本构方程、蠕变方程、卸载方程和松弛方程，并画出力学模型、蠕变曲线。

第 3 章

岩体的力学特性

　　自 20 世纪 60 年代起，国内外工程地质和岩体力学工作者都注意到岩体与岩块在性质上有本质的区别，其根本原因之一是岩体中存在有各种各样的结构面及不同于自重应力的天然应力场和地下水。因而，从岩体力学观点出发提出了岩块、结构面和岩体等基本概念。在前一章阐述岩石的物理力学性质基础上，本章将重点讨论结构面和岩体的地质特征，影响岩体物理力学性质的主要地质因素以及岩体工程分类，并介绍岩体强度、变形理论及水力学特性等问题。

3.1.1 地质构造

　　岩体结构包括结构体和结构面两个基本要素，而岩体质量与结构面的性质密切相关。所以，要研究岩体的力学性质，必须首先研究结构面。

3.1　岩体中的结构面

3.1.1　结构面的类型

1. 结构面的地质成因类型

　　一般说来，结构面均是岩体经历的地质历史过程中形成的不连续面。结构面按照地质成因的不同，可划分为原生结构面、构造结构面、次生结构面三类。

3.1.2 结构面的
类型

　　1）原生结构面

　　原生结构面是指在成岩过程中所形成的结构面，其特征和岩体成因密切相关，因此又可分为岩浆结构面、沉积结构面和变质结构面三类。

　　（1）岩浆结构面

　　岩浆结构面是指岩浆侵入及冷凝过程中所形成的原生结构面，包括岩浆

3.1.3 岩浆结构面

岩体与围岩接触面、多次侵入的岩浆岩之间接触面、软弱蚀变带、挤压破碎带、岩浆岩体中冷凝的原生节理，以及岩浆侵入流动的冷凝过程中形成的流纹和流层的层面等。

岩浆岩侵入时的温度条件及围岩的热容量性质，决定了这类接触面的融合及胶结情况；融合胶结得致密的接触面，又无后期破碎状况，就不是软弱面；岩浆岩与围岩之间呈现裂隙状态的接触，或侵入岩附近沿接触带的围岩受到挤压而破碎呈现破碎接触，构成软弱面。

岩浆岩体中的冷凝原生节理常具有张性破裂面的特征。在岩浆侵入岩体后的冷凝过程中，边部散热快，先凝成硬壳，脆性大，易收缩拉断。当内部岩浆继续冷却使体积收缩，因而产生拉应力，使岩浆岩产生裂隙面。它一般都是张开的，而向深部逐渐闭合，其发育深度有限，从冷却表面向深处一般为数米到十几米。

岩浆岩在侵入冷凝过程中，会形成流纹、流层，它们一般集中发育在侵入体的边部，特别是岩墙、岩床边缘部分，发育得极为明显而典型。

这种类型的结构面一般不造成大规模岩体破坏，但有时与构造断裂配合易致岩体滑移。

（2）沉积结构面

3.1.4 沉积结构面

沉积结构面是指沉积过程中所形成的物质分异面。它包括层面、软弱夹层及沉积间断面（不整合面、假整合面等）。它的产状一般与岩层一致，空间延续性强。海相岩层中，此类结构面分布稳定，陆相及滨海相岩层中呈交错状，易尖灭。层面、软弱夹层等结构面较为平整，沉积间断面多由碎屑、泥质物质构成，且不平整。国内外较大的坝基滑动及滑坡很多由此类结构面所造成，如 1959 年法国的 Malpasset 坝的破坏，1963 年意大利 Vajont 坝的巨大滑坡等。

（3）变质结构面

3.1.5 变质结构面

变质结构面是在区域变质作用中形成的结构面，如片理、片岩夹层等。区域变质与接触变质不同，它是伴随强烈的地壳运动而产生的、在较广阔的空间中进行的动热变质作用。片理即在这种动热作用下形成。片状构造为片理的典型特征。变质作用与深度有关，一般说来，在一定深度以下是逐渐变化的，但不显著。片岩软弱夹层含片状矿物，呈鳞片状。片理面一般呈波状，片理短小，分布极密，但这种密集的片理，会像沉积岩的层理那样，延展范围可以很大。

变质较浅的沉积变质岩（如千枚岩等）路堑边坡常见塌方。片岩夹层有时对地下洞室等工程的稳定也有影响。

2）构造结构面

构造结构面是指岩体受地壳运动（构造应力）作用所形成的结构面，如断层、节理、劈理以及由于层间错动而引起的破碎层等。其中，以断层的规模最大，节理的分布最广。

（1）断层

3.1.6 构造结构面

　　断层，一般是指位移显著的构造结构面。就其规模来说，在岩体中具很大差异，有的深切岩石圈甚至上地幔，有的仅限于地壳表层，或地表以下数十米。断层破碎带往往有一系列滑动面，而且还存在一套复杂的构造岩。

　　断层因应力条件不同而具有不同的特征。根据应力场的特性，可分张性、压性及剪性（扭性）断层，基本上对应经常说的正断层、逆断层及平移断层。

　　张性断层（图 3-1）由张（拉）应力或与张断层平行的压应力形成。张裂面上参差不齐、宽窄不一、粗糙不平、很少擦痕；裂面中常充填有附近岩层的岩石碎块。有时沿裂面常有岩脉或矿脉充填，或有岩浆岩侵入。平行的张裂面往往形成张裂带，每个张裂面往往延长不远即行消失。

　　压性断层主要指压性逆断层、逆掩断层。破裂的压性结构面一般均呈舒缓波状，沿走向和倾向方向都有这种特征，沿走向尤为明显。断层面上经常有与走向大致垂直的逆冲擦痕。断面上片状矿物如云母、叶蜡石等呈鳞片状排列，长柱状矿物或针状矿物如角闪石、绿帘石等呈定向排列，大都与主要挤压面平行。一系列压性断层大致平行集中出现，则构成一个挤压断层带。

　　剪性断层主要指平移断层，也包括一部分正断层。剪裂面产状稳定，断面平整光滑，有时甚至呈镜面出现。断面上常有平移擦痕，有的具有羽痕，组成断层带的构造岩以角砾岩为主，而它往往因碾磨甚细而成糜棱状。断层带的宽度变化，比前两种为小。剪裂面常成对出现，为共轭的 X 形断层。平移断层往往咬合力小，摩擦系数低，含水性和导水性一般；正断层则含水性和导水性较好，摩擦系数多较平移断层为高。

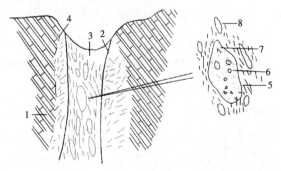

图 3-1　早期张性断裂破碎带中出现的后期挤压破碎带

1-硅质条带白云岩；2-早期张性角砾岩；3-后期挤压扁豆及片理；4-裂隙；
5-白云岩张性角砾岩；6-燧石角砾；7-钙质胶结物；8-斑岩透镜体

　　压性、张性和剪性断层，是断层中最基本的类型。单一性质的断裂一般比较容易鉴别。但有时构造运动多次发生，由于先后作用的应力性质不同，构造形迹越来越复杂，甚至出现互相"矛盾"的现象。例如在图 3-1 所示早期的张性断裂破碎带之中，出现许多挤压片理和由张性角砾岩组成的挤压透镜体。又如绝大多数逆断层属压性断层，大部分正断层属张性断层，但在个别场合，也可能出现"矛盾"。如图 3-2 所示的挤压断层带中的个别压性断层表现出正断层的状况。这种状况是由于断层两侧岩块发生快慢不同的相对运动所造成。左数第三块运动较快，而第四块虽然也是向上运动的（逆断层特征），但比较慢，这就造成逆断层群中有个别正断层出现。

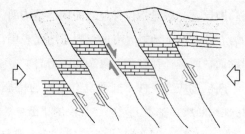

图 3-2　挤压断层中出现的正断层

（2）节理

节理可分张节理、剪节理及层面节理。

张节理是岩体在张应力作用下形成的一系列裂隙的组合。其特点是裂隙宽度大，裂隙面延伸短，尖灭较快，曲折，表面粗糙，分布不均，在砾岩中裂隙面多绕砾石而过。

剪节理是岩体在剪应力作用下形成的一系列裂隙的组合。它通常以相互交叉的两组裂隙同时出现，因而又称 X 节理或共轭节理，有时只有一组比较发育。剪节理的特点是裂隙闭合，裂隙面延伸远且方位稳定，一般较平直，有时有平滑的弯曲，无明显曲折；面光滑，常具有磨光面、擦痕、阶步、羽裂等痕迹。在砾岩中，裂隙面常切穿砾石而过。

层面节理是指层状岩体在构造应力作用下，沿岩层层面（原生沉积软弱面）破裂而形成的一系列裂隙的组合。岩层在褶曲发育的过程中，两翼岩层的上覆层与下覆层发生层间滑动，使形成剪性层面节理；而在层间发生层间脱节，形成张性层面节理。

（3）劈理

在地应力作用下，岩石沿着一定方向产生密集的、大致平行的破裂面，有的是明显可见的，有的则是隐蔽的，岩石的这种平行密集的破开现象称为劈理。一般把组成劈理的破裂面叫劈面；相邻劈面所夹的岩石薄片叫微劈石；相邻劈面的垂直距离叫劈面距离，一般在几毫米至几厘米之间。

劈理的密集性，与岩性和厚度等因素有关，如图 3-3 所示。较厚岩层中的劈理相对于薄层的岩层稀疏些。同时劈理在通过不同岩性的岩层时要发生折射，构成 S 形或反 S 形的反射劈理。

3）次生结构面

次生结构面是指岩体在外营力（如风化、卸荷、应力变化、地下水、人工爆破等）作用下而形成的结构面。它们的发育多呈无序状的、不平整、不连续的状态。

风化裂隙是由风化作用在地壳的表部形成的裂隙。风化作用沿着岩石脆弱的地方，如层

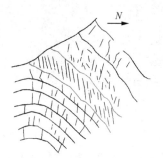

3.1.7 次生结构面

图 3-3　劈理通过软硬岩层时的折射

理、劈理、片麻构造及岩石中晶体之间的结合面,产生新的裂隙;另外,风化作用还使岩体中原有的软弱面扩大、变宽,这些扩大和变宽的弱面,是原生作用或构造作用形成,但有风化作用参与的痕迹明显。风化裂隙的特点是裂隙延伸短而弯曲或曲折;裂隙面参差不齐,不光滑,分支分叉较多,裂隙分布密集,相互连通,呈不规则网状;裂隙发育程度随深度的增加而减弱,浅部裂隙极发育,使岩石破碎,甚至成为疏松土,向深处裂隙发育程度减弱,岩石逐步完整,并保持原岩的矿物组成、结构,仅在裂隙面上或附近有化学风化的痕迹。

密集的风化裂隙加上裂隙间的岩块又被化学侵蚀,并且普遍地存在于地壳表层的一定深度,而形成岩石风化层。风化层实际上是分布于地壳表层的软弱带,它的深度大致在 10～50m 范围内,局部如构造破碎带,可达 100 m 甚至更深。

卸荷裂隙是岩体的表面某一部分被剥蚀掉,引起重力和构造应力的释放或调整,使得岩体向自由空间膨胀而产生了平行于地表面的张裂隙。若在深切的河谷,还有重力作用的剪应力分量而产生剪张裂隙,这些裂隙基本平行于岸坡表面。另外,在漫长的岁月中伴随着年复一年的地下水季节性的变动,同样可以产生与地下水面近似平行的卸荷裂隙。

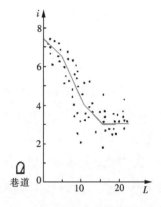

图 3-4　巷道壁水平距离上节理
密度变化

i -钻孔内每米裂隙数;L -水平距离(m)

卸荷裂隙的产状主要与临空面有关,多为曲折的、不连续状态。裂隙充填物包括气、水、泥质碎屑,其宽窄不一,变化多端,结构面多呈粗糙。

应力变化、人工爆破等作用可生成次生结构面。图 3-4 为欧洲 Bulgaria 一地下巷道受爆破和巷道地压的影响产生裂隙的情况,从图中可看出,从巷道壁向深处水平距离增加,裂隙数随之减弱,至一定深度(约 15m)后保持常数。

2. 结构面的力学成因类型

从大量的野外观察、试验资料及莫尔强度理论分析可知,在较低围限应力(相对岩体强度而言)下,岩体的破坏方式有剪切破坏和拉张破坏两种基本类型。因此,相应地按破裂面的力学成因可分张性结构面、压性结构面和剪性结构面三类。

3.1.8 结构面的
力学成因类型

张性结构面是由拉应力形成的,如羽毛状张裂面、纵张及横张破裂面,岩浆岩中的冷凝节理等。羽毛状张裂面是剪性断裂在形成过程中派生力偶所形成的,它的张开度在邻近主干断裂一端较大,且沿延伸方向迅速变窄,乃至尖灭。纵张破裂面常发生在背斜轴部,走向与背斜轴近于平行,呈上宽下窄。横张破裂面走向与褶皱轴近于垂直,它的形成机理与单向压缩条件下沿轴向发展的劈裂相似。一般来说,张性结构面具有张开度大、连续性差、形态不规则、面粗糙、起伏度大及破碎带较宽等特征。其构造岩多为角砾岩,易被充填。因此，张性结构面常含水丰富，导水性强。

压性结构面是由压应力形成的，如单式或复式褶皱轴面、逆断层或逆掩断层面、片理面、挤压带和一部分劈理等。总体上，压性结构面一般均呈舒缓波状，沿走向和倾向方向都有这种特征，断层面上经常有与走向大致垂直的逆冲擦痕。

剪性结构面是剪应力形成的，破裂面两侧岩体产生相对滑移，如逆断层、平移断层以及多数正断层等。剪性结构面的特点是连续性好，面较平直，延伸较长并有擦痕镜面等现象发育。

3. 岩体软弱夹层的成因类型

岩体软弱夹层可以看成是一类特殊的结构面，它与周围岩体相比，具有显著的低强度和高压缩特性，或具有一些特有的软弱性质。软弱夹层在数量上虽然只占岩体中很小的比例，但却是岩体中的薄弱部位，常常是工程中的隐患，应特别注意。从成因上，软弱夹层可划分为原生的、构造的和次生的三种类型。

1）原生软弱夹层

原生软弱夹层包括沉积软弱夹层、变质软弱夹层和火成软弱夹层 3 类。

沉积软弱夹层是沉积同生的黏土夹层、页岩夹层、泥灰岩夹层、石膏夹层等。其产状与岩层相同，厚度较薄，延续性较好，但也有尖灭的。含黏土矿物多，细薄层理发育，易风化与泥化软化，抗剪强度低，压缩性较大，失水干裂。例如华北地区寒武-奥陶纪的坚硬灰岩中，夹有多层厚度很小的泥灰岩和页岩层，嘉陵江地区侏罗纪红层等。

变质软弱夹层在沉积变质岩地区最为常见。如片岩本身便具有软弱夹层的特征，当它夹在石英岩、大理岩或其他脆性岩层中时，便构成软弱夹层。在片岩系中，那些沿片理面的片状矿物如云母片岩、绿泥石片岩、滑石片岩等，比其上下层的其他岩石如石英片岩或片状石英岩，具有极低的强度，也成为软弱夹层。这种夹层，由变质岩构造决定，产状虽与岩层一致，但多呈波状弯曲或延续性差。其成分主要是片状矿物或柱状矿物，但由这些矿物集中发育而构成的软弱夹层，遇水作用后性质变化不显著。

火成软弱夹层在喷出岩或溢出岩地区最为常见，如富春江地区侏罗纪黄尖组流纹斑岩夹凝灰岩、凝灰质砂岩、砂页岩薄层等。火成软弱夹层的特征是呈层状或透镜体状，厚度薄，遇水易软化，抗剪强度低。

2）构造软弱夹层

构造软弱夹层主要是沿原有的弱面或软弱夹层经构造错动而形成的，也有的沿断裂面错动或再次错动而成，如断层破碎带等。

（1）断层破碎带的构成

一条断层的产生，首先生成节理面或节理密集带，继之则沿着它们产生位移，发展成为或小或大的断层。小断层位移有的仅几厘米或几米，仅由一条或数条节理发展而成，断面窄小、平直、光滑，也很少产生旁侧节理或形

3.1.9 断层破碎带

成构造岩。大断层有的位移可达数千米，特别是通过脆性岩体的大断层，会形成一个相当规模的断层软弱带（断层破碎带、断层影响带），如图 3-5 所示。

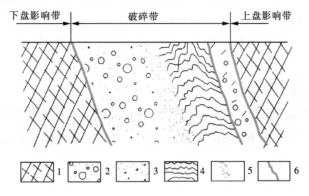

图 3-5　某地断层示意图

1-碎裂岩；2-碎块岩；3-角砾岩；4-片状岩；5-糜棱岩；6-断层泥

断层破碎带的结构很不相同，但一般都由上盘侧与下盘侧两个滑动面围着一个破碎带，由构造应力形成的构造岩为其总特征。构造岩可以是比较连续的层，也可以是连续性不好的透镜体，甚至呈不规则的鸡窝状。由于在构造力与热的条件下，经过挤压研磨，构造岩的性质与周围原岩相比已产生质的变化，原岩的岩石结构或构造基本上已变动或完全消失，并产生新的应力矿物，形成重结晶或变晶结构。

断层破碎带之外为断层影响带。它的外限与原岩的界限是过渡的，内限一般有断层滑动面与断层破碎带为界。有的只一侧清楚，而另一侧很难区分。断层影响带的构造岩主要是碎裂岩和碎块岩，实际上是由产状极为不同的纵横交错的节理所穿切的原岩，其宽度由数米到数十米不等。断层影响带透水性很大，是其重要的工程地质特征。

（2）断层软弱带的宽度变化

断层软弱带的宽度变化可分为断层破碎带及断层影响带的宽度变化。

断层破碎带宽度变化与构造应力的性质、大小及岩性有关。在相同的岩性及构造背景下，破碎带宽度变化率（最宽与最窄的比值）对绝大多数剪性断层来说在 4 以内，压性的在 6 以内，张性断层的可达 10 或更大；许多宽的（大于 1m）断层破碎带，宽度变化率小，但变化绝对值大，而窄的（小于 10cm）断层破碎带宽度变化率大，但变化绝对值小。在断层走向和倾向方向上都具有上述特点。

一般地说，断层破碎带宽度大，断层影响带宽度也大。影响带与破碎带比值，剪性断层约为 0～3，即影响带为破碎带的 0～3 倍；张性断层约为 2～4；压性断层的最大，约为 2～8。断层上盘影响带的宽度较大，压性断层，特别是逆掩断层最为明显。断层通过脆性岩体常比通过塑性岩体的影响带宽度要大。

3）次生软弱夹层

次生软弱夹层是沿着薄层状岩石、岩体间接触面或原有软弱面或软弱夹层，由次生作用参与形成的软弱夹层。这些次生作用是指风化作用和地下水作用。

风化作用参与形成的风化夹层，有夹层风化及断裂风化的软弱夹层两种。夹层风化是那些易于风化的岩体，如煌斑岩等基性岩脉，经风化作用形成的软弱夹层；也有岩体间接触面物质经风化形成软弱夹层；还有那些原来便是脆弱的而又经过风化作用的软弱夹层。这些软弱夹层与岩层产状一致，或受岩体产状的制约，在风化带里延续性较好，随深度的增加延续性减弱。夹层物质松散、破碎，含风化泥质物。断裂风化是那些节理、断层经过风化作用形成的软弱夹层，其产状受节理、断层产状的制约，仅限于地表附近的风化带中，其物质松散、破碎，含风化泥质物。

地下水作用形成泥化夹层，有夹层泥化及次生夹泥的软弱夹层两种。泥化夹层是厚度较薄的塑性岩层（如黏土岩、黏土页岩、泥灰岩等），受到通过厚度较大、断裂比较发育的上覆脆性岩层（如砂岩、石灰岩等）的水流通道而来的地下水作用，溶蚀、软化而成。它与岩层产状一致，延续性强，但各段泥化程度不同。泥化物质呈塑性，粒径均匀，易压缩，抗剪强度很低。次生夹泥的软弱夹层是沿着层面或断裂面，由地下水渗入带来并沉积下来的黏土构成，具塑性，甚至呈流态，压缩性很强，抗剪强度很低。其产状受原岩层面或断裂而制约，延续性差，近地表发育，这在河谷两侧最为常见，埋藏深度仅在地下水活动的范围以内。

3.1.2 结构面的自然特征

结构面成因复杂，而后又经历了不同性质、不同时期构造运动的改造，造成了结构面自然特性的各不相同。例如，有些结构面，在后期构造运动中受到影响，改变了原来结构面的开闭状态、充填物质的性状及结构面的形态和粗糙度等。有的结构面由于后期岩浆注入或淋水作用形成的方解石脉网络等，使其黏聚力有所增加。而有的裂隙经过地下水的溶蚀作用而加宽，或充

3.1.10 结构面的
自然特征

以气和水，或充填黏土物质，其黏聚力减小或完全丧失等。结构面主要自然特征可归纳如表3-1所示，所有这些都决定着结构面的力学性质，也直接影响着岩体的力学性质。因此，必须十分注意结构面现状的研究，才能进一步研究岩体受力后变形、破坏的规律。

结构面的自然特征 表 3-1

自然特征		主要表征
充填胶结特征		断层泥（硅质、铁质、钙质、泥质，与水力性质相关）
形态特征		平整光滑度、起伏度、粗糙度（影响抗滑力）
空间分布特征	产状及变化	倾向、倾角、走向（与工程关系）
	延展性	切割度（X_e）
	密集程度	线密度（K）、间距（d）、张开度

1. 充填胶结特征

结构面的充填胶结可以分为无充填和有充填两类。

1）结构面之间无充填：它们处于闭合状态，岩块之间接合较为紧密。此时，结构面的强度与结构面两侧岩石的力学性质和结构面的形态及粗糙度有关。

2）结构面之间有充填：首先要看充填物的成分，若硅质、铁质、钙质以及部分岩脉充填胶结结构面，其强度经常不低于岩体的强度，因此，这种结构面就不属于弱面的范围。所以重点要关注的是结构面的胶结充填物使结构面强度低于岩体强度的情况。就充填物的成分来说，以黏土充填，特别是充填物中含润滑性矿物，如蒙脱石、高岭石、绿泥石、绢云母、蛇纹石、滑石等较多时，其力学性质最差；含非润滑性质矿物，如石英和方解石时，其力学性质较好。充填物的粒度成分对结构面的强度也有影响，粗颗粒含量愈高，力学性能愈好，细颗粒愈多，则力学性能愈差。充填物的厚度，对结构面的力学性质有明显的影响，可分为如下四类：

（1）薄膜充填：它是结构面侧壁附着一层 2mm 以下的薄膜，由风化矿物和应力矿物等组成，如黏土矿物、绿泥石、绿帘石、蛇纹石、滑石等。但由于充填矿物性质不良，虽然很薄，也明显地降低结构面的强度；

（2）断续充填：它是充填物在结构面里不连续，且厚度多小于结构面的起伏差。其力学强度取决于充填物的物质组成、结构面的形态及侧壁岩石的力学性质；

（3）连续充填：它是充填物在结构面里连续，厚度稍大于结构面的起伏差。其强度取决于充填物的物质组成及侧壁岩石的力学性质；

（4）厚层充填：它的特点是充填物厚度大，一般可达数十厘米至数米，形成了一个软弱带。它在岩体失稳的事例中，有时表现为岩体沿接触面的滑移，有时则表现为软弱带本身的塑性破坏。

2. 形态特征

结构面在三维空间展布的几何属性称结构面的形态，是地质营力作用下地质体发生变形、破坏遗留下来的产物。结构面的几何形态，可归纳为下列四种（图3-6）：

1）平直形：它的变形、破坏取决于结构面上的粗糙度、充填物质成分、侧壁岩体风化的程度等，包括一般层面、片理、原生节理及剪切破裂面等。

2）波浪形：它的变形、破坏取决于起伏角、起伏幅度（图3-7）、岩石力学性质、充填情况等，包括波状的层理，轻度揉曲的片理、沿走向和倾向方向上均呈缓波状的压性、压剪性结构面等。

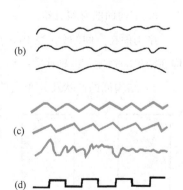

图 3-6　结构面的几何形态图

(a) 平直形；(b) 波浪形；

(c) 锯齿形；(d) 台阶形

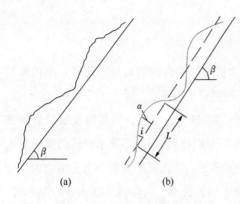

图 3-7　结构面的凹凸度

（a）起伏度与粗糙度；（b）起伏度的几何要素；

β-结构面的平均倾角；i-结构面的起伏角

3）锯齿形：它的变形、破坏取决的条件基本与波浪形相同。它包括张性、张剪性结构面，具有交错层理和龟裂纹的层面，也包括由一般裂隙继而发育的次生结构面、沉积间断面等。

4）台阶形：它的变形、破坏取决于岩石的力学性质等。它包括地堑、地垒式构造等。这类结构面的起伏角为 90°。它多系层间错动后经断层而成。

研究结构面的形态，主要是研究其凹凸度与强度的关系。根据规模大小，可将它分为两级

3.1.11 结构面的
凹凸度

（图 3-7）；第一级凹凸度称为起伏度；第二级凹凸度称为粗糙度。岩体沿结构面发生剪切破坏时，第一级的凸出部分可能被剪断或不被剪断，这两种情况均增大了结构面的抗剪强度。增大状况与起伏角和岩石性质有关。起伏角 i 愈大，结构面的抗剪强度也愈大。另外，起伏角的大小也可以表示出前述结构面的三种几何形态：$i=0°$ 时，结构面为平直形；$i=10°\sim20°$ 时，结构面为波浪形；更大时，结构面变为锯齿形或台阶形。

第二级凹凸度即粗糙度，反映面上普遍微量的凹凸不平状态。对结构面来讲，一般可分为极粗糙、粗糙、一般、光滑、镜面五个等级。沉积间断面、张性和张剪性的构造结构面和次生结构面等属于极粗糙和粗糙；一般层面、冷凝原生节理、一般片理等可属于第三种；绢云母片状集合体所造成的片理、板理，一般压性、剪性、压剪性构造结构面均属光滑一类；而许多压性、压剪性、剪性构造结构面，由于剧烈的剪切滑移运动，往往可以造成光滑的镜面。

3. 结构面的空间分布

结构面在空间的分布大体是指结构面的产状（即方位）及其变化、结构面的延展性、结构面密集的程度、结构面空间组合关系等。

1）结构面的产状及其变化是指结构面的走向、倾向与倾角及其变化。

2）结构面的延展性是指结构面在某一方向上的连续性或结构面连续段长短的程度。由于结构面的长短是相对于岩体尺寸而言的，因而它与岩体尺寸有密切关系。按结构面的延展特性，可分为三种形式：非贯通性、半贯通性及贯通性的结构面（图 3-8）。

（a）　　　　　（b）　　　　　（c）

图 3-8　岩体内结构面贯通性类型

（a）非贯通；（b）半贯通；（c）贯通

　　结构面的延展性可用切割度 X_e 来表示，它说明结构面在岩体中分离的程度。假设有一平直的断面，它与考虑的结构面重叠而且完全地横贯所考虑的岩体，令其面积为 A，则结构面的面积 a 与它之间的比率，即为切割度：

$$X_e = \frac{a}{A} \tag{3-1}$$

　　切割度一般以百分数表示。另外，它也可以说明岩体连续性的好坏，X_e 愈小，则岩体连续性愈好；反之，则愈差。

　　岩体中经常出现成组的平行结构面，同一切割面上出现的结构面面积为 a_1，a_2，……，则：

$$X_e = \frac{a_1 + a_2 + \cdots}{A} = \frac{\sum a_i}{A} \tag{3-2}$$

　　按切割度 X_e 值的大小可将岩体分类，如表 3-2 所示。

岩体按切割度 X_e 分类表　　　　　　　　　　表 3-2

名　　称	X_e (%)	名　　称	X_e (%)
完整的	<20	强节理化	60～80
弱节理化	20～40	完全节理化	>80
中等节理化	40～60		

4. 结构面密度

　　结构面的密度，是指岩体中结构面发育的程度。它可以用结构面的线密度、间距或体密度表示。

　　1）结构面的线密度 K：指同一组结构面沿着法线方向，单位长度上结构面的数目。如以 l 代表在法线上量测的长度，n 为 l 长度内出现的结构面的数目，则：

$$K = \frac{n}{l} \tag{3-3}$$

　　当岩体上有几组结构面（a，b，……）时，测线上的线密度为各级线密度之和，即

$$K = K_a + K_b + \cdots \tag{3-4}$$

　　实际测定结构面的线密度时，测线的长度可在 $20\sim50\text{m}$ 之间。如果测线不可能沿结构面法线方向布置时，应使测线水平，并与结构面走向垂直。此时，如实际测线长度为 L，结构面的倾角为 α，则（图 3-9）：

$$K = \frac{n}{L\sin\alpha} \tag{3-5}$$

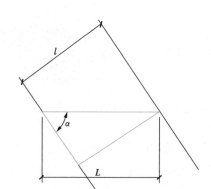

图 3-9　节理的线密度计算

2）结构面间距：结构面间距是指同一组结构面在其法线方向上的平均间距，如以 d 来表示，则：

$$d = \frac{l}{n} = \frac{1}{K} \tag{3-6}$$

即结构面的间距为线密度的倒数。

Watkins（1970）根据结构面间距对结构面（不连续面）进行分类，如表 3-3 所示。

结构面间距的分类表 表 3-3

描　述		间距	描　述		间距
层理	节理	（mm）	层理	节理	（mm）
薄页的	破碎的	<6	中等的	中等密集的	200～600
页状的	破裂的	6～20	厚的	稀疏的	600～2000
非常薄的	非常密集的	20～60	极厚的	极稀疏的	>2000
薄的	密集的	60～200			

结构面的间距，主要根据岩石力学性质、原生状况、构造及次生作用、岩体所处位置等情况决定。

3）结构面的张开度：结构面的张开度是指结构面裂口开口处张开的程度。一般说来，在相同边界条件受力的情况下，岩石越硬，结构面的间距越大，张开度也大。

张开度还可说明岩体的"松散度"和岩体的水力学特征。总的来说结构面张开度愈大，岩体将愈"松散"，是地下水的良好通道。

描述结构面的张开度，常采用下面的术语：①很密闭，张开度小于 0.1mm；②密闭，张开度在 0.1～1mm 之间；③中等张开，张开度在 1～5mm 之间；④张开，张开度大于 5mm。

3.1.3 结构面的力学性质

结构面的力学性质主要包括变形性质（法向变形、剪切变形）与强度性质（抗压强度、抗剪强度）。

3.1.12 结构面的
力学性质

1. 法向变形

1）压缩变形

在法向荷载作用下，粗糙结构面的接触面积和接触点数随荷载增大而增加，结构面间隙呈非线性减小，应力与法向变形之间呈指数关系（图 3-10）。这种非线性力学行为归结于接触微凸体弹性变形、压碎和间接拉裂隙的产生，以及新的接触点、接触面积的增加。当荷载去除时，将引起明显的后滞和非弹性效应。Goodman（1974）通过试验，得出法向应力 σ_n

与结构面闭合量 δ_n 有如下关系：

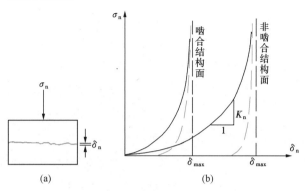

图 3-10　结构面法向变形曲线

$$\frac{\sigma_n - \xi}{\xi} = s \left(\frac{\delta_n}{\delta_{max} - \delta_n} \right)^t \tag{3-7}$$

式中　ξ——原位应力，由测量结构面法向变形的初始条件决定；

δ_{max}——最大可能的闭合量；

s、t——与结构面几何特征、岩石力学性质有关的两个参数。

图 3-10 中，K_n 称为法向变形刚度，反映结构面产生单位法向变形的法向应力梯度，它不仅取决于岩石本身的力学性质，更主要取决于粗糙结构面接触点数、接触面积和结构面两侧微凸体相互啮合程度。通常情况下，法向变形刚度不是一个常数，与应力水平有关。根据 Goodman（1974）的研究，法向变形刚度可由下式表达：

$$K_n = K_{n0} \left(\frac{K_{n0}\delta_{max} + \delta_n}{K_{n0}\delta_{max}} \right)^2 \tag{3-8}$$

式中　K_{n0}——结构面的初始刚度。

Bandis 等人（1984）通过对大量的天然、不同风化程度和表面粗糙程度的非充填结构面的试验研究，提出双曲线型法向应力 σ_n 与法向变形 δ_n 的关系式：

$$\sigma_n = \frac{\delta_n}{a - b\delta_n} \tag{3-9}$$

式中　a、b——常数。

显然，当法向应力 $\sigma_n \to \infty$，$a/b = \delta_{max}$。从上式可推导出法向刚度的表达式：

$$K_n = \frac{\partial \sigma_n}{\partial \delta_n} = \frac{1}{(a - b\delta_n)^2} \tag{3-10}$$

2）拉伸变形

图 3-11 为结构面受压受拉变形状况的全过程曲线。若结构面受有初始应力 σ_0，受压时向左侧移动，其图形与前述相同。若结构面受拉，曲线沿着纵坐标右侧向上与横坐标相交时，表明拉力与初始应力相抵消，拉力继续加大至抗拉强度 σ_t 时（如开挖基坑），结构面失去抵

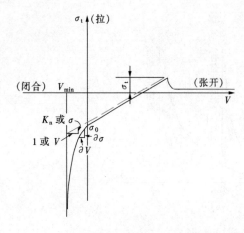

图 3-11　结构面法向应力-应变关系曲线

——实际变形曲线；— — — —供计算用变形曲线

抗能力，曲线迅速降至横坐标，以后张开没有拉力，曲线沿横坐标向右延伸。因此，一般计算中不允许岩石受拉，遵循所谓的无拉力准则。

2. 剪切变形

在一定法向应力作用下，结构面在剪切作用下产生切向变形。通常有两种基本形式（图 3-12）：

1）对非充填粗糙结构面，随剪切变形发生，剪切应力相对上升较快，当达到剪应力峰值后，结构面抗剪能力出现较大的下降，并产生不规则的峰后变形（图 3-12b 中 A 曲线）或滞滑现象；

2）对于平坦（或有充填物）的结构面，初始阶段的剪切变形曲线呈下凹形，随剪切变形的持续发展，剪切应力逐渐升高但没有明显的峰值出现，最终达到恒定值（图 3-12b 中 B 曲线）。

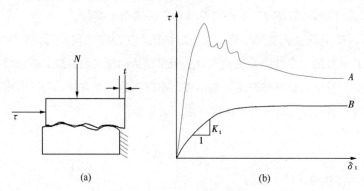

图 3-12　结构面的剪切变形曲线

剪切变形曲线从形式上可分划为"弹性区"（峰前应力上升区）、剪应力峰值区和"塑性区"（峰后应力降低区或恒应力区）（Goodman，1974）。在结构面剪切过程中，伴随有微凸体的弹性变形、劈裂、磨粒的产生与迁移、结构面的相对错动等多种力学过程。因此，剪切变形一般是不可恢复的，即便在"弹性区"，剪切变形也不可能完全恢复。

通常将"弹性区"单位变形内的应力梯度称为剪切变形刚度 K_t：

$$K_t = \frac{\partial \tau}{\partial \delta_t} \tag{3-11}$$

根据（Goodman，1974）研究，剪切刚度 K_t 可以由下式表示：

$$K_t = K_{t0}\left(1 - \frac{\tau}{\tau_s}\right) \tag{3-12}$$

式中 K_{t0}——初始剪切刚度；

τ_s——产生较大剪切位移时的剪应力渐近值。

试验结果表明，对于较坚硬的结构面，剪切刚度一般是常数；对于松软结构面，剪切刚度随法向应力的大小改变。

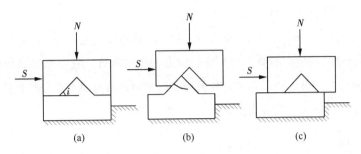

图 3-13 结构面的剪切力学模型

对于凹凸不平的结构面，可简化成图 3-13（a）所示的力学模型。受剪切结构面上有凸台，凸台角为 i，模型上半部作用有剪切力 S 和法向力 N，模型下半部固定不动。在剪应力作用下，模型上半部沿凸台斜面滑动，除有切向运动外，还产生向上的移动。这种剪切过程中产生的法向移动分量称之为"剪胀"。在剪切变形过程中，剪力与法向力的复合作用，可能使凸台剪断或拉破坏，此时剪胀现象消失（图 3-13b）。当法向应力较大，或结构面强度较小时，S 持续增加，使凸台沿根部剪断或拉破坏，结构面剪切过程中没有明显的剪胀（图 3-13c）。从这个模型可看出，结构面的剪切变形与岩石强度、结构面粗糙度和法向应力大小有关。

3）当结构面内充填物的厚度小于主力凸台高度时，结构面的抗剪性能与非充填时的力学特性相类似。当充填厚度大于主力凸台高度时，结构面的抗剪强度取决于充填材料。充填物的厚度、颗粒大小与级配、矿物组分和含水程度都会对充填结构面的力学性质有不同程度的影响。

（1）夹层厚度的影响。试验结果表明，结构面抗剪强度随夹层厚度增加迅速降低，并且与法向应力的大小有关。

（2）矿物颗粒的影响。充填材料的颗粒直径为 2~30mm 时，抗剪强度随颗粒直径的增大而增加，但颗粒直径超过 30mm 后，抗剪强度变化不大。

（3）含水量的影响。由于水对泥夹层的软化作用，含水量的增加使泥质矿物黏聚力和结构面的法向刚度和剪切刚度大幅度下降。暴雨引发岩体滑坡事故正是由于结构面含水量剧增的缘故，因此，水对岩体稳定性的影响不可忽视。

3. 抗剪强度

抗剪强度是结构面最重要的力学性质之一。从结构面的变形分析可以看出，结构面在剪切过程中的力学机制比较复杂，影响结构面抗剪强度的因素是多方面的，大量试验结果表明，结构面强度一般可以通过库仑准则表述：

$$\tau = c_j + \sigma_n \tan\varphi_j \tag{3-13}$$

式中 c_j、φ_j——结构面上的黏聚力和摩擦角；

σ_n——作用在结构面上的法向应力。

摩擦角可表示为 $\varphi_j = \varphi_b + i$，$\varphi_b$ 是岩石平坦表面基本摩擦角，i 是结构面上凸台斜坡角。

图 3-14 为前述凸台模型的剪应力与法向应力的关系曲线，它近似呈直线的特征。结构面受剪初期，剪切力上升较快；随剪力和剪切变形增加，结构面上部分凸台被剪断，此后剪切力上升梯度变小，直至达到峰值抗剪强度。

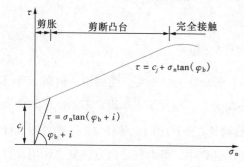

图 3-14 凸台模型的剪力与法向力的关系曲线

试验表明，低法向应力时的剪切，结构面有剪切位移和剪胀；高法向应力时，凸台剪断，结构面抗剪强度最终变成残余抗剪强度。在剪切过程中，凸台起伏形成的粗糙度以及岩石强度对结构面的抗剪强度起着重要作用。考虑到上述三个基本因素（法向应力、粗糙度、结构面抗压强度）的影响，Barton 和 Choubey（1977）提出结构面的抗剪强度公式：

$$\tau = \sigma_n \tan\left[JRC\log\left(\frac{JCS}{\sigma_n}\right) + \varphi_b \right] \tag{3-14}$$

式中 JCS——结构面的抗压强度；

φ_b——岩石的基本摩擦角；

JRC——结构面粗糙性系数。

JRC 的确定方法如下：

1）通过直剪试验或简单倾斜拉滑试验得出的峰值剪切强度 τ_p 和基本摩擦角 φ_b 来反算：

$$JRC = \frac{\varphi_p - \varphi_b}{\log(JCS/\sigma_n)} \tag{3-15}$$

式中，峰值剪切角 $\varphi_p = \arctan(\tau_p/\sigma_n)$，或等于倾斜试验中岩块产生滑移时的倾角。

2）对于具体的结构面，可以对照 JRC 典型剖面目测确定 JRC 值。图 3-15 是 Barton 和 Choubey（1976）给出的 10 种典型剖面，JRC 值根据结构面的粗糙性在 0～20 间变化，平坦近平滑的结构面为 5，平坦起伏结构面为 10，粗糙起伏结构面为 20。

为了克服目测确定结构面 JRC 值的主观性以及由试验反算确定 JRC 值的不便，近年来国内外学者提出应用分形几何方法描述结构面的粗糙程度。

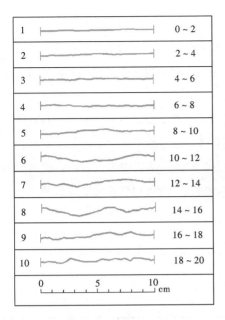

1		0～2
2		2～4
3		4～6
4		6～8
5		8～10
6		10～12
7		12～14
8		14～16
9		16～18
10		18～20

图 3-15　典型 *JRC* 剖面

4. 影响结构面力学性质的因素

1）尺寸效应

结构面的力学性质具有尺寸效应。Barton 和 Bandis（1982）用不同尺寸的结构面进行了试验，研究结果表明：当结构面的试块长度从 5～6cm 增加到 36～40cm 时，平均峰值摩擦角降低约 $8°～12°$。随试块面积的增加，平均峰值剪应力呈减小趋势。结构面的尺寸效应还体现在以下几个方面：

3.1.13 尺寸效应

（1）随着结构面尺寸的增大，达到峰值强度的位移量增大；

（2）随着尺寸的增加，剪切破坏形式由脆性破坏向延性破坏转化；

（3）尺寸加大，峰值剪胀角减小；

（4）随结构面粗糙度减小，尺寸效应也减小。

结构面的尺寸效应在一定程度上与表面凸台受剪破坏有关。对试验过的结构面观察发现，大尺寸结构面真正接触点数很少，但接触面积大；小尺寸结构面接触点数多，而每个点的接触面积都较小。前者只是将最大的凸台剪断了。研究还发现，结构面抗压强度 *JCS* 与试件的尺寸成反比，结构面的强度与峰值剪胀角是引起尺寸效应的基本因素。对于不同尺寸的结构面，这两种因素在抗剪阻力中所占的比例不同：小尺寸结构面凸台破坏和峰值剪胀角所占比例均高于大尺寸结构面。当法向应力增大时，结构面尺寸效应将随之减小。

2）前期变形历史

自然界中结构面在形成过程中和形成以后，大多经历过位移变形。结构面的抗剪强度与变形历史密切相关，即新鲜结构面的抗剪强度明显高于受过剪切作用的结构面的抗剪强度。Jaeger 的试验表明，当第一次进行新鲜结构面剪切试验时，试样具有很高的抗剪强度。沿同一方向重复进行到第 7 次剪切试验时，试样还保留峰值与残余值的区别，当进行到第 15 次时，已看不出峰值与残余值的区别。说明在重复剪切过程中结构面上凸台被剪断、磨损，岩粒、碎屑的产生与迁移，使结构面的抗剪力学行为逐渐由凸台粗糙度和起伏度控制转化为由结构面上碎屑的力学性质所控制。

3）后期充填性质

结构面在长期地质环境中，由于风化或分解，被水带入的泥砂以及构造运动时产生的碎屑和岩溶产物充填。

在岩土工程经常遇到岩体软弱夹层和断层破碎带，它的存在常导致岩体滑坡和隧道坍塌，也是岩土工程治理的重点。软弱夹层力学性质与其岩性矿物成分密切相关，其中以泥化物对软弱结构面的弱化程度最为显著。同时矿物粒度的大小分布也是控制变形与强度的主要因素。

已有研究表明，泥化物中有大量的亲水性黏土矿物，一般水稳定性都比较差，对岩体的力学性质有显著影响。一般说来，主要黏土矿物影响岩体力学性能的大小顺序是：蒙脱石＞伊利石＞高岭石。表 3-4 汇总了不同类型软弱夹层的力学性能，从表中可以看出，软弱结构面抗剪强度随碎屑（碎岩块）成分与颗粒尺寸的增大而提高，随黏粒含量的增加而降低。

夹层物质成分对结构面抗剪强度的影响 表 3-4

软弱夹层物质成分	摩擦系数	黏聚力（MPa）	软弱夹层物质成分	摩擦系数	黏聚力（MPa）
泥化夹层和夹泥层	0.15～0.25	0.005～0.02	破碎夹层	0.5～0.6	0～0.1
破碎夹泥层	0.3～0.4	0.02～0.04	含铁锰质角砾破碎夹层	0.65～0.85	0.03～0.15

另外，泥化夹层具有时效性，在恒定荷载下会产生蠕变变形。一般认为充填结构面长期抗剪强度比瞬时强度低 15%～20%，泥化夹层的长期强度与瞬时抗剪强度之比约为 0.67～0.81，此比值随黏粒含量的降低和砾粒含量的增多而增大。在抗剪参数中，泥化夹层的时效主要表现在 c 值的降低，对摩擦角的影响较小。因为软弱夹层的存在表现出时效性，必须注意岩体长期极限强度的变化和预测，保证岩体的长期稳定性。

3.2 工程岩体分类

工程岩体指各类岩石工程周围的岩体，这些岩石工程包括地下工程、边坡工程及与岩石有关的地面工程，即为工程建筑物地基、围岩或材料的岩体。在我国原有的某些设计手册和矿山工程标准定额及概预算定额中，都有以普氏系数 f 表示的岩石级别，普氏分级法以岩块抗压强度为分级依据，这种单一指标并不能正确反映岩体的各种属性。而工程岩体分类是通过岩体的一些简单和容易实测的指标，把地质条件和岩体力学性质参数联系起来，并借鉴已建工程设计、施工和处理等成功与失败方面的经验教训，对岩体进行归类的一种工作方法。其目的是通过分类，概括地反映各类岩体的质量好坏，预测可能出现的岩体力学问题，为工程设计、支护衬砌、建筑选型和施工方法选择等提供参数和依据。因此，分类方法与应用的研究深受国内外学者与工程师的重视，并已取得显著进展。

对于不同工程，岩体分类方法可以不同，目前国内外有关岩体的工程分类方法很多，大致有通用的及专用的两大分类方法。通用的分类方法是对各类岩体都适用，不针对具体工程而采用的分类，专用的分类方法针对各种不同类型工程而制定的分类方法，如针对洞室、边坡、岩基等岩体分类。

下面就目前较具代表性的工程岩体分类作一介绍。

3.2.1 简易分类

在现场凭经验和观察就可以确定的，大致可以分为三类，如表 3-5 所示。

工程岩体简易分类表   表 3-5

类 型	特 征 描 述
很弱的岩体	手搓即碎；$E = 0 \sim 0.12 \times 10^4 \mathrm{MPa}$
固结较好、中硬的岩体	敲击掉块，直径约 $2.5 \sim 7.5 \mathrm{cm}$；$E = 0.12 \sim 0.4 \times 10^4 \mathrm{MPa}$
坚硬的或极硬的岩体	敲击掉块，直径大于 $7.5 \mathrm{cm}$

3.2.2 岩石质量指标（*RQD*）分类

3.2.1 岩石质量
指标分类

所谓岩石质量指标 *RQD*（Rock Quality Designation）是指通过钻探岩芯的完整程度从而判断岩体质量的指标，或称岩芯采取率，是由迪尔（Deere）等人于 1964 年提出的，认为钻探获得的岩芯完整程度与岩体的原始裂隙、硬度、均质性等状态有关。*RQD* 是指单位长度的钻孔中 10cm 以上的岩芯占有的比例。即：

$$RQD = \frac{L_\mathrm{P}(> 10\mathrm{cm} \text{ 的岩芯断块累计长度})}{L_\mathrm{t}(\text{岩芯进尺总长度})} \times 100\% \tag{3-16}$$

根据 *RQD* 值的大小，将岩体质量划分为 5 类（表 3-6）。目前该方法已积累了大量的经验，被较多的工程单位采用。

岩石质量指标   表 3-6

RQD	<25	25~50	50~75	75~90	>90
岩石质量描述	很差	差	一般	好	很好

3.2.3 岩体地质力学分类（CSIR 分类）

3.2.2 岩体地质
力学分类

所谓地质力学岩体分类，就是用岩体的"综合特征值"对岩体划分质量等级，是由南非科学和工业研究委员会（Council for Scientific and Industrial Research）提出的 CSIR 分类指标值 *RMR*（Rock Mass Rating），由岩块强度、*RQD* 值、节理间距、节理条件及地下水共 5 种指标进行综合评价获得。

分类时，根据各类指标的实际情况，先按表 3-7 所列的标准评分，得到总分 *RMR* 的初值。然后根据节理（裂隙）的产状变化按表 3-8 和表 3-9 对 *RMR* 的初值加以修正，修正的目的在于进一步强调节理（裂隙）对岩体稳定产生的不利影响。最后用修正的总分对照表 3-10 即可求得所研究岩体的类别及相应的无支护地下工程的自稳时间和岩体强度指标值。

CSIR 分类原为解决坚硬节理岩体中浅埋隧道工程而发展起来的。从现场应用看，使用较简便，大多数场合岩体评分值（*RMR*）都有用，但在处理那些造成挤压、膨胀和涌水的极其软弱的岩体问题时，此分类法难于使用。

岩体地质力学分类参数及其 *RMR* 评分值　　　　　　表 3-7

分类参数		数值范围					
1	完整岩石强度（MPa）	点荷载强度指标	＞10	4～10	2～4	1～2	对强度较低的岩石宜用单轴抗压强度	
		单轴抗压强度	＞250	100～250	50～100	25～50	5～25	1～5	小于 1
	评分值		15	12	7	4	2	1	0
2	岩石质量指标 *RQD*（%）		90～100	75～90	50～75	25～50	＜25		
	评分值		20	17	13	8	3		
3	节理间距（cm）		＞200	60～200	20～60	6～20	＜6		
	评分值		20	15	10	8	5		
4	节理条件		节理面很粗糙，节理不连续，节理面岩石坚硬	节理面稍粗糙，宽度小于 1mm，节理面岩石坚硬	节理面稍粗糙，宽度小于 1mm，节理面岩石软弱	节理面光滑或含厚度小于 5mm 的软弱夹层，张开度 1～5mm，节理连续	含厚度大于 5mm 的软弱夹层，张开度大于 5mm，节理连续		
	评分值		30	25	20	10	0		
5	地下水条件	每 10m 长的隧道涌水量（L/min）	0	＜10	10～25	25～125	＞125		
		节理水压力／最大主应力	0	＜0.1	0.1～0.2	0.2～0.5	＞0.5		
		总条件	完全干燥	潮湿	只有湿气（有裂隙水）	中等水压	水的问题严重		
	评分值		15	10	7	4	0		

按节理方向 *RMR* 修正值　　　　　　表 3-8

节理走向或倾向		非常有利	有利	一般	不利	非常不利	
评分值	隧道	0	−2	−5	−10	−12	
	地基	0	−2	−7	−15	−25	
	边坡	0	−5	−25	−50	−60	

节理走向和倾角对隧道开挖的影响　　　　　　　　　表 3-9

走向与隧道轴垂直				走向与隧道轴平行		与走向无关
沿倾向掘进		反倾向掘进		倾角 20°~45°	倾角 45°~90°	倾角 0°~20°
倾角 45°~90°	倾角 20°~45°	倾角 45°~90°	倾角 20°~45°			
非常有利	有利	一般	不利	一般	非常不利	不利

按总 *RMR* 评分值确定的岩体级别及岩体质量评价　　　　　　　　表 3-10

评分值	100~81	80~61	60~41	40~21	小于 20
分级	I	II	III	IV	V
质量描述	非常好的岩体	好岩体	一般岩体	较差岩体	非常差岩体
平均稳定 时间	15m 跨度 20 年	10m 跨度 1 年	5m 跨度 1 周	2.5m 跨度 10 小时	1m 跨度 30 分钟
岩体黏聚力 (kPa)	大于 400	300~400	200~300	100~200	小于 100
岩体内摩 擦角	大于 45°	35°~45°	25°~35°	15°~25°	小于 15°

3.2.4 巴顿岩体质量分类（Q 分类）

由挪威地质学家巴顿（Barton，1974）等人提出，其分类指标 Q 为：

$$Q = \frac{RQD}{J_n} \cdot \frac{J_r}{J_a} \cdot \frac{J_w}{SRF} \tag{3-17}$$

式中　　RQD——Deere 的岩石质量指标；

　　　　J_n——节理组数；

　　　　J_r——节理粗糙度系数；

　　　　J_a——节理蚀变影响系数；

　　　　J_w——节理水折减系数；

　　　　SRF——应力折减系数。

上式中 6 个参数的组合，反映了岩体质量的三个方面，即 $\frac{RQD}{J_n}$ 表示岩体的完整性，$\frac{J_r}{J_a}$ 表示结构面的形态、充填物特征及其次生变化程度，$\frac{J_w}{SRF}$ 表示水与其他应力存在时对质量影响。

分类时，根据各参数的实际情况，查表确定式中 6 个参数值（可详见相关文献），然后代入上式即可得到 Q 值，按 Q 值将岩体分为 9 类（表 3-11）。

岩体质量 Q 值分类表 表 3-11

Q 值	<0.01	0.01~0.1	0.1~1.0	1.0~4.0	4.0~10	10~40	40~100	100~400	>400
质量评价	特别坏	极坏	坏	不良	中等	好	良好	极好	特别好
岩体类型	异常差	极差	很差	差	一般	好	很好	极好	异常好

另外，根据 Bieniawski（1976）的建议，Q 分类与 RMR 分类指标间关系为：

$$RMR = 9.0\ln Q + 44 \tag{3-18}$$

霍克和布朗（Hoek and Brown，1980）还提出用 Q 值和 RMR 值来估算岩体的强度和变形参数，具体方法将在 3.3.3 节中讨论。

3.2.5 岩体 BQ 分类

3.2.3 岩体BQ
分类

按照国家《工程岩体分级标准》GB/T 50218—2014 的方法，工程岩体分级分两步进行。首先从定性判别与定量测试两个方面分别确定岩石的坚硬程度和岩体的完整性，并计算出岩体基本质量指标 BQ，然后结合工程特点，考虑地下水、初始应力场以及软弱结构面走向与工程轴线的关系等因素，对岩体基本质量指标 BQ 加以修正，以修正后的岩体基本质量 BQ 作为划分工程岩体级别的依据。

1. 岩体基本质量指标 BQ

《工程岩体分级标准》是在总结分析现有岩体分级方法及大量工程实践的基础上，根据对影响工程稳定性诸多因素的分析，并认为岩石的坚硬程度和岩体完整程度所决定的岩体基本质量，是岩体所固有的属性，是有别于工程因素的共性。岩体基本质量好，则稳定性也好；反之，稳定性差。

岩体基本质量指标 BQ 用下式表示：

$$BQ = 100 + 3R_{cw} + 250K_v \tag{3-19}$$

当 $R_{cw} > 90K_v + 30$ 时，以 $R_{cw} = 90K_v + 30$ 代入上式计算 BQ 值；当 $K_v > 0.04R_{cw} + 0.4$ 时，以 $K_v = 0.04R_{cw} + 0.4$ 代入上式计算 BQ 值。式中，R_{cw} 为岩块饱和单轴抗压强度（MPa）；K_v 为岩体的完整性系数，可用声波试验资料按下式确定：

$$K_v = \left(\frac{v_{mp}}{v_{rp}}\right)^2 \tag{3-20}$$

式中　v_{mp}——岩体纵波速度；

　　　v_{rp}——岩块纵波速度。

当无声波试验资料时，K_v 也可由岩体单位体积内结构面条数 J_v 查表 3-12 求得。

J_v 与 K_v 对照表 表 3-12

J_v（条/m³）	<3	3~10	10~20	20~35	>35
K_v	>0.75	0.75~0.55	0.55~0.35	0.35~0.15	<0.15

岩体的基本质量指标主要考虑了组成岩体岩石的坚硬程度和岩体完整性。按 BQ 值和岩体质量定性特征将岩体划分为 5 级，如表 3-13 所示。

岩 体 质 量 分 级   表 3-13

岩体基本质量级别	岩体质量的定性特征	岩体基本质量指标（BQ）
Ⅰ	坚硬岩，岩体完整	>550
Ⅱ	坚硬岩，岩体较完整； 较坚硬岩，岩体完整	550～451
Ⅲ	坚硬岩，岩体较破碎； 较坚硬岩，岩体较完整； 较软岩，岩体完整	450～351
Ⅳ	坚硬岩，岩体破碎； 较坚硬岩，岩体较破碎-破碎； 较软岩，岩体较完整-破碎； 软岩，岩体完整-较完整	350～251
Ⅴ	较软岩，岩体破碎； 软岩，岩体较破碎-破碎； 全部极软岩及全部极破碎岩	<250

注：表中岩石坚硬程度按表 3-14 划分；岩体破碎程度按表 3-15 划分。

岩石坚硬程度划分表   表 3-14

岩石饱和单轴抗压强度 R_{cw}（MPa）	>60	60～30	30～15	15～5	<5
坚硬程度	坚硬岩	较坚硬岩	较软岩	软岩	极软岩

岩体完整程度划分表   表 3-15

岩体完整性系数 K_v	>0.75	0.75～0.55	0.55～0.35	0.35～0.15	<0.15
完整程度	完整	较完整	较破碎	破碎	极破碎

2. BQ 的工程修正

工程岩体的稳定性，除与岩体基本质量的好坏有关外，还受地下水、主要软弱结构面、天然应力的影响。应结合工程特点，考虑各影响因素来修正岩体基本质量指标，作为不同工程岩体分级的定量依据，主要软弱结构面产状影响修正系数 K_1 按表 3-16 确定，地下水影响修正系数 K_2 按表 3-17 确定，天然应力影响修正系数 K_3 按表 3-18 确定。

对地下工程，BQ 按下式计算修正值：

$$[BQ] = BQ - 100(K_1 + K_2 + K_3) \tag{3-21}$$

根据修正值 $[BQ]$ 的工程岩体分级仍按表 3-13 进行。各级岩体的物理力学参数和围岩自稳能力可按表 3-19 确定。

主要软弱结构面产状影响修正系数（K_1）表   表 3-16

结构面产状及其与洞轴线的组合关系	结构面走向与洞轴线夹角 $\alpha<30°$，倾角 $\beta=30°\sim75°$	结构面走向与洞轴线夹角 $\alpha>60°$，倾角 $\beta>75°$	其他组合
K_1	0.4～0.6	0～0.2	0.2～0.4

地下水影响修正系数（K_2）表　　　　　　　　　　表 3-17

K_2 / 地下水出水状态 \ BQ	>550	550~451	450~351	350~251	<250
潮湿或点滴状出水	0	0	0~0.1	0.2~0.3	0.4~0.6
淋雨状或线流状出水，0.1<水压≤0.5MPa 或 25<出水量≤125L/（min·10m）	0~0.1	0.1~0.2	0.2~0.3	0.4~0.6	0.7~0.9
涌流状出水，水压>0.5MPa 或出水量>125L/（min·10m）	0.1~0.2	0.2~0.3	0.4~0.6	0.7~0.9	1.0

天然应力影响修正系数（K_3）表　　　　　　　　　　表 3-18

K_3 / 天然应力状态 \ BQ	>550	550~451	450~351	350~251	<250
极高应力区	1.0	1.0	1.0~1.5	1.0~1.5	1.0
高应力区	0.5	0.5	0.5	0.5~1.0	0.5~1.0

注：R_{cw}/σ_{max}<4 时为极高应力；R_{cw}/σ_{max}=4~7 时为高应力；其中 R_{cw} 为岩石单轴饱和抗压强度，σ_{max} 为垂直洞轴线方向平面内的最大天然应力。

各级岩体物理力学参数和围岩自稳能力表　　　　　　　　　　表 3-19

级别	密度 ρ (g/cm³)	抗剪强度 φ	抗剪强度 C (MPa)	变形模量 E (GPa)	泊松比 μ	围岩自稳能力
I	>2.65	>60°	>2.1	>33	<0.2	跨度≤20m，可长期稳定，偶有掉块，无塌方
II	>2.65	60°~50°	2.1~1.5	33~16	0.2~0.25	跨度10~20m，可基本稳定，局部可掉块或小塌方；跨度<10m，可长期稳定，偶有掉块
III	2.65~2.45	50°~39°	1.5~0.7	16~6	0.25~0.3	跨度10~20m，可稳定数日至1个月，可发生小至中塌方；跨度 5~10m，可稳定数月，可发生局部块体移动及小至中塌方；跨度<5m，可基本稳定
IV	2.45~2.25	39°~27°	0.7~0.2	6~1.3	0.3~0.35	跨度>5 m，一般无自稳能力，数日至数月内可发生松动、小塌方，进而发展为中至大塌方，埋深小时，以拱部松动为主，埋深大时，有明显塑性流动和挤压破坏；跨度≤5m，可稳定数日至1月
V	<2.25	<27°	<0.2	<1.3	>0.35	无自稳能力

注：1. 小塌方高度小于3m或体积小于30m³；中塌方高度3~6m或体积30~100m³；大塌方高度大于6m或体积大于100m³。

2. 对于边坡工程和地基工程，目前岩体分级研究较少，如何修正 BQ 也未见相关标准规定。一般说来，边坡工程应按坡高、地下水、结构面产状等因素对 BQ 进行修正，因此可以参照地下工程围岩分级方法进行。而对于地基工程，由于荷载条件较为简单，且影响深度不大，可直接用式（3-19）确定的 BQ 值进行岩体分级。

3.3 岩体的强度

3.3.1 节理岩体强度分析

岩体是由各种形状的岩块和结构面组成的地质体，因此其强度必然受到岩块和结构面强度及其组合方式（岩体结构）的控制。一般情况下，岩体的强度既不同于岩块的强度，也不同于结构面的强度。但是，如果岩体中结构面不发育，呈整体或完整结构时，则岩体的强度大致与岩块接近，可视为均质体；如果岩体将发生沿某一特定结构面的滑动破坏时，则其强度取决于结构面的强度。这是两种极端情况，比较容易处理。困难的是由节理裂隙切割的裂隙化岩体强度的确定问题，其强度介于岩块与结构面强度之间。

3.3.1 节理岩体
强度分析

岩体强度是指岩体抵抗外力破坏的能力。和岩块一样，也有抗压强度、抗拉强度和剪切强度之分。但对于节理裂隙岩体来说，抗拉强度很小，工程设计上一般不允许岩体中有拉应力出现。实际上岩体抗拉强度测试技术难度大，目前对岩体抗拉强度的研究很少，因此，下面主要讨论岩体的抗压强度和剪切强度。

在实际工程中遇到均质岩体的情况不多，大多数情况岩体强度主要由结构面（不连续面）所决定。这些结构面各种各样，有的大到断层，有的小到只是一个裂隙或细微裂隙。一般而言，细微裂隙可在研究岩块强度性质时加以考虑。对工程稳定性有明显影响的、规模较大的结构面应当加以单独考虑，进行具体分析。其余的结构面则在研究岩体强度中考虑。这些结构面有的是单独出现或多条出现，有的是成组出现；有的有规律，有的无规律。这里，我们把成组出现的有规律的裂隙，称为节理，其相应的岩体称为节理岩体。图 3-16 表示岩基、岩坡及地下洞室围岩中的结构面的典型分布情况，借以表明它们对岩体稳定的影响。

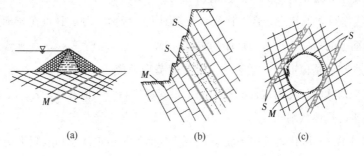

(a)   (b)   (c)

图 3-16 节理和其他结构面对岩体稳定性的影响

(a) 岩基；(b) 岩坡；(c) 水工隧洞

节理或其他结构面的强度指标都可以通过室内外的抗剪试验求得。目前室内外用得较多的还是直剪试验。试验方法与一般岩石的试验没有什么不同。只是要求剪切面必需是节理面，试验结果的整理也同一般岩石强度试验，要求得出节理面的内摩擦角 φ_j 以及黏聚力 c_j。求出节理面的强度指标后，就可根据节理面的产状来分析岩体的稳定性。

在均质岩体内岩体破坏面与主应力面总是有一定的关系。剪切时通常破裂面与大主应力面（法线）呈 $\alpha = 45° + \dfrac{\varphi}{2}$ 角。受拉断裂时，其破裂面就是主应力面。可是，当有软弱结构面时，情况就不同了，当剪切破坏时，破裂面可能是 $45° + \dfrac{\varphi}{2}$ 的面，但绝大多数情况下破裂面就是节理面。在后一种情况中，破裂面与主应力面的夹角就是软弱结构面与主应力面的夹角。在实践中，可能会遇到两种类型产状的节理面，一种是节理面与一个主应力面的法线相平行，另一种是节理面与主应力面的法线斜交。第一种情况属于平面问题，在进行应力分析时比较简单；第二种情况属于三维空间问题，应力分析比较复杂，应当结合具体情况作具体分析。不管是哪种类型的节理面，它们都可用莫尔-库仑强度条件来判定节理面上的稳定情况。当节理面上的剪应力 τ 达到节理面的抗剪强度 τ_f 时，节理面处于极限平衡状态，即

$$\tau = \tau_f = c_j + \sigma \tan\varphi_j \tag{3-22}$$

式中　σ——节理面上的正应力（MPa）。

节理面的抗剪强度一般总是低于岩石的抗剪强度，如图 3-17 所示（直线 2 低于直线 1）。但需注意，当岩体内代表某点应力状态的应力圆与节理面强度线相切甚至相割时，岩体是否破坏还要看应力圆上代表该节理面上应力的点在哪一段圆周上而定。为了清楚起见，设岩体内有一节理面 mm，其倾角为 β（亦即节理面法线与大主应力呈 β 角），如图 3-18 所示。根据该处岩体的应力状态 σ_1 和 σ_3 可以绘一应力圆，如图 3-17 中的 O_1 所示。从该圆的 m 点（圆与横轴的交点）作 mm（图 3-18）的平行线交圆周于 A 点，则 A 点就代表节理面上的应力。由于 A 点在节理面强度线的上方，说明节理面上的应力已大于节理面的抗剪强度，即 $\tau > \tau_f$，节理面早已滑动了，是不稳定的。而根据 σ_1 和 σ_3 绘出的莫尔应力圆 O_2，从该圆的 m_2 点作 mm 线的平行线交圆周于 B 点，B 点就代表节理面上的应力。由于 B 点在节理面强度线的下方，说明节理面上的剪应力小于节理面的强度，即 $\tau < \tau_f$。尽管莫尔应力圆已与节理面强度线相割，节理面却还是稳定的。显然，如果代表节理面应力的点刚好落在 B' 点，则节理面上就处于极限平衡状态。利用这种图解方法，很容易判断结构面的稳定性。下面将导出判断节理面稳定与否的具体判别式。

如图 3-17 上以 O_1 圆代表的应力状态，当节理面处于稳定状态和极限平衡状态时节理面上的剪应力 τ 应当满足下列条件：

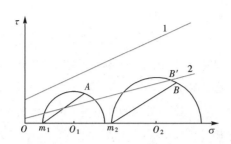 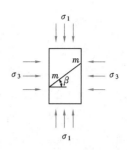

图 3-17 判断节理面稳定情况的图形解释　　图 3-18 岩石中的节理面

$$|\tau| \leqslant c_j + \sigma \tan\varphi_j \qquad (3-23)$$

式中，等号表示极限平衡状态。

从材料力学中知道：

$$\tau = \frac{1}{2}(\sigma_1 - \sigma_3)\sin 2\beta = (\sigma_1 - \sigma_3)\sin\beta\cos\beta$$

$$\sigma = \frac{1}{2}(\sigma_1 + \sigma_3) + \frac{1}{2}(\sigma_1 - \sigma_3)\cos 2\beta = \sigma_1\cos^2\beta + \sigma_3\sin^2\beta \qquad (3-24)$$

将上式中的 τ 和 σ 代入式（3-23）得到：

$$(\sigma_1 - \sigma_3)\sin\beta\cos\beta \leqslant (\sigma_1\cos^2\beta + \sigma_3\sin^2\beta)\tan\varphi_j + c_j \qquad (3-25)$$

移项整理后可得：

$$\sigma_1\cos\beta(\cos\beta\tan\varphi_j - \sin\beta) + \sigma_3\sin\beta(\cos\beta + \sin\beta\tan\varphi_j) + c_j \geqslant 0 \qquad (3-26)$$

通过三角运算，得出：

$$\sigma_1\cos\beta\sin(\varphi_j - \beta) + \sigma_3\sin\beta\cos(\varphi_j - \beta) + c_j\cos\varphi_j \geqslant 0 \qquad (3-27)$$

这就是判断节理面稳定情况的判别式（式中等号表示极限平衡状态）。如果式（3-27）的左端小于零，则节理面处于不稳定状态。

式（3-27）常常可用来估算节理岩体内地下洞室边墙的稳定性。如图 3-19 所示，假定在层状（节理）岩体中开挖一个隧洞，岩体中节理的倾角为 β，现考虑边墙处岩体的稳定情

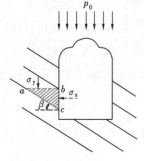

况。从图 3-19 可知，开挖后洞壁上的水平应力 $\sigma_x = \sigma_z = 0$，$\sigma_y = \sigma_1$。因此式（3-27）成为：

$$\sigma_y\cos\beta\sin(\varphi_j - \beta) + c_j\cos\varphi_j \geqslant 0 \qquad (3-28)$$

边墙岩体是否处于平衡状态可分以下几种情况来讨论：

1）$\beta < \varphi_j$ 的情况。当 $\beta < \varphi_j$ 时，此时 $\sin(\varphi_j - \beta) > 0$。因此式（3-28）左边两项均为正，不等式（3-28）显然能满足，这就说明边墙岩块 abc 处于平衡状态。

图 3-19　节理岩体边

墙稳定性算例

2）$\beta = \varphi_j$ 的情况。当 $\beta = \varphi_j$ 时，式（3-28）显然能够成立。

因此岩块处于平衡状态。

3）$\beta > \varphi_j$ 的情况。当 $\beta > \varphi_j$ 时，此时 $\sin(\varphi_j - \beta) < 0$，因而式（3-28）左边第一项为负，但第二项却为正值。因此在此情况下不等式（3-28）是否能被满足就取决于式（3-28）中第一项的绝对值是否小于第二项，要视具体情况而定。

4）$\beta = 45° + \varphi_j / 2$ 的情况。当 $\beta = 45° + \varphi_j / 2$，即节理的倾角与一般均质岩体中所产生的破裂面方向相同，这时将 $\beta = 45° + \varphi_j / 2$ 代入式（3-28），则有：

$$\sigma_y \cos(45° + \varphi_j / 2) \sin[\varphi_j - (45° + \varphi_j / 2)] + c_j \cos\varphi_j \geqslant 0 \tag{3-29}$$

或者

$$\sigma_y \leqslant \frac{2c_j \cos\varphi_j}{1 - \sin\varphi_j} \tag{3-30}$$

3.3.2 结构面对岩体强度的影响分析

事实上，岩体的强度在很大程度上取决于结构面的强度，这主要是因为结构面的自然特征与力学性质对裂隙岩体强度具有控制性影响。

3.3.2 结构面对岩体强度的影响分析

1. 结构面的方位对岩体强度的影响

试验发现，当结构面处于某种方位时（用倾角 β 表示），在某些应力条件下，破坏不沿结构面发生，而是仍在岩石材料内发生。在理论上也可证明结构面方位对强度的影响。下面讨论这一问题。

在式（3-27）中取等号，经过三角运算，可得结构面破坏准则（极限平衡）以另一种形式表示的公式：

$$\sigma_1 - \sigma_3 = \frac{2c_j + 2\sigma_3 \tan\varphi_j}{(1 - \tan\varphi_j \cot\beta) \sin 2\beta} \tag{3-31}$$

3.3.3 不同组数结构面岩体强度

上式中 c_j、φ_j 均为常数。假如 σ_3 固定不变，则上式的 $\sigma_1 - \sigma_3$（或者说 σ_1）随 β 而变化。所以上式可以看作是，当 σ_3 固定时造成破坏的应力差 $\sigma_1 - \sigma_3$ 随 β 而变化的方程式。当 $\beta \to 90°$ 以及当 $\beta \to \varphi_j$ 时，$\sigma_1 - \sigma_3 \to \infty$，或者 $\sigma_1 \to \infty$。这就表明，当结构面平行于 σ_1 时以及结构面法线与 σ_1 呈 φ_j 角时，在 σ_3 固定的条件下，σ_1 可无限增大，结构面不致破坏。当然，实际的 σ_1 是不会无限大的，当 σ_1 达到岩石的抗压强度时岩石材料就破坏了。由此得知，只有当结构面的倾角 β 满足 $\varphi_j < \beta < 90°$ 的条件时，才可能沿着结构面发生破坏，并且发生在式（3-31）所给出的 $\sigma_1 - \sigma_3$ 的情况。当 β 不满足上述条件时，破坏沿着岩石材料内部发生。

将式（3-31）对 β 求导，并令导数 $\dfrac{\mathrm{d}(\sigma_1 - \sigma_3)}{\mathrm{d}\beta} = 0$，可以求得当 $\beta = 45° + \dfrac{\varphi_j}{2}$ 时，$\sigma_1 - \sigma_3$ 有最小值，相应的 σ_1 的最小值 $\sigma_{1,\min}$ 为：

$$\sigma_{1,\min} = \sigma_3 N_{\varphi j} + 2c_j \sqrt{N_{\varphi j}} \tag{3-32}$$

式中　$N_{\varphi j} = \tan^2\left(45° + \dfrac{\varphi_j}{2}\right)$。

图 3-20 给出了当 σ_3 不变时 σ_1 随倾角 β 变化的情况，说明了岩体强度的各向异性。

2. 结构面的粗糙程度对岩体强度的影响

结构面的粗糙程度影响到结构面的强度，再进一步影响到岩体的强度。过去所讨论的发生滑动破坏的面是平行于剪力方向的。实际上，绝大多数结构面既不光滑也不是平面，它是凹凸起伏的，也就是相当粗糙的，在剪应力作用下滑动时，各处并不平行于作用剪应力的方向。因此，结构面凹凸起伏的程度或粗糙度必然影响到结构面的强度。下面用模型来讨论这一情况。

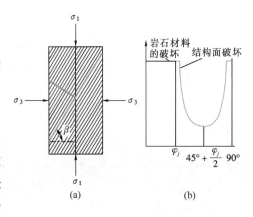

图 3-20　轴向压力 σ_1 随 β 角的变化

(a) 受力图；(b) σ_1 随 β 角的变化

3.3.4 结构面的粗糙程度

图 3-21（a）表示直剪试验时水平剪力与结构面方向为一致的情况下达到极限平衡状态。设滑动面的基本摩擦角为 φ_j，黏聚力 c_j 为零，则：

$$\frac{T}{P} = \tan\varphi_j \tag{3-33}$$

如果结构面不是水平的，而是有一倾角 i，如图 3-21（b）所示，则结构面发生滑动时其上的剪力 T^* 与法向力 P^* 之间的关系为：

$$\frac{T^*}{P^*} = \tan\varphi_j \tag{3-34}$$

将 T 和 P 在结构面方向内分解，得：

$$T^* = T\cos i - P\sin i \tag{3-35}$$

$$P^* = P\cos i + T\sin i \tag{3-36}$$

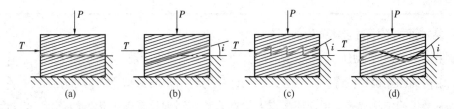

图 3-21　粗糙度模型的理想面

将以上两式代入方程式（3-34）并加以简化整理，得到滑动条件为：

$$\frac{T}{P} = \tan(\varphi_j + i) \tag{3-37}$$

因此，倾斜结构面具有"表现"摩擦角（$\varphi_j + i$）。帕顿（Patton）把这个模型推广到呈

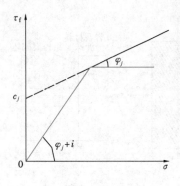

图 3-22　结构面的强度包络线

锯齿状的结构面，如图 3-21（c）、（d）所示。他通过一系列模型试验发现，当 P 较小时，结构面的滑动遵循式（3-37）。随着剪切的进行，试样在垂直方向不断增大体积（剪胀）。当 P 值增加到某种临界值时，滑动不沿倾斜面产生，而是穿过锯齿底面，破坏不发生扩容性垂直运动。因此，抗剪强度包络线成为双线型，如图 3-22 所示。

具体应用时，结构面的抗剪强度应当写为：

（1）当低的正应力时，$\tau_f = \sigma\tan(\varphi_j + i)$；

（2）当高的正应力时，$\tau_f = c_j + \sigma\tan\varphi_j$。

其中，i 称为起伏角，φ_j 应当用平面型面所做试验求取。φ_j 的值大多在 $21°\sim40°$ 范围内变化，一般为 $30°$。当结构面上存在云母、滑石、绿泥石或其他片状硅酸盐矿物时，或者当有黏土质断层时，φ_j 可降低很多。结构面内饱和黏土中的孔隙水一般不易排除，充填有蒙脱质黏土的结构面的 φ_j 可低到 $6°$，而结构面的起伏角 i 变化范围为 $0°\sim40°$。

在无试验资料可用时，φ_j 可参考表 3-20 取值。

各种岩石结构面基本摩擦角 φ_j 的近似值表　　　　　表 3-20

岩　类	φ_j	岩　类	φ_j
闪　岩	$32°$	花岗岩（粗粒）	$31°\sim35°$
玄武岩	$31°\sim38°$	石灰岩	$33°\sim40°$
砾　岩	$35°$	斑　岩	$31°$
白　垩	$30°$	砂　岩	$25°\sim35°$
白云岩	$27°\sim31°$	页　岩	$27°$
片麻岩（片状的）	$23°\sim29°$	粉砂岩	$27°\sim31°$
花岗岩（细粒）	$29°\sim35°$	板　岩	$25°\sim30°$

3. 结构面内充水对岩体强度的影响

如果结构面内有水压力，根据有效应力原理，这种水压力使有效正应力降低，结构面强度也相应降低。有意义的是计算引起结构面滑动所需的水压力。这时必须确定从代表结构面原来应力状态的莫尔圆到代表极限状态的莫尔圆向左移动的距离（图 3-23）。这个计算比无结构面的岩石稍复杂些，因为现在除了初始应力和强度参数之外，还需考虑结构面的方位（结构面法线与大主应力呈 β 角）。如果初始应力状态为 σ_1 和 σ_3，则根据推导，造成结构面开始破坏的水压力用下式表示：

3.3.5 有效应力
原理

$$p_{\mathrm{w}} = \frac{c_j}{\tan\varphi_j} + \sigma_3 + (\sigma_1 - \sigma_3)\left(\cos^2\beta - \frac{\sin\beta\cos\beta}{\tan\varphi_j}\right)$$

$$(3\text{-}38)$$

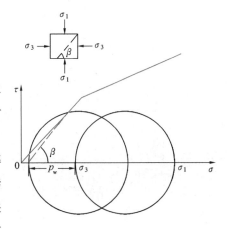

计算时，可以先用 $c_j = 0$ 和 $\varphi_j = \varphi + i$ 代入上式求得一个 p_{w}，再用 $c_j \neq 0$ 和 $\varphi_j = \varphi$ 代入上式计算另一个 p_{w}，从中取较小的一个 p_{w}。

由有效应力原理导得的这个公式，曾经用来解释美国北卡罗来纳州 Denver，附近由于水注入深污水井引起的地震等，获得成功。这个公式可以用来预估在靠近活动断层地区修建水库时诱发地震的可能性。然而，地壳内的初始应力场以及断层的摩擦性质必须知道。

图 3-23　结构面在水压力
下开始破坏的莫尔圆

3.3.3　岩体强度的确定方法

1. 试验确定法

确定岩体强度的试验是指在现场原位切割较大尺寸试件进行单轴压缩、三轴压缩和抗剪强度试验。为了保持岩体的原有力学条件，在试块附近不能爆破，只能使用钻机、风镐等机械破岩，根据设计的尺寸，凿出所需规格的试件。一般试件为边长 $0.5\sim1.5\mathrm{m}$ 的立方体，加载设备用千斤顶和液压枕（扁千斤顶）。

3.3.6 岩体强度
的确定方法

1）岩体单轴抗压强度的测定

切割成的试件如图 3-24 所示。在拟加压的试件表面（图 3-24 中试件的上端）抹一层水泥砂浆，将表面抹平，并在其上放置方木和工字钢组成的垫层，以便把千斤顶施加的荷载经垫层均匀传给试件。根据试件破坏时千斤顶施加的最大荷载及试件受载截面积，计算岩体的单轴抗压强度。

2）岩体抗剪强度的测定

一般采用双千斤顶法：一个垂直千斤顶施加正压力，另一个千斤顶施加横向推力，如图 3-25 所示。

为使剪切面上不产生力矩效应，合力通过剪切面中心，使其接近于纯剪切破坏，另一个千斤顶呈倾斜布置。一般采取倾角 $\alpha = 15°$。试验时，每组试件应有 5 个以上，剪断面上应力按式（3-39）计算。然后根据 τ、σ 绘制岩体强度曲线。

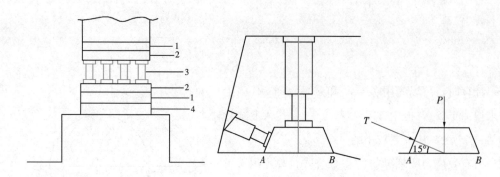

图 3-24　岩体单轴抗压强度测定

1-方木；2-工字钢；

3-千斤顶；4-水泥砂浆

图 3-25　岩体抗剪试验

$$\sigma = \frac{P + T\sin\alpha}{F}$$

$$\tau = \frac{T}{F}\cos\alpha$$

(3-39)

式中　P、T——垂直及横向千斤顶施加的荷载；

F——试体受剪截面积。

3）岩体三轴压缩强度试验

地下工程的受力状态是三维的，所以通过现场三轴力学试验确定岩体强度非常重要。但由于现场原位三轴力学试验在技术上很复杂，只在非常必要时才进行。现场岩体三轴试验装置如图 3-26 所示，用千斤顶施加轴向荷载，用压力枕施加围压荷载。

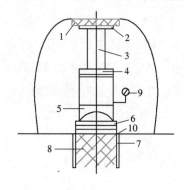

图 3-26　原位岩体三轴试验

1-混凝土顶座；2、4、6-垫板；

3-顶柱；5-球面垫；7-压力枕；

8-试件；9-液压表；10-液压枕

根据围压情况，可分为等围压三轴试验（$\sigma_2 = \sigma_3$）和真三轴试验（$\sigma_1 > \sigma_2 > \sigma_3$）。研究表明，中间主应力在岩体强度中起重要作用，在多节理的岩体中尤其重要，因此，真三轴试验越来越受重视，而等围压三轴试验的实用性更强。

2. 经验估算法

岩体强度是岩体工程设计的重要参数，而通过试验确定，尤其是做岩体的原位试验又十分费时、费钱，难以大量进行。因此，如何利用地质资料及小试块室内试验资料，对岩体强度作出合理估算是岩体力学中重要的研究课题。下面介绍两种方法：

1）准岩体强度

这种方法实质是用某种简单的试验指标来修正岩块强度作为岩体强度的估算值。

　　节理、裂隙等结构面是影响岩体强度的主要因素，其分布情况可通过弹性波传播来查明。弹性波穿过岩体时，遇到裂隙便发生绕射或被吸收，传播速度将有所降低，裂隙越多，波速降低越大，小尺寸试件含裂隙少，传播速度大。因此根据弹性波在岩石试块和岩体中的传播速度比，可判断岩体中裂隙发育程度。称此比值的平方为岩体完整性（龟裂）系数，以 K 表示：

$$K = \left(\frac{v_{mp}}{v_{rp}}\right)^2 \tag{3-40}$$

式中　　v_{mp}——岩体中弹性波纵波传播速度；

　　　　v_{rp}——岩块中弹性波纵波传播速度。

　　各种岩体的完整性系数列于表 3-21。岩体完整系数确定后，便可计算准岩体强度。

　　准岩体抗压强度：$R_{mc} = KR_c$ $\hspace{6cm}$ (3-41)

　　准岩体抗拉强度：$R_{mt} = KR_t$ $\hspace{6cm}$ (3-42)

式中　　R_c——岩石试件的抗压强度；

　　　　R_t——岩石试件的抗拉强度。

不同岩体完整程度对应的完整性系数　　　　　　　　　表 3-21

岩体种类	岩体完整性系数 K
完整	＞0.75
块状	0.45～0.75
碎裂状	＜0.45

2）Hoek-Brown 经验方程

　　前一章介绍的 Mohr-Coulomb 强度准则针对理想的岩石强度，σ-τ 在直角坐标系中呈线性相关关系；而岩体由于结构面的存在，其破坏包线为抛物线形状，使岩体破坏时的极限强度 σ-τ 呈现出非线性破坏特征。这种非线性破坏强度，尤其在拉应力区、低应力区和高应力区的岩体破坏强度，线性的 Mohr-Coulomb 强度准则不能正确表述。所以许多学者以试验为手段，探求以经验强度准则作为研究岩体破坏特征的新途径。

　　Hoek 和 Brown（1980）根据岩体性质的理论与实践经验，用试验法导出了岩块和岩体破坏时主应力之间的关系为：

$$\sigma_1 = \sigma_3 + \sqrt{mR_c\sigma_3 + sR_c^2} \tag{3-43}$$

式中　　σ_1——破坏时的最大主应力；

　　　　σ_3——作用在岩石试样上的最小主应力；

　　　　R_c——岩块的单轴抗压强度；

　　　　m、s——与岩性及结构面情况有关的经验常数，其中，m 反映岩石的软硬程度，其取值范围在 0～25 之间，对严重扰动岩体取 0，对完整的坚硬岩体取 25；s 反映岩体破碎程度，其取值范围在 0～1 之间，对破碎岩体取 0，完整岩体取 1；实际应用时，m、s 可查表 3-22 得出。

由式（3-43），令 $\sigma_3 = 0$，可得岩体的单轴抗压强度 R_{mc}：

$$R_{mc} = \sqrt{s}R_c \tag{3-44}$$

对于完整岩石，$s=1$，则 $R_{mc}=R_c$，即为岩块抗压强度；对于裂隙岩石，$s<1$。

将 $\sigma_1 = 0$ 代入式（3-43）中，并对 σ_3 求解所得的二次方程，可解得岩体的单轴抗拉强度为：

$$R_{mt} = \frac{1}{2} R_c(m - \sqrt{m^2 + 4s}) \tag{3-45}$$

式（3-45）的剪应力表达式为：

$$\tau = AR_c \left(\frac{\sigma}{R_c} - T\right)^B \tag{3-46}$$

式中　τ——岩体的剪切强度；

σ——岩体法向应力；

A、B——常数，查表 3-22 求得；

$T = \frac{1}{2}(m - \sqrt{m^2 + 4s})$，查表 3-22 求得。

利用式（3-43）～式（3-46）和表 3-22 即可对裂隙岩体的三轴压缩强度 σ_1、单轴抗压强度 R_{mc} 及单轴抗拉强度 R_{mt} 进行估算，还可求出 c_m、φ_m 的值。进行估算时，先进行工程地质调查，得出工程所在处的岩体质量指标（RMR 和 Q 值）、岩石类型及岩块单轴抗压强度 R_c。

Hoek 曾指出，m 与莫尔-库仑判据中的内摩擦角 φ 非常类似，而 s 则相当于黏聚力 c 值。如果这样，根据 Hoek-Brown 提供的常数（表 3-22），m 最大为 25，显然这时用式（3-43）估算的岩体强度偏低，特别是在低围压下及较坚硬完整的岩体条件下，估算的强度明显偏低。但对于受构造扰动及结构面较发育的裂隙化岩体，Hoek（1987）认为用这一方法估算是合理的。此外，据 Hoek-Brown 强度准则表达式，岩体极限破坏强度只与最大、最小主应力有关，而与中间主应力无关，这有时与实际情况不符，因而也成为该强度准则的缺陷和不足。1992 年，E. Hoek 针对 1980 年提出的强度准则的不足，提出了 Hoek-Brown 强度准则的修改形式，并给出了各类岩体经验参数值，被人称为广义 Hoek-Brown 经验强度准则，而将前者称为狭义的 Hoek-Brown 强度准则，相关内容可以参考其他文献。

岩体质量和经验常数之间关系表（据 Hoek-Brown，1980）　　　表 3-22

岩体状况	具有很好结晶解理的碳酸盐类岩石，如白云岩、灰岩、大理岩	成岩的黏土质岩石，如泥岩、粉砂岩、页岩、板岩（垂直于板理）	强烈结晶，结晶解理不发育的砂质岩石，如砂岩、石英岩	细粒、多矿物结晶岩浆岩，如安山岩、辉绿岩、玄武岩、流纹岩	粗粒、多矿物结晶岩浆岩和变质岩，如角闪岩、辉长岩、片麻岩、花岗岩、石英闪长岩等
完整岩块试件，实验室试件尺寸，无节理，$RMR=100$，$Q=500$	$m=7.0$ $s=1.0$ $A=0.816$ $B=0.658$ $T=-0.140$	$m=10.0$ $s=1.0$ $A=0.918$ $B=0.677$ $T=-0.099$	$m=15.0$ $s=1.0$ $A=1.044$ $B=0.692$ $T=-0.067$	$m=17.0$ $s=1.0$ $A=1.086$ $B=0.696$ $T=-0.059$	$m=25.0$ $s=1.0$ $A=1.220$ $B=0.705$ $T=-0.040$
非常好质量岩体，紧密互锁，未扰动，未风化岩体，节理间距 3m 左右，$RMR=85$，$Q=100$	$m=3.5$ $s=0.1$ $A=0.651$ $B=0.679$ $T=-0.028$	$m=5.0$ $s=0.1$ $A=0.739$ $B=0.692$ $T=-0.020$	$m=7.5$ $s=0.1$ $A=0.848$ $B=0.702$ $T=-0.013$	$m=8.5$ $s=0.1$ $A=0.883$ $B=0.705$ $T=-0.012$	$m=12.5$ $s=0.1$ $A=0.998$ $B=0.712$ $T=-0.008$
好的质量岩体，新鲜至轻微风化，轻微构造变化岩体，节理间距 $1\sim3$m 左右，$RMR=65$，$Q=10$	$m=0.7$ $s=0.004$ $A=0.369$ $B=0.669$ $T=-0.006$	$m=1.0$ $s=0.004$ $A=0.427$ $B=0.683$ $T=-0.004$	$m=1.5$ $s=0.004$ $A=0.501$ $B=0.695$ $T=-0.003$	$m=17.0$ $s=1.0$ $A=1.086$ $B=0.696$ $T=-0.059$	$m=2.5$ $s=0.004$ $A=0.603$ $B=0.707$ $T=-0.002$
中等质量岩体，中等风化，岩体中发育有几组节理间距为 $0.3\sim1$m 左右，$RMR=44$，$Q=1.0$	$m=0.14$ $s=0.0001$ $A=0.198$ $B=0.662$ $T=-0.0007$	$m=0.20$ $s=0.0001$ $A=0.234$ $B=0.675$ $T=-0.0005$	$m=0.30$ $s=0.0001$ $A=0.280$ $B=0.688$ $T=-0.0003$	$m=0.34$ $s=0.0001$ $A=0.295$ $B=0.691$ $T=-0.0003$	$m=0.50$ $s=0.0001$ $A=0.346$ $B=0.700$ $T=-0.0002$
坏质量岩体，大量风化节理，间距 $30\sim500$mm，并含有一些夹泥，$RMR=23$，$Q=0.1$	$m=0.04$ $s=0.00001$ $A=0.115$ $B=0.646$ $T=-0.0002$	$m=0.05$ $s=0.00001$ $A=0.129$ $B=0.655$ $T=-0.0002$	$m=0.08$ $s=0.00001$ $A=0.162$ $B=0.646$ $T=-0.0001$	$m=0.09$ $s=0.00001$ $A=0.172$ $B=0.676$ $T=-0.0001$	$m=0.13$ $s=0.00001$ $A=0.203$ $B=0.686$ $T=-0.0001$
非常坏质量岩体，具有大量严重风化节理，间距小于 50mm 充填夹泥，$RMR=3$，$Q=0.01$	$m=0.007$ $s=0$ $A=0.042$ $B=0.534$ $T=0$	$m=0.010$ $s=0$ $A=0.050$ $B=0.539$ $T=0$	$m=0.015$ $s=0$ $A=0.061$ $B=0.546$ $T=0$	$m=0.017$ $s=0$ $A=0.065$ $B=0.548$ $T=0$	$m=0.025$ $s=0$ $A=0.078$ $B=0.556$ $T=0$

3.4 岩体的变形

岩体变形是评价工程岩体稳定性的重要指标，也是岩体工程设计的基本准则之一。例如在修建拱坝和有压隧洞时，除研究岩体的强度外，还必须研究岩体的变形性能。当岩体中各部分的变形性能差别较大时，将会在建筑物结构中引起附加应力；或者虽然各部分岩体变形性质差别不大，但如果岩体软弱，抗变形性能差时，将会使建筑物产生过量的变形等。这些都会导致工程建筑物破坏或无法使用。

由于岩体中存在有大量的结构面，结构面中还往往有各种充填物。因此，在受力条件改变时岩体的变形是岩块材料变形和结构变形的总和，而结构变形通常包括结构面闭合、充填物压密及结构体转动和滑动等变形。在一般情况下，岩体的结构变形起着控制作用。目前，岩体的变形性质主要通过原位岩体变形试验进行研究。

3.4.1 岩体变形试验

岩体变形试验按施加荷载作用方向，可分为：

（1）法向变形试验：承压板法、狭缝法、单双轴三轴压缩试验、环形试验；

（2）切向变形试验：倾斜剪切仪、挖试洞等。

3.4.1 岩体
变形试验

按其原理和方法不同可分为静力法和动力法两种。静力法是在选定的岩体表面、槽壁或钻孔壁面上施加法向荷载，并测定其岩体的变形值，然后绘制出压力-变形关系曲线，计算出岩体的变形参数。根据试验方法不同，静力法又可分为承压板法、钻孔变形法、狭缝法、水压洞室法及单（双）轴压缩试验法等。动力法是用人工方法对岩体发射弹性波（声波或地震波），并测定其在岩体中的传播速度，然后根据波动理论求岩体的变形参数。根据弹性波激发方式的不同，又分为声波法和地震波法两种。

1. 承压板法

按承压板的刚度不同可分为刚性承压板法和柔性承压板法两种。刚性承压法试验通常是在平巷中进行，其装置如图 3-27 所示。先在选择好的具代表性的岩面上清除浮石，平整岩面；然后依次装上承压板、千斤顶、传力柱和变形量表等。将洞顶作为反力装置，通过油压千斤顶对岩面施加荷载，并用百分表测记岩体变形值。

试验点的选择应具有代表性，并避开大的断层及破碎带。受荷面积可视岩体裂隙发育情况及加荷设备的供力大小而定，一般以 $0.25 \sim 1.0 \text{m}^2$ 为宜。承压板尺寸与受荷面积相同并具有足够的刚度。试验时，先将预定的最大荷载分为若干级，采用逐级一次循环法加压。在加压过程中，同时测记各级压力（p）下的岩体变形值（W），绘制 p-W 曲线（图 3-28）。通过某级压力下的变形值，用布西涅斯克（J. Boussineq）公式计算岩体的变形模量 E_m（MPa）和弹性模量 E_{me}（MPa）。

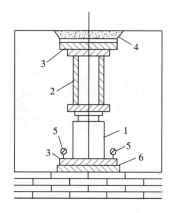

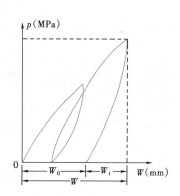

图 3-27　承压板变形试验装置示意图

1-千斤顶；2-传力柱；3-钢板；

4-混凝土顶板；5-百分表；6-承压板

图 3-28　岩体荷载变形

p-W 曲线

$$E_m = \frac{pD(1 - \mu_m^2)\omega}{W} \tag{3-47}$$

$$E_{me} = \frac{pD(1 - \mu_m^2)\omega}{W_e} \tag{3-48}$$

式中　p——承压板单位面积上的压力（MPa）；

D——承压板的直径或边长（cm）；

W、W_e——相应于 p 下的岩体总变形和弹性变形（cm）；

ω——与承压板形状与刚度有关的系数，对圆形板 $\omega = 0.785$；方形板 $\omega = 0.886$；

μ_m——岩体的泊松比。

试验中如用柔性承压板，则岩体的变形模量应按柔性承压板法公式进行计算。

2. 钻孔变形法

钻孔变形法是利用钻孔膨胀计等设备，通过水泵对一定长度的钻孔壁施加均匀的径向荷载（图 3-29），同时测记各级压力下的径向变形（U）。利用厚壁筒理论可推导出岩体的变形模量 E_m（MPa）与 U 的关系为：

$$E_m = \frac{dp(1 + \mu_m)}{U} \tag{3-49}$$

式中　d——钻孔孔径（cm）；

p——计算压力（MPa）；

082

其余符号意义同前。

与承压板法相比较，钻孔变形试验有如下优点：

1）对岩体扰动小；

2）可以在地下水位以下和相当深的部位进行；

3）试验方向基本上不受限制，而且试验压力可以达到很大；

4）在一次试验中可以同时量测几个方向的变形，便于研究岩体的各向异性。

其主要缺点在于试验涉及的岩体体积小，代表性受到局限。

3. 狭缝法

狭缝法又称狭缝扁千斤顶法，是在选定的岩体表面割槽，然

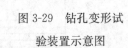

图 3-29　钻孔变形试
验装置示意图

后在槽内安装扁千斤顶（压力枕）进行试验（图 3-30）。试验时，利用油泵和扁千斤顶对槽壁岩体分级施加法向压力，同时利用百分表测记相应压力下的变形值 W_R。岩体的变形模量 E_m（MPa）按下式计算：

$$E_m = \frac{pl}{2W_R}\left[(1-\mu_m)(\tan\theta_1 - \tan\theta_2) + (1+\mu_m)(\sin2\theta_1 - \sin2\theta_2)\right] \quad (3\text{-}50)$$

式中　p——作用于槽壁上的压力（MPa）；

W_R——量测点 A_1、A_2 的相对位移值（cm），如图 3-31 所示，$W_R = y_2 - y_1$。

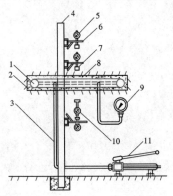

图 3-30　狭缝法装置示意图

1-扁千斤顶；2-槽壁；3-油管；4-测杆；

5-百分表（绝对测量）；6-磁性表架；

7-测量标点；8-砂浆；9-标准压力表；

10-千分表（相对测量）；11-油泵

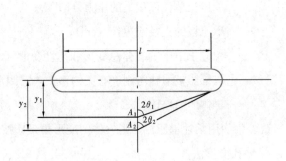

图 3-31　变形计算示意图

常见岩体的弹性模量和变形模量如表 3-23 所示，由表可知，岩体的变形模量都比岩块小，而且受结构面发育程度及风化程度等因素影响十分明显。因此，不同地质条件下的同一

岩体，其变形模量相差较大。所以，在实际工作中，应密切结合岩体的地质条件，选择合理的模量值。此外，试验方法不同，岩体的弹性模量也有差异（表 3-24）。

常见岩体的弹性模量和变形模量表　　　　　　　　　　　表 3-23

岩体名称	承压面积（cm²）	应力（MPa）	试验方法	弹性模量 E_{me}（$\times 10^3$ MPa）	变形模量 E_m（$\times 10^3$ MPa）	地质简述	备注
煤	45×45	4.03～18.0	单轴压缩	4.07			南非
页岩		3.5	承压板	2.8	1.93	泥质页岩与砂岩互层，较软	隔河岩，垂直岩层
		3.5	承压板	5.24	4.23	较完整，垂直于岩层，裂隙较发育	隔河岩，垂直岩层
		3.5	承压板	7.5	4.18	岩层受水浸，页岩泥化变松软	隔河岩，平行岩层
		0.7	承压板	19	14.6	薄层的黑色页岩	摩洛哥，平行岩层
		0.7	承压板	7.3	6.6	薄层的黑色页岩	摩洛哥，平行岩层
砂质页岩			承压板	17.26	8.09	二迭、三迭纪砂质页岩	
			承压板	8.64	5.48	二迭、三迭纪砂质页岩	
砂岩	2000		承压板	19.2	16.4	新鲜，完整，致密	万安
	2000		承压板	3.0～6.3	1.4～3.4	弱风化，较破碎	万安
	2000		承压板	0.95	0.36	断层影响带	万安
石灰岩			承压板	35.4	23.4	新鲜，完整，局部有微风化	隔河岩
			承压板	22.1	15.6	薄层，泥质条带，部分风化	隔河岩
			狭缝法	24.7	20.4	较新鲜完整	隔河岩
			狭缝法	9.15	5.63	薄层，微裂隙发育	隔河岩
	2500		承压板	57.0	46	新鲜完整	乌江渡
	2500		承压板	23	15	断层影响带，黏土充填	乌江渡
	2500		承压板		104	微晶条带，坚硬，完整	乌江渡
			承压板		1.44	节理发育	乌江渡
白云岩					7～12		鲁布格
			承压板	11.5～32			德国
片麻岩		4.0	狭缝法	30～40		密实	意大利
		2.5～3.0	承压板	13～13.4	6.9～8.5	风化	德国

续表

岩体名称	承压面积（cm²）	应力（MPa）	试验方法	弹性模量 E_{me}（×10³MPa）	变形模量 E_{m}（×10³MPa）	地质简述	备注
花岗岩		2.5～3.0	承压板	40～50			丹江口
		2.0	承压板		12.5	裂隙发育	
			承压板	3.7～4.7	1.1～3.4	新鲜微裂隙至风化强裂隙	日本
			大型三轴				Kurobe 坝
玄武岩		5.95	承压板	38.2	11.2	坚硬，致密，完整	以礼河三级
		5.95	承压板	9.75～15.68	3.35～3.86	破碎，节理多，且坚硬	以礼河三级
		5.11	承压板	3.75	1.21	断层影响带，且坚硬	以礼河三级
辉绿岩				83	36	变质，完整，致密，裂隙为岩脉充填	丹江口
					9.2	有裂隙	德国
闪长岩		5.6	承压板		62	新鲜，完整	太平溪
		5.6	承压板		16	弱风化，局部较破碎	
石英岩			承压板	40～45		密实	摩洛哥

几种岩体用不同试验方法测定的弹性模量　　　　　　　　　表 3-24

岩 体 类 型	弹性模量（×10³MPa）				备 注
	无侧限受压法（实验室，平均）	承压板法（现场）	狭缝法（现场）	钻孔法（现场）	
裂隙和成层的闪长片麻岩	80	3.72～5.84	—	4.29～7.25	Tehacapi 隧道
大到中等节理的花岗片麻岩	53	3.5～35	—	10.8～19	Dworshak 坝
大块的大理岩	48.5	12.2～19.1	12.6～21	9.5～12	Crestmore 矿

3.4.2 岩体变形参数估算

　　由于岩体变形试验费用昂贵，周期长，一般只在重要的或大型工程中进行。因此，人们企图用一些简单易行的方法来估算岩体的变形参数，主要包括岩体的变形模量和岩体的泊松比等参数。目前已提出的岩体变形参数估算方法有两种：一是在现场地质调查的基础上，建立适当的岩体地质力学模型，利用室内小试件试验资料来估算；二是在岩体质量评价和大量试验资料的基础上，建立岩体分类指标与变形参数之间的经验关系，并用于变形参数估算。现简要介绍如下。

3.4.2 岩体变形参数估计

1. 层状岩体变形参数估算

层状岩体可概化为如图 3-32（a）所示的地质力学模型。假设各岩层厚度相等为 S，且性质相同，层面的张开度可忽略不计。根据室内试验成果，设岩块的弹性模量为 E，泊松比为 μ，剪切模量为 G，层面的法向刚度为 K_t，切向刚度为 K_t。取 n-t 坐标系，n 垂直层面，t 平行层面。在以上假定条件下取一由岩块和层面组成的单元体（图 3-32b）来考察岩体的变形，分几种情况讨论如下：

1）法向应力 σ_n 作用下的岩体变形参数

根据荷载作用方向又可分为沿 n 方向和 t 方向加 σ_n 两种情况。

（1）沿 n 方向加荷时，如图 3-32（b）所示，在 σ_n 作用下，岩块产生的法向变形 ΔV_r 和层面产生的法向变形 ΔV_j 分别为：

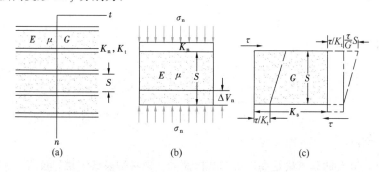

图 3-32　层状岩体地质力学模型及变形参数估算示意图

$$\Delta V_r = \frac{\sigma_n}{E}S$$
$$\Delta V_j = \frac{\sigma_n}{K_n}$$

(3-51)

则岩体的总变形 ΔV_n 为：

$$\Delta V_n = \Delta V_r + \Delta V_j = \frac{\sigma_n}{E}S + \frac{\sigma_n}{K_n} = \frac{\sigma_n}{E_{mn}}S \tag{3-52}$$

简化后得层状岩体垂直层面方向的变形模量 E_{mn} 为：

$$\frac{1}{E_{mn}} = \frac{1}{E} + \frac{1}{K_n S} \tag{3-53}$$

假设岩块本身是各向同性的，n 方向加荷时，由 t 方向的应变可求出岩体的泊松比 μ_{nt} 为：

$$\mu_{nt} = \frac{E_{mn}}{E}\mu \tag{3-54}$$

（2）沿 t 方向时，岩体的变形主要是岩块引起的，因此岩体的变形模量 E_{mt} 和泊松比 μ_{nt} 为：

$$E_{mt} = E$$

$$\mu_{nt} = \mu \tag{3-55}$$

2）剪应力作用下的岩体变形参数

如图 3-32（c）所示，对岩体施加剪应力 τ 时，则岩体剪切变形由沿层面滑动变形 Δu 和岩块的剪切变形 Δu_r 组成，分别为：

$$\Delta u_r = \frac{\tau}{G} S$$

$$\Delta u = \frac{\tau}{K_t} \tag{3-56}$$

岩体的剪切变形 Δu_j 为：

$$\Delta u_j = \Delta u + \Delta u_r = \frac{\tau}{K_t} + \frac{\tau}{G} S = \frac{\tau}{G_{mt}} S \tag{3-57}$$

简化后得岩体的 G_{mt} 为：

$$\frac{1}{G_{mt}} = \frac{1}{G} + \frac{1}{K_t S} \tag{3-58}$$

式（3-53）~式（3-55）和式（3-58），即表征层状岩体变形性质的变形模量、泊松比、剪切模量、法向刚度、切向刚度等参数及其关系。

应当指出，以上估算方法是在岩块和结构面的变形参数及各岩层厚度都为常数的情况下得出的。当各层岩块和结构面变形参数 E、μ、G、K_t、K_n 及厚度都不相同时，岩体变形参数的估算比较复杂。例如，对式（3-53），各层 K_n、E、S 都不相同时，可采用当量变形模量的办法来处理。方法是先按式（3-53）求出每一层岩体的变形模量 E_{mni}，然后再按下式求层状岩体的当量变形模量 E'_{mn}：

$$\frac{1}{E'_{mn}} = \sum_{i=1}^{n} \frac{S_i}{E_{mni}} S \tag{3-59}$$

式中　S_i——岩层的单层厚度；

　　　S——岩体总厚度。

其他参数也可以用类似的方法进行处理，具体可参考有关文献，在此不详细讨论。

2. 裂隙岩体变形参数的估算

对于裂隙岩体，国内外都特别重视建立岩体分类指标与变形模量之间的经验关系，并用于推算岩体的变形模量。下面介绍常用的几种。

1）比尼亚夫斯基（Bieniawski，1978）研究了大量岩体变形模量实测资料，建立了分类指标 RMR 值和变形模量 E_m（GPa）间的统计关系如下：

$$E_m = 2RMR - 100 \tag{3-60}$$

上式只适用于 $RMR > 55$ 的岩体。为弥补这一不足，Serafim 和 Pereira（1983）根据收集到的资料以及 Bieniawski 的数据，提出了适于 $RMR \leqslant 55$ 的岩体的关系式：

$$E_{\mathrm{m}} = 10^{\frac{RMR-10}{40}} \tag{3-61}$$

2）挪威的 Bhasin 和 Barton 等人（1993）研究了岩体分类指标 Q 值、纵波速度 v_{mp}（m/s）和岩体平均变形模量 E_{mean}（GPa）间的关系，提出了如下的经验关系：

$$v_{\mathrm{mp}} = 10000 \log Q + 3500 \tag{3-62}$$

$$E_{\mathrm{mean}} = \frac{v_{\mathrm{mp}} - 3500}{40} \tag{3-63}$$

利用式（3-63），已知 Q 值或 v_{mp} 时，即可求出岩体的变形模量。式（3-63）只适用于 $Q > 1$ 的岩体。

除以上方法外，也有人提出用声波测试资料来估算岩体的变形模量。我国也有一些地区根据岩体质量情况由岩块参数直接折减成岩体参数。

3.4.3 岩体变形曲线

1. 法向变形曲线

由于岩石力学性质、结构面几何特征与力学特征以及结构面组合方式等方面的不同，岩体的法向变形曲线各异。按 $p\text{-}W$ 曲线的形状和变形特征可分为如图 3-33 所示的 4 类。

3.4.3 岩体变形曲线

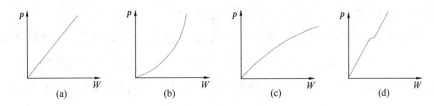

图 3-33 岩体变形曲线类型

(a) 直线型；(b) 上凹型；(c) 上凸型；(d) 复合型

1）直线型

此类为一通过原点的直线（图 3-33a），其方程为 $p = f(W)$，$\dfrac{\mathrm{d}p}{\mathrm{d}W} = K$（即岩体的刚度为常数），且 $\dfrac{\mathrm{d}^2 p}{\mathrm{d}W^2} = 0$。反映岩体在加压过程中 W 随 p 成正比增加。岩性均匀且结构面不发育或结构面分布均匀的岩体多呈这类曲线。根据 $p\text{-}W$ 曲线的斜率大小及卸压曲线特征，这类曲线又可分为如下两类：

（1）陡直线型（图 3-34）。特点是 $p\text{-}W$ 曲线的斜率较陡，呈陡直线。说明岩体刚度大，不易变形。卸压后变形几乎恢复到原点，以弹性变形为主，反映出岩体接近于均质弹性体。

较坚硬、完整、致密均匀、少裂隙的岩体，多具这类曲线特征。

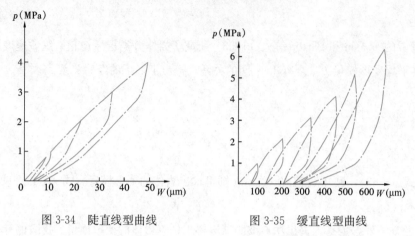

图 3-34　陡直线型曲线　　　　　图 3-35　缓直线型曲线

（2）曲线斜率较缓，呈缓直线型（图 3-35），反映出岩体刚度低、易变形。卸压后岩体变形只能部分恢复，有明显的塑性变形和滞回环。这类曲线虽是直线，但不是弹性。出现这类曲线的岩体主要有：由多组结构面切割，且分布较均匀的岩体及岩性较软弱面较均匀的岩体；另外，平行层面加压的层状岩体，也多为缓直线型。

2）上凹型

曲线方程为 $p=f(W)$，$\dfrac{\mathrm{d}p}{\mathrm{d}W}$ 随 p 增大而递增，$\dfrac{\mathrm{d}^2 p}{\mathrm{d}W^2}>0$，呈上凹型曲线（图 3-33b）。层状及节理岩体多呈这类曲线。据其加卸压曲线又可分为两种：

（1）每次加压曲线的斜率随加、卸压循环次数的增加而增大，即岩体刚度随循环次数增加而增大。各次卸压曲线相对较缓，且相互近于平行。弹性变形 W_e 和总变形 W 之比随 p 的增大而增大，说明岩体弹性变形成分较大（图 3-36a）。这种曲线多出现于垂直层面加压的较坚硬层状岩体中。

（2）加压曲线的变化情况与（1）相同，但卸压曲线较陡，说明卸压后变形大部分不能

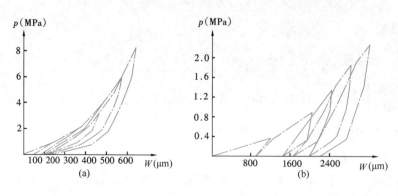

图 3-36　上凹型曲线

恢复，为塑性变形（图 3-36b）。存在软弱夹层的层状岩体及裂隙岩体常呈这类曲线。另外，垂直层面加压的层状岩体也可出现这类曲线。

3）上凸型

这类曲线的方程为 $p = f(W)$，$\dfrac{\mathrm{d}p}{\mathrm{d}W}$ 随 p 增加而递减，$\dfrac{\mathrm{d}^2 p}{\mathrm{d}W^2} < 0$，呈上凸型曲线（图 3-33c）。结构面发育且有泥质充填的岩体，较深处埋藏有软弱夹层或岩性软弱的岩体（黏土岩、风化岩）等常呈这类曲线。

4）复合型

p-W 曲线呈阶梯或"S"形（图 3-33d）。结构面发育不均或岩性不均匀的岩体，常呈此类曲线。

上述 4 类曲线，有人依次称为弹性、弹-塑性、塑-弹性及塑-弹-塑性岩体。但岩体受压时的力学行为是十分复杂的，它包括岩块压密、结构面闭合、岩块沿结构面滑移或转动等。同时，受压边界条件又随压力增大而改变。因此，实际岩体的 p-W 曲线也是比较复杂的，应注意结合实际岩体地质条件加以分析。

2. 剪切变形曲线

原位岩体剪切试验研究表明，岩体的剪切变形曲线十分复杂。沿结构面剪切和剪断岩体的剪切曲线明显不同；沿平直光滑结构面和粗糙结构面剪切的剪切曲线也有差异。根据 τu 曲线的形状及残余强度（τ_f）与峰值强度（τ_p）的比值，可将岩体剪切变形曲线分为如图 3-37 所示的 3 类。

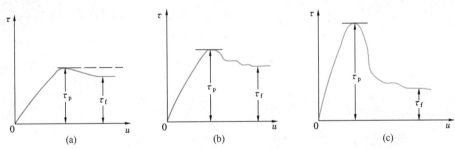

图 3-37 岩体剪切变形曲线类型示意图

1）峰值前变形曲线的平均斜率小，破坏位移大，一般可达 $2 \sim 10 \mathrm{mm}$；峰值后随位移增大强度损失很小或不变，$\tau_f / \tau_p \approx 1.0 \sim 0.6$。沿软弱结构面剪切时，常呈这类曲线（图 3-37a）。

2）峰值前变形曲线平均斜率较大，峰值强度较高。峰值后随剪位移增大强度损失较大，有较明显的应力降，$\tau_f / \tau_p \approx 0.8 \sim 0.6$。沿粗糙结构面、软弱岩体及强风化岩体剪切时，多属这类曲线（图 3-37b）。

3）峰值前变形曲线斜率大，曲线具有较明显的线性段和非线性段，比例极限和屈服极限较易确定。峰值强度高，破坏位移小，一般约 1mm。峰值后随位移增大强度迅速降低，残余强度较低，$\tau_f/\tau_p \approx 0.8 \sim 0.3$。剪断坚硬岩体时的变形曲线多属此类（图 3-37c）。

3.4.4 岩体动力变形特性

3.4.4 岩体动力变形特性

岩体的动力学性质是岩体在动荷载作用下所表现出来的性质，包括岩体中弹性波的传播规律及岩体动力变形性质与强度性质。岩体的动力学性质在岩体工程动力稳定性评价中具有重要意义，同时也为岩体各种物理力学参数动测法提供理论依据。

1. 岩体中弹性波的传播规律

当岩体受到振动、冲击或爆破作用时，各种不同动力特性的应力波将在岩体中传播。当应力值较高（相对岩体强度而言）时，岩体中可能出现塑性波和冲击波；而当应力值较低时，则只产生弹性波。这些波在岩体内传播的过程中，弹性波的传播速度比塑性波大，且传播的距离远，而塑性波和冲击波传播慢，且只在振源附近才能观察到。弹性波的传播也称为声波的传播。在岩体内部传播的弹性波称为体波，而沿着岩体表面或内部不连续面传播的弹性波称为面波。体波又分为纵波（P 波）和横波（S 波）。纵波又称为压缩波，波的传播方向与质点振动方向一致；横波又称为剪切波，其传播方向与质点振动方向垂直。面波又有瑞利波（R 波）和勒夫波（Q 波）等等。

根据波动理论，传播于连续、均匀、各向同性弹性介质中的纵波速度 v_p 和横波速度 v_s 可表示为：

3.4.5 地震波

$$v_p = \sqrt{\frac{E_d(1-\mu_d)}{\rho(1+\mu_d)(1-2\mu_d)}} \tag{3-64}$$

$$v_s = \sqrt{\frac{E_d}{2\rho(1+\mu_d)}} \tag{3-65}$$

式中　E_d——动弹性模量；

　　　μ_d——动泊松比；

　　　ρ——介质密度。

由式（3-64）和式（3-65）可知，弹性波在介质中的传播速度仅与介质密度 ρ 及其动力变形参数 E_d、μ_d 有关。这样可以通过测定岩体中的弹性波速来确定岩体的动力变形参数。比较式（3-64）和式（3-65）可知：$v_p > v_s$，即纵波先于横波到达。

由于岩性、结构面发育特征以及岩体应力等情况的不同，将影响到弹性波在岩体中的传播速度。不同岩性岩体中弹性波速度不同，一般来说，岩体愈致密坚硬，波速愈大，反之，则愈小；岩性相同的岩体，弹性波速度与结构面特征密切相关。一般来说，弹性波穿过结构面时，一方面引起振动能量消耗，特别是穿过泥质等充填的软弱结构面时，由于其塑性变形能量容易被吸收，波衰减较快；另一方面，产生能量弥散现象。所以，结构面对弹性波的传播起隔波或导波作用，致使沿结构面传播速度大于垂直结构面传播的速度，造成波速及波动特性的各向异性。工程上将岩体纵波速度 v_{mp} 和岩块纵波速度 v_{rp} 之比的平方定义为岩体的完整性系数，以表征岩体的完整性。

此外，应力状态、地下水及地温等地质环境因素对弹性波的传播也有明显的影响。一般来说，在压应力作用下，波速随应力增加而增加，衰减减少；反之，在拉应力作用下，则波速降低，衰减增大。由于在水中的弹性波速是在空气中的 5 倍，因此，岩体中含水量的增加也将导致弹性波速增加。温度的影响则比较复杂，一般来说，岩体处于正温时，波速随温度增高而降低，处于负温时则相反。

2. 岩体中弹性波速度的测定

在现场通常用声波法和地震波法实测岩体的弹性波速度。声波法也可用于室内测定岩块试件的纵、横波速度。其方法原理与现场测试一致，都是把发射换能器和接收换能器紧贴在试件两端。由于试件距离短，为提高测量精度，应使用高频换能器，其频率范围可采用 $50kHz \sim 1.5MHz$。

测试时，通过声波发射仪的触发电路发生正弦脉冲，经发射换能器向岩体内发射声波。声波在岩体中传播并被接收换能器接收，经放大器放大后由计时系统所记录，测得纵、横波在岩体中传播的时间 Δt_p、Δt_s。由下式计算纵波速度 v_{mp} 和横波速度 v_{ms}：

$$v_{mp} = \frac{D}{\Delta t_p} \tag{3-66}$$

$$v_{ms} = \frac{D}{\Delta t_s} \tag{3-67}$$

式中　D——声波发射点与接收点之间的距离。

3. 岩体的动力变形参数

反映岩体动力变形性质的参数通常有：动弹性模量和动泊松比及动剪切模量。这些参数均可通过声波测试资料求得：

$$E_d = v_{mp}^2 \rho \frac{(1+\mu_d)(1-2\mu_d)}{1-\mu_d} \tag{3-68}$$

或

$$E_d = 2v_{ms}^2 \rho(1+\mu_d) \tag{3-69}$$

$$\mu_d = \frac{v_{mp}^2 - 2v_{ms}^2}{2(v_{mp}^2 - v_{ms}^2)} \tag{3-70}$$

$$G_d = \frac{E_d}{2(1+\mu_d)} = v_{ms}^2 \rho \tag{3-71}$$

式中　E_d、G_d——岩体的动弹性模量和动剪切模量（GPa）；

μ_d ——动泊松比；

ρ ——岩体密度（g/cm³）；

v_{mp}、v_{ms} ——岩体纵波速度与横波速度（km/s）。

利用声波法测定岩体动力学参数的优点是不扰动被测岩体的天然结构和应力状态，测定方法简便，省时省力，且能在岩体中各个部位进行测试。

从大量的试验资料可知：不论是岩体还是岩块，其动弹性模量都普遍大于静弹性模量。两者的比值 E_d / E_{me}，对于坚硬完整岩体约为 1.2～2.0；而对风化、裂隙发育的岩体和软弱岩体，E_d / E_{me} 较大，一般约为 1.5～10.0，大者可超过 20.0。造成这种现象的原因可能有以下几方面：①静力法采用的最大应力大部分在 1.0～10.0MPa，少数则更大，变形量常以毫米（mm）计，而动力法的作用应力则约为 10^{-4} MPa 量级，引起的变形量微小；因此静力法必然会测得较大的不可逆变形，而动力法则测不到这种变形；②静力法持续的时间较长；③静力法扰动了岩体的天然结构和应力状态。

然而，由于静力法试验时岩体的受力情况接近于工程岩体的实际受力状态，故实际应用中，除某些特殊情况外，多数工程仍以静力变形参数为主要设计依据。由于原位变形试验费时、费钱，这时可通过动、静弹性模量间关系的研究，来确定岩体的静弹性模量。如有人提出用如下经验公式来求 E_{me}：

$$E_{me} = jE_d \tag{3-72}$$

式中　j ——折减系数，可据岩体完整性系数 K_v 查表 3-25 求取；

E_{me} ——岩体静弹性模量。

K_v 与 j 的关系　　　　　　　　　　　　　　　　表 3-25

K_v	1.0～0.9	0.9～0.8	0.8～0.7	0.7～0.65	<0.65
j	1.0～0.75	0.75～0.45	0.45～0.25	0.25～0.2	0.2～0.1

3.4.5　影响岩体变形特性的主要因素

影响岩体变形性质的因素较多，主要包括组成岩体的岩性、结构面发育特征及荷载条件、试件尺寸、试验方法和温度等。岩性、试件尺寸、试验方法和温度等的影响见本书其他部分或文献，这里主要讨论结构面对变形特性的影响。

结构面的影响包括结构面方位、密度、充填特征及其组合关系等方面的影响，统称为结构效应。

1）结构面方位：主要表现在岩体变形随结构面及应力作用方向间夹角的不同而不同，即导致岩体变形的各向异性。这种影响在岩体中结构面组数较少时表现特别明显，而随结构面组数增多，反面越来越不明显。图 3-38 为泥岩体变形与结构面产状间的关系，由图可见，无论是总变形或弹性变形，其最大值均发生在垂直结构面方向上，平行结构面方向的变形最小。另外，岩体的变形模量也具有明显的各向异性。一般来说，平行结构面方向的变形模量大于垂直方向的变形模量，其比值一般为 $1.5\sim3.5$。

　　2）结构面的密度：主要表现在随结构面密度增大，岩体完整性变差，变形增大，变形模量减小。图 3-39 为岩体 E_m 与 RQD 值的关系，图中 E 为岩块的变形模量。由图可见，当岩体 RQD 值由 100 降至 65 时，E_m/E 迅速降低；当 $RQD<65$ 时，E_m/E 变化不大，即当结构面密度大到一定程度时，对岩体变形的影响就不明显了。

　　3）结构面的张开度及充填特征对岩体的变形也有明显的影响。一般来说，张开度较大且无充填或充填较薄时，岩体变形较大，变形模量较小；反之，则岩体变形较小，变形模量较大。对于荷载、尺度效应、温度、试验的系统误差问题方面的影响与对岩石（岩块）变形试验影响基本上是一致的。

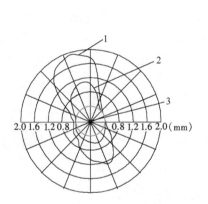

图 3-38　洞室岩体径向变形与
结构面产状关系（据肖树芳，1986）
1-总变形；2-弹性变形；
3-结构面走向

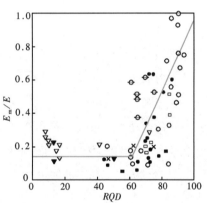

图 3-39　岩体 E_m/E 与 RQD 关系

3.5　岩体的水力学性质

　　岩体的水力学性质是指岩体与水共同作用所表现出来的力学性质。水在岩体中的作用包括两个方面：一方面是水对岩石块体的物理化学作用，在工程上常用软化系数来表示。另一方面是水与岩体相互耦合作用下的力学效应，包括空隙水压力与渗流动水压力等的力学作用效应。在空隙水压力的作用下，首先是减少了岩体内的有效应力，从而降低了岩体的剪切强度。另外，岩体渗流与应力之间的相互作用强烈，对工程稳定性具有重要的影响，如法国的马尔帕塞（Malpasset）拱坝溃决就是一个明显的例子。

3.5.1 裂隙岩体的水力特性

1. 单个结构面的水力特性

岩体是由岩块与结构面组成的，相对结构面来说，岩块的透水性很弱，常可忽略。因此，岩体的水力学特性主要与岩体中结构面的组数、方向、粗糙起伏度、张开度及胶结充填特征等因素直接相关；同时，还受到岩体应力状态及水流特征的影响。在研究裂隙岩体水力学性质时，以上诸多因素不可

3.5.1 裂隙岩体的
水力特性

能全部考虑到，往往先从最简单的单个结构面开始研究，而且只考虑平直光滑无充填时的情况，然后根据结构面的连通性、粗糙起伏及充填等情况进行适当的修正。

对于通过单一平直光滑无充填贯通裂隙面的水力渗透系数为：

$$K_f = \frac{ge^2}{12\nu} \tag{3-73}$$

式中　K_f——渗透系数（m/s）；

　　　g——重力加速度（m/s²）；

　　　e——裂隙张开度（m）；

　　　ν——水的运动黏滞系数（m²/s）。

但实际上岩体中的裂隙面往往是粗糙起伏且非贯通的，并常有物质充填阻塞。为此，路易斯（Louis，1974）提出了如下的修正式：

$$K_f = \frac{K_2 ge^2}{12\nu c} \tag{3-74}$$

$$c = 1 + 8.8 \left(\frac{h}{2e}\right)^{1.5} \tag{3-75}$$

式中　K_2——裂隙面的连续性系数，指裂隙面连通面积与总面积之比；

　　　c——裂隙面的相对粗糙修正系数，可用式（3-75）进行计算；

　　　h——裂隙面起伏差。

2. 裂隙岩体的水力特性

对于含多组裂隙面的岩体其水力学特征比较复杂。目前研究这一问题有以下趋势：

一是用等效连续介质模型来研究，认为裂隙岩体是由空隙性差而导水性强的裂隙面系统和透水弱的岩块孔隙系统构成的双重连续介质，裂隙孔隙的大小和位置的差别均不予考虑。

二是忽略岩块的孔隙系统，把岩体看成为单纯的按几何规律分布的裂隙介质，用裂隙水力学参数或几何参数（结构面方位、密度和张开度等）来表征裂隙岩体的渗透空间结构，所有裂隙大小、形状和位置都在考虑之列。

目前，针对这两种模型都进行了一定程度的研究，提出了相应的渗流方程及水力学参数

的计算方法。在研究中还引进了张量法、线索法、有限单元法及水电模拟等方法。

当水流服从达西定律时，裂隙介质作为连续介质内各向异性的渗透特性可用渗透张量描述。渗透张量的表达式为：

$$[K] = K_{ij} = \frac{g}{12\nu} \sum_{i=1}^{n} \frac{e_i^3}{l_i} \begin{bmatrix} 1 - \cos^2\beta_i \ \sin^2\gamma_i & -\sin\beta_i \ \sin^2\gamma_i \cos\beta_i & -\cos\beta_i \sin\gamma_i \cos\gamma_i \\ -\sin\beta_i \ \sin^2\gamma_i \cos\beta_i & 1 - \sin^2\beta_i \ \sin^2\gamma_i & -\sin\beta_i \sin\gamma_i \cos\gamma_i \\ -\cos\beta_i \sin\gamma_i \cos\gamma_i & -\sin\beta_i \sin\gamma_i \cos\gamma_i & 1 - \cos^2\gamma_i \end{bmatrix}$$

$$(3\text{-}76)$$

式中　e_i、l_i、β_i、γ_i——分别表示第 i 组裂隙的宽度、间距、裂隙面的倾向和倾角，四者又
　　　　　　　　　　　　　称为裂隙系统的几何参数。

由式（3-76）可知，只要知道裂隙系统的几何参数，即各组裂隙的宽度、间距及裂隙面的倾向、倾角，就可推出渗透张量。而岩体裂隙系统的分组和优势方位的确定可以应用极点图、玫瑰花图和聚类法等。

3. 岩体渗透系数的测试

岩体渗透系数是反映岩体水力学特性的核心参数，渗透系数的确定一方面可用上述给出的理论公式进行计算，另一方面可用现场水文地质试验测定。现场试验主要有压水试验和抽水试验等方法。一般认为，抽水试验是测定岩体渗透系数比较理想的方法，但它只能用于地下水位以下的情况，地下水位以上的岩体可用压水试验来测定其渗透系数。具体的水文地质试验方法请参考相关文献。

3.5.2　应力对岩体渗透性能的影响

岩体中的水流通过结构面流动，而结构面对变形是极为敏感的。1959 年
12 月，法国 Malpasset 拱坝的溃决事件给人们留下了深刻的教训。该拱坝建
于片麻岩上，岩体的高强度使人们一开始就未想到水与应力之间的相互作用
和影响会带来什么麻烦。而问题就恰恰出在这里。事后曾有人对该片麻岩进行了渗透系数与
应力关系的试验（图 3-40），表明当应力变化范围为 5MPa 时，岩体渗透系数相差 100 倍。
渗透系数的降低，反过来又极大地改变了岩体中的应力分布，使岩体中结构面上的水压力陡
增，坝基岩体在过高的水压力作用下沿一个倾斜的软弱结构面产生滑动，导致溃坝。

3.5.2 应力对岩体渗透性能的影响

野外和室内试验研究表明：孔隙水压力的变化明显地改变了结构面的张
开度、流速以及流体压力在结构面中的分布。如图 3-41 所示，结构面中的水
流通量随其所受到的正应力增加而降低很快；进一步研究发现应力-渗流关系
具有回滞现象，随着加、卸载次数的增加，岩体的渗透能力降低，但经历三
四个循环后，渗透基本稳定。这是由于结构面受力闭合的结果。

3.5.3 管涌

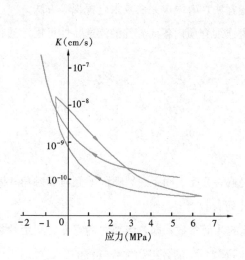

图 3-40　片麻岩渗透系数与应力关系　　图 3-41　循环加载对结构面渗透性

（据 Bernaix，1978）　　　　　　　影响图（据徐光黎，1993）

为了研究应力对岩体渗透性的影响，有不少学者提出了不同的经验关系式。如斯诺（Snow，1966）提出：

$$K = K_0 + \left(\frac{K_n e^2}{S}\right)(p_0 - p) \tag{3-77}$$

式中　K_0——初始应力 p_0 下的渗透系数；

　　　K_n——结构面的法向刚度；

　e、S——结构面的张开度和间距；

　　　p——法向应力。

路易斯（Louis，1974）在试验的基础上得出：

$$K = K_0 e^{-\alpha \sigma_0} \tag{3-78}$$

式中　α——系数；

　　　σ_0——有效应力。

从以上公式可知，岩体的渗透系数是随应力增加而降低的。另外，人类工程活动对岩体渗透性也有很大影响。如地下洞室和边坡的开挖改变了岩体中的应力状态，原来岩体中结构面的张开度因应力释放而增大，岩体的渗透性也增大；又如水库的修建，改变了结构面中的应力水平，也会影响到岩体的渗透性能。

3.5.3　渗流应力

当岩体中存在着渗透水流时，位于地下水面以下的岩体将受到渗流静水压力和动水压力的作用，这两种渗流应力又称为渗流体积力。

3.5.4 流土

3.5.5 从岩石水力学观点看三次水坝事故

由水力学可知，不可压缩流体在动水条件下的侧压总水头（h）为：

$$h = z + \frac{p}{\rho_w g} + \frac{u^2}{g} \tag{3-79}$$

式中　　z——位置水头（m）；

$\quad\quad p$——静水压力（Pa）；

$\quad\quad \rho_w$——水的密度（kg/m^3）；

$\quad\quad \dfrac{p}{\rho_w g}$——压力水头（m）；

$\quad\quad u$——水流速度（m/s）；

$\quad\quad \dfrac{u^2}{g}$——速度水头（m）。

由于岩体中的水流速度很小，$\dfrac{u^2}{g}$ 比起 z 和 $\dfrac{p}{\rho_w g}$ 常可忽略，因此有：

$$h = z + \frac{p}{\rho_w g} \tag{3-80}$$

或

$$p = \rho_w g(h - z) \tag{3-81}$$

根据流体力学平衡原理，渗流引起的体积力，由式（3-81）得：

$$\left. \begin{aligned} X &= -\frac{\partial p}{\partial x} = -\rho_w g\,\frac{\partial h}{\partial x} \\ Y &= -\frac{\partial p}{\partial y} = -\rho_w g\,\frac{\partial h}{\partial y} \\ Z &= -\frac{\partial p}{\partial z} = -\rho_w g\,\frac{\partial h}{\partial z} + \rho_w g \end{aligned} \right\} \tag{3-82}$$

由式（3-82）可知，渗流体积力由两部分组成，第一部分 $-\rho_w g\,\dfrac{\partial h}{\partial x}$、$-\rho_w g\,\dfrac{\partial h}{\partial y}$、$-\rho_w g\,\dfrac{\partial h}{\partial z}$ 为渗流动水压力，它与水力梯度有关；第二部分 $\rho_w g$ 为浮力，它在渗流空间为一常数。式（3-82）表明，只要求出了岩体中各点的水头值 h，便可完全确定出渗流场中各点的体积力；并可由式（3-81）求得相应各点的静水压力 p。

复习思考题

3.1　名词解释：岩体结构、结构面、切割度、卸荷裂隙、工程岩体、*RQD*、*BQ*、*RMR*。

3.2　结构面按其成因通常分为哪几种类型？各有什么特点？

3.3　简述结构面的自然特征。

3.4　结构面的剪切变形、法向变形与结构面的哪些因素有关？

3.5　为什么结构面的力学性质具有尺寸效应？其尺寸效应体现在哪几个方面？

3.6　简述工程岩体分类的目的。

3.7　在 CSIR 分类法、*Q* 分类法和 *BQ* 分类法中各考虑了岩体的哪些因素？

3.8　如何进行 CSIR 分类？

3.9　有一潮湿岩体，节理水压力为 0，点荷载强度指标为 3MPa，节理间距为 0.45m，岩石质量指标 *RQD* 为 55%。试按表 3-7 制定一张与节理状态对应的岩体评分 *RMR* 值表。

3.10　如何通过岩体分级确定岩体的有关力学参数？

3.11　以含一条结构面的岩石试样的强度分析为基础，简单介绍岩体强度与结构面强度和岩石强度的关系，并在理论上证明结构面方位对岩体强度的影响。

3.12　岩体强度的确定方法主要有哪些？

3.13　简述 Hoek-Brown 岩体强度估算方法。

3.14　岩体与岩石的变形有何异同？

3.15　岩体的变形参数确定方法有哪些？

3.16　在岩体的变形试验中，承压板法、钻孔变形法和狭缝法各有哪些优缺点？

3.17　岩体变形曲线可分为几类？各类岩体变形曲线有何特点？

3.18　在一次岩体地震波试验中，测得压缩波与剪切波的波速分别为 4500m/s、2500m/s，假定岩体的重度为 25.6kN/m³，试计算 E_d、μ_d。

3.19　应力如何影响岩体渗透性能？

第4章

岩体地应力及其测量方法

4.1　概述

如前所述，岩体介质有许多有别于其他介质的重要特性，由于岩体的自重和历史上地壳构造运动引起并残留至今的构造应力等因素导致岩体具有初始地应力（或简称地应力）是其最具有特色的性质之一。

就岩体工程而言，如不考虑岩体地应力这一要素，就难以进行合理的分析和得出符合实际的结论。地下空间的开挖必然使围岩应力场和变形场重新分布并引起围岩损伤，严重时导致失稳、垮塌和破坏。这都是由于在具有初始地应力场的岩体中进行开挖所致，因为这种开挖"荷载"通常是地下工程问题中的重要荷载。由此可见，如何测定和评估岩体的地应力，如何合理模拟工程区域的初始地应力场以及正确地计算工程问题中的开挖"荷载"，是岩石力学与工程中不可回避的重要问题。

正因为如此，在岩石力学发展史中有关地应力测量、地应力场模拟等问题的研究和地应力测试设备的研制一直占有重要的地位。地应力测量与研究的崛起和发展是 20 世纪岩石力学领域中非常振奋人心的科研成果，它的应用已普及土木、水电、矿山、交通、军工等系统的工程建设和地震机制研究中。

4.1.1 地底之下
究竟有什么

4.1.1　地应力的基本概念

地应力可以概要定义为存在于岩体中未受扰动的自然应力，或称原岩应力。它是引起各种地下或露天岩石开挖工程变形和破坏的根本动力。地应力场呈三维状态有规律地分布于岩体中。当工程开挖后，应力受开挖扰动的影响而重新分布，重分布后形成的应力则称为二次应力或诱导应力。

4.1.2 地应力的成因、组成成分和影响因素

1. 地应力的成因

人们认识地应力还只是近百年的事。1878 年瑞士地质学家 A. 海姆 （A. Heim）首次提出了地应力的概念，并假定地应力是一种静水应力状态，即地壳中任意一点的应力在各个方向上均相等，且等于单位面积上覆岩层的重量，即：

$$\sigma_h = \sigma_v = \gamma H \tag{4-1}$$

式中　σ_h——水平应力；

　　　σ_v——垂直应力；

　　　γ——上覆岩层重度；

　　　H——深度。

1926 年，苏联学者 A. H. 金尼克（A. H. ДИННИК）修正了海姆的静水压力假设，认为地壳中各点的垂直应力等于上覆岩层的重量 $\sigma_v = \gamma H$，而侧向应力（水平应力）是泊松效应的结果，即：$\sigma_h = \dfrac{\mu}{1-\mu}\gamma H$，式中 μ 为上覆岩层的泊松比。

同期的学者主要关心的也是如何用一些数学公式来定量地计算地应力，并且也都认为地应力只与重力有关，即以垂直应力为主，他们的不同点仅在于侧压系数的不同。然而，许多地质现象，如断裂、褶皱等均表明地壳中水平应力的存在。早在 20 世纪 20 年代，我国地质学家李四光就指出："在构造应力的作用仅影响地壳上层一定厚度的情况下，水平应力分量的重要性远远超过垂直应力分量。"

1958 年，瑞典工程师 N. 哈斯特（N. Hast）首先在斯堪的纳维亚半岛进行了地应力测试工作，发现存在于地壳上部的最大主应力几乎处处是水平或接近水平的，而且最大水平主应力一般为垂直应力的 1~2 倍以上；在某些地表处，测得的最大水平应力高达 7MPa，这从根本上动摇了地应力是静水压力的理论和以垂直应力为主的观点。

产生地应力的原因是十分复杂的。多年来的实测和理论分析表明，地应力的形成主要与地球的各种动力运动过程有关，如板块边界受压、地幔热对流、地球内应力、地心引力、地球旋转、岩浆侵入和地壳非均匀扩容等。另外，温度不均、水压梯度、地表剥蚀或其他物理化学变化也可引起相应的应力场。其中构造应力场和自重应力场为现今地应力场的主要组成部分。

1) 大陆板块边界受压引起的应力场

中国大陆板块受到外部两块板块的推挤，即印度洋板块和太平洋板块的推挤，推挤速度为每年数厘米，同时受到了

4.1.4 板块运动

4.1.5 亚欧板块与印度洋板块挤压碰撞

西伯利亚板块和菲律宾板块的约束。在这样的边界条件下，板块发生变形，产生水平受压应力场。印度洋板块和太平洋板块的移动促成了中国山脉的形成，控制了我国地震的分布。

2）地幔热对流引起的应力场

由硅镁质组成的地幔因温度很高，具有可塑性，并可以上下对流和蠕动。当地幔深处的上升流到达地幔顶部时，就分为二股方向相反的平流，经一定流程直到与另一对流圈的反向平流相遇，并一起转为下降流，回到地球深处，形成一个封闭的循环体系。地幔热对流引起地壳下面的水平切向应力。

4.1.6 地幔热对流

3）由地心引力引起的应力场

由地心引力引起的应力场称为自重应力场，自重应力场是各种应力场中唯一能够计算的应力场。地壳中任一点的自重应力等于单位面积上覆岩层的重量。

自重应力为垂直方向应力，它是地壳中所有各点垂直应力的主要组成部分。但是垂直应力一般并不完全等于自重应力，这是因为板块移动等其他因素也会引起垂直方向应力变化。

4）岩浆侵入引起的应力场

岩浆侵入挤压、冷凝收缩和成岩均会在周围地层中产生相应的应力场，其过程也是相当复杂的。熔融状态的岩浆处于静水压力状态，对其周围施加的是各个方向相等的均匀压力，但是炽热的岩浆侵入后即逐渐冷凝收缩，并从接触界面处逐渐向内部发展。不同的热膨胀系数及热力学过程会使侵入岩浆自身及其周围岩体应力产生复杂的变化。

与上述三种应力场不同，由岩浆侵入引起的应力场是一种局部应力场。

5）地温梯度引起的应力场

地层的温度随着深度增加而升高，由于温度梯度引起地层中不同深度产生相应膨胀，从而引起地层中的正应力，其值可达相同深度自重应力的数分之一。

另外，岩体局部寒热不均，产生收缩和膨胀，也会导致岩体内部产生局部应力场。

6）地表剥蚀产生的应力场

地壳上升部分岩体因风化、侵蚀和雨水冲刷搬运而产生剥蚀作用。剥蚀后，由于岩体内的颗粒结构的变化和应力松弛赶不上这种变化，导致岩体内仍然存在着比由地层厚度所引起的自重应力还要大得多的水平应力值。因此，在某些地区，大的水平应力除与构造应力有关外，还和地表剥蚀有关。

2. 自重应力和构造应力

对上述地应力的成因进行分析，依据促成岩体中初始地应力的主要因素，可以将岩体中初始地应力场划分为两大组成部分，即自重应力场和构造应力场。两者叠加起来便构成岩体中初始地应力场的主体。

1）岩体的自重应力

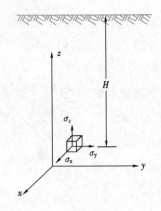

图 4-1　岩体自重垂直应力

地壳上部各种岩体由于受地心引力的作用而引起的应力称为自重应力，也就是说自重应力是由岩体的自重引起的。岩体自重作用不仅产生垂直应力，而且由于岩体的泊松效应和流变效应也会产生水平应力。研究岩体的自重应力时，一般把岩体视为均匀、连续且各向同性的弹性体，因而，可以用连续介质力学原理来探讨岩体的自重应力问题。将岩体视为半无限体，即上部以地表为界，下部及水平方向均无界限，那么，岩体中某点的自重应力可按以下方法求得。

设距地表深度为 H 处取一单元体，如图 4-1 所示，岩体自重在地下深为 H 处产生的垂直应力为单元体上覆岩体的重量，即：

$$\sigma_z = \gamma H \tag{4-2}$$

式中　γ——上覆岩体的平均重度（kN/m^3）；

　　　H——岩体单元的深度（m）。

若把岩体视为各向同性的弹性体，由于岩体单元在各个方向都受到与其相邻岩体的约束，不可能产生横向变形，即 $\varepsilon_x = \varepsilon_y = 0$。而相邻岩体的阻挡就相当于对单元体施加了侧向应力 σ_x 及 σ_y，考虑广义胡克定律，则有：

$$\left.\begin{aligned}\varepsilon_x &= \frac{1}{E}\left[\sigma_x - \mu(\sigma_y + \sigma_z)\right] = 0\\\varepsilon_y &= \frac{1}{E}\left[\sigma_y - \mu(\sigma_z + \sigma_x)\right] = 0\end{aligned}\right\} \tag{4-3}$$

由此可得：

$$\sigma_x = \sigma_y = \frac{\mu}{1-\mu}\sigma_z = \frac{\mu}{1-\mu}\gamma H \tag{4-4}$$

式中　E——岩体的弹性模量；

　　　μ——岩体的泊松比。

令 $\lambda = \dfrac{\mu}{1-\mu}$，则有：

$$\sigma_x = \sigma_y = \lambda\sigma_z \tag{4-5}$$

λ 称为侧压力系数，其定义为某点的水平应力与该点垂直应力的比值。

若岩体由多层不同重度的岩层所组成（图 4-2）。各岩层的厚度为 $h_i(i=1,2,\cdots\cdots,n)$，重度为 $\gamma_i(i=1,2,\cdots\cdots,n)$，泊松比为 $\mu_i(i=1,2,\cdots\cdots,n)$，则第 n 层底面岩体的自重初始应力为：

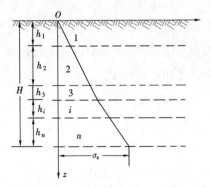

图 4-2　自重垂直应力分布图

$$\left.\begin{aligned}\sigma_z &= \sum_{i=1}^{n}\gamma_i h_i \\ \sigma_x &= \sigma_y = \lambda_n\sigma_z = \frac{\mu_n}{1-\mu_n}\sum_{i=1}^{n}\gamma_i h_i\end{aligned}\right\} \tag{4-6}$$

一般岩体的泊松比 μ 为 0.2～0.35，故侧压系数 λ 通常都小于1，因此在岩体自重应力场中，垂直应力 σ_z 和水平应力 σ_x、σ_y 都是主应力，σ_x 为 σ_z 的 25%～54%。只有岩石处于塑性状态时，λ 值才增大。当 $\mu=0.5$ 时，$\lambda=1$，它表示侧向水平应力与垂直应力相等（$\sigma_x=\sigma_y=\sigma_z$），即所谓的静水应力状态（海姆假说）。海姆认为岩石长期受重力作用产生塑性变形，甚至在深度不大时也会发展成各向应力相等的隐塑性状态。在地壳深处，其温度随深度的增加而加大，温变梯度为 30℃/km。在高温高压下，坚硬的脆性岩石也将逐渐转变为塑性状态。据估算，此深度应在距地表 10km 以下。

当岩体为理想的松散介质时，如风化带、断层带，$c=0$，库仑强度直线经过原点（图4-3），此时：

$$\sin\varphi=\frac{\sigma_z-\sigma_x}{\sigma_z+\sigma_x}, \quad \lambda=\frac{\sigma_x}{\sigma_z}=\frac{1-\sin\varphi}{1+\sin\varphi} \tag{4-7}$$

当松散介质有一定黏聚力时，$c>0$（图4-4）。

$$\sin\varphi=\frac{\dfrac{\sigma_z-\sigma_x}{2}}{c\cdot\cot\varphi+\dfrac{\sigma_z+\sigma_x}{2}}, \quad \sigma_x=\frac{1-\sin\varphi}{1+\sin\varphi}\sigma_z-\frac{2c\cos\varphi}{1+\sin\varphi} \tag{4-8}$$

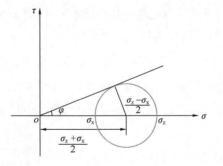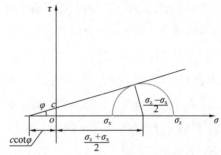

图 4-3　极限平衡状态时的莫尔圆（$c=0$）　图 4-4　极限平衡状态时的莫尔圆（$c>0$）

当 $\sigma_x<0$ 时，说明无侧向压力，取 $\sigma_x=0$（图4-5），无侧向压力的深度为：

$$H_0=\frac{2c\cos\varphi}{\gamma(1-\sin\varphi)} \tag{4-9}$$

2）构造应力

地壳形成之后，在漫长的地质年代中，在历次构造运动下，有的地方隆起，有的地方下沉。这说明在地壳

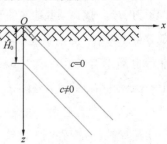

图 4-5　松散岩体内的侧向压力

中长期存在着一种促使构造运动发生和发展的内在力量，这就是构造应力。构造应力在空间有规律的分布状态称为构造应力场。

目前，世界上测定原岩应力最深的测点已达 5000m，但多数测点的深度在 1000m 左右。从测出的数据来看很不均匀，有的点最大主应力在水平方向，且较垂直应力大很多，有的点垂直应力就是最大主应力，还有的点最大主应力方向与水平面形成一定的倾角，这说明最大主应力方向是随地区而变化的。

近代地质力学的观点认为，在全球范围内构造应力的总规律是以水平应力为主。我国地质学家李四光认为，因地球自转角度的变化而产生地壳水平方向的运动是造成构造应力以水平应力为主的重要原因。

4.2 地应力场的分布规律

已有的研究和工程实践表明，浅部地壳应力分布主要有如下的一些基本规律。

4.2.1 地应力场的
分布规律

1）地应力是一个具有相对稳定性的非稳定应力场，它是时间和空间的函数。

地应力在绝大部分地区是以水平应力为主的三向不等压应力场。三个主应力的大小和方向是随着空间和时间而变化的，因而它是一个非均匀的应力场。地应力在空间上的变化，从小范围来看，其变化是很明显的；但就某个地区整体而言，地应力的变化并不大的。如我国的华北地区，地应力场的主导方向为北西到近于东西的主压应力。

在某些地震活动活跃的地区，地应力的大小和方向随时间的变化是很明显的。在地震前，处于应力积累阶段，应力值不断升高，而地震使集中应力得到释放，应力值突然大幅度下降。主应力方向在地震发生时会发生明显改变，在震后一段时间又会恢复到震前的状态。

2）实测垂直应力基本等于上覆岩层的重量。

对全世界实测垂直应力 σ_v 的统计资料的分析表明，在深度为 25～2700m 的范围内，σ_v 呈线性增长，大致相当于按平均重度 γ 等于 27kN·m^{-3} 计算出来的重力 γH。但在某些地区的测量结果有一定幅度的偏差，这些偏差除有一部分可能归结于测量误差外，板块移动、岩浆对流和侵入、扩容、不均匀膨胀等也都可引起垂直应力的异常，如图 4-6 所示。该图是霍克（E. Hoek）和布朗（E. T. Brown）总结出的世界各国 σ_v 值随深度 H 变化的规律。

4.2.2 世界地应力图

3）水平应力普遍大于垂直应力。

实测资料表明，在绝大多数（几乎所有）地区均有两个主应力位于水平或接近水平的平面内，其与水平面的夹角一般不大于 30°，最大水平主应力 $\sigma_{h,max}$ 普遍大于垂直应力 σ_v；

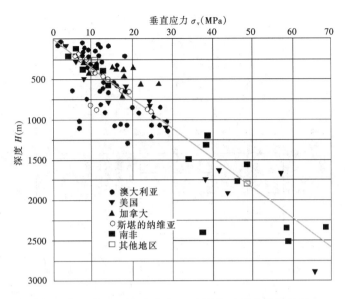

图 4-6　世界各国垂直应力 σ_v 随深度 H 的变化规律图

$\sigma_{h,max}$ 与 σ_v 之比值一般为 0.5～5.5，在很多情况下比值大于 2，参见表 4-1。如果将最大水平主应力与最小水平主应力的平均值：

$$\sigma_{h,av} = \frac{\sigma_{h,max} + \sigma_{h,min}}{2} \tag{4-10}$$

与 σ_v 相比，总结目前全世界地应力实测的结果，得出 $\sigma_{h,av}/\sigma_v$ 之值一般为 0.5～5.0，大多数为 0.8～1.5（表 4-1）。这说明在浅层地壳中平均水平应力也普遍大于垂直应力。垂直应力在多数情况下为最小主应力，少数情况下为中间主应力，个别情况下为最大主应力，这主要是由于构造应力以水平应力为主造成的。

世界各国水平主应力与垂直主应力的比值统计表　　　　　　　　表 4-1

国家名称	$\sigma_{h,av}/\sigma_v$（%）			$\sigma_{h,max}/\sigma_v$
	<0.8	0.8～1.2	>1.2	
中国	32	40	28	2.09
澳大利亚	0	22	78	2.95
加拿大	0	0	100	2.56
美国	18	41	41	3.29
挪威	17	17	66	3.56
瑞典	0	0	100	4.99
南非	41	24	35	2.50
苏联	51	29	20	4.30
其他地区	37.5	37.5	25	1.96

　　4）平均水平应力与垂直应力的比值随深度增加而减小，但在不同地区，变化的速度并不相同。图 4-7 为世界不同地区的实测结果。

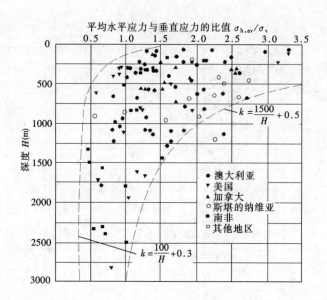

图 4-7 世界各国平均水平应力与垂直应力的比值随深度的变化规律图

霍克和布朗根据图 4-7 所示结果回归出下列公式来表示 $\sigma_{h,av}/\sigma_v$ 随深度变化的取值范围：

$$\frac{100}{H}+0.3\leqslant\frac{\sigma_{h,av}}{\sigma_v}\leqslant\frac{1500}{H}+0.5 \tag{4-11}$$

式中 H——深度（m）。

5）最大水平主应力和最小水平主应力也随深度线性增长。

与垂直应力不同的是，在水平主应力线性回归方程中的常数项比垂直应力线性回归方程中常数项的数值要大些，这反映了在某些地区近地表处仍存在显著水平应力的事实。斯蒂芬森（O. Stephansson）等人根据实测结果给出了芬诺斯堪的亚古陆最大水平主应力和最小水平主应力随深度变化的线性方程：

最大水平主应力： $\sigma_{h,max}=6.7+0.0444H$（MPa） (4-12)

最小水平主应力： $\sigma_{h,min}=0.8+0.0329H$（MPa） (4-13)

式中 H——深度（m）。

6）最大水平主应力和最小水平主应力之值一般相差较大，显示出很强的方向性。

$\sigma_{h,min}/\sigma_{h,max}$ 一般为 0.2～0.8，多数情况下为 0.4～0.8，参见表 4-2。

世界部分国家和地区最小和最大水平主应力的比值统计表 　　　　　表 4-2

实测地点	统计数目	$\sigma_{h,min}/\sigma_{h,max}$（%）				
		1.0～0.75	0.75～0.50	0.50～0.25	0.25～0	合计
斯堪的纳维亚等	51	14	67	13	6	100
北美	222	22	46	23	9	100
中国	25	12	56	24	8	100
中国华北地区	18	6	61	22	11	100

7）地应力的上述分布规律还会受到地形、地表剥蚀、风化、岩体结构特征、岩体力学性质、温度、地下水等因素的影响，特别是受地形和断层的扰动影响最大。

地形对原始地应力的影响是十分复杂的。在具有负地形的峡谷或山区，地形的影响在侵蚀基准面以上及以下一定范围内表现特别明显。一般来说，谷底是应力集中的部位，越靠近谷底应力集中越明显。最大主应力在谷底或河床中心近于水平，而在两岸岸坡则向谷底或河床倾斜，并大致与坡面相平行。近地表或接近谷坡的岩体，其地应力状态和深部及周围岩体显著不同，并且没有明显的规律性。随着深度不断增加或远离谷坡，地应力分布状态逐渐趋于规律化，并且显示出和区域应力场的一致性。

4.2.3 地形和断层对地应力的影响

在断层和结构面附近，地应力分布状态会受到明显的扰动。断层端部、拐角处及交汇处会出现应力集中的现象。端部的应力集中与断层长度有关，长度越大，应力集中越强烈；拐角处的应力集中程度与拐角大小及其与地应力的相互关系有关。当最大主应力的方向和拐角的对称轴一致时，其外侧应力大于内侧应力。由于断层带中的岩体一般都较软弱和破碎，不能承受高的应力和不利于能量积累，所以成为应力降低带，其最大主应力和最小主应力与周围岩体相比均显著减小。同时，断层的性质不同对周围岩体应力状态的影响也不同。压性断层中的应力状态与周围岩体比较接近，仅是主应力的大小比周围岩体有所下降，而张性断层中的地应力大小和方向与周围岩体相比均发生显著变化。

4.3　高地应力区特征

4.3.1　高地应力判别准则和高地应力现象

1. 高地应力判别准则

高地应力是一个相对的概念。由于不同岩石具有不同的弹性模量，岩石的储能性能也不同。一般来说，初始地应力大小与该地区岩体的变形特性有关，岩质坚硬，则储存弹性能多，地应力也大。因此，高地应力是相对于围岩强度而言的。也就是说，当围岩强度（R_b）与围岩内部的最大地应力的比值（R_b/σ_{max}）达到某一水平时，才能称为高地应力或极高地应力，即：

$$围岩强度比 = \frac{R_b}{\sigma_{max}}$$

(4-14)

4.3.1 高地应力区特征

目前在地下工程的设计施工中，都把围岩强度比作为判断围岩稳定性的重要指标，有的还作为围岩分级的重要指标。从这个角度讲，应该认识到埋深大不一定就存在高地应力问题；而埋深小但围岩强度很低的场合，如有大变形出现，也可能出现高地应力的问题。因此，在研究是否出现高或极高地应力问题时必须与围岩强度联系起来进行判定。

表 4-3 是一些以围岩强度比为指标的地应力分级标准，可以参考。一定不要以为初始地应力大，就是高地应力。因为有时初始地应力虽然大，但与围岩强度相比却不一定高。因而在埋深较浅的情况下，虽然初始地应力不大，但因围岩强度极低，也可能出现大变形等现象。

以围岩强度比为指标的地应力分级标准 表 4-3

	极高地应力	高地应力	一般地应力
法国隧道协会	<2	2~4	>4
我国工程岩体分级标准	<4	4~7	>7
日本新奥法指南（1996 年）	< 4	4~6	>6
日本仲野分级	< 2	2~4	>4

围岩强度比与围岩开挖后的破坏现象有关，特别是与岩爆、大变形有关。前者是在坚硬完整的岩体中可能发生的现象，后者是在软弱或土质地层中可能发生的现象。表 4-4 所示是在工程岩体分级标准中的有关描述，而日本仲野则是以是否产生塑性地压来判定的（见表 4-5）。

高初始地应力岩体在开挖中出现的主要现象 表 4-4

应力情况	主要现象	R_b/σ_{max}
极高地应力	硬质岩：开挖过程中时有岩爆发生，有岩块弹出，洞室岩体发生剥离，新生裂缝多，成洞性差，基坑有剥离现象，成形性差； 软质岩：岩芯常有饼化现象，开挖工程中洞壁岩体有剥离，位移极为显著，甚至发生大位移，持续时间长，不易成洞，基坑发生显著隆起或剥离，不易成形	< 4
高地应力	硬质岩：开挖过程中可能出现岩爆，洞壁岩体有剥离和掉块现象，新生裂缝较多，成洞性较差，基坑时有剥离现象，成形性一般尚好； 软质岩：岩芯时有饼化现象，开挖工程中洞壁岩体位移显著，持续时间长，成洞性差，基坑有隆起现象，成形性较差	4~7

不同围岩强度比开挖中出现的现象 表 4-5

围岩强度比	大于 4	2~4	小于 2
地压特性	不产生塑性地压	有时产生塑性地压	多产生塑性地压

2. 高地应力现象

1）岩芯饼化现象。在中等强度以下的岩体中进行勘探时，常可见到岩芯饼化现象。美国 L. Obert 和 D. E. Stophenson（1965 年）用实验验证的方法同样获得了饼状岩芯，由此认定饼状岩芯是高地应力产物。从岩石力学破裂成因来分析，岩芯饼化是剪张破裂产物。除此以外，还能发现钻孔缩径现象。

4.3.2 高地应力现象

2）岩爆。在岩性坚硬完整或较完整的高地应力地区开挖隧洞或探洞时，在开挖过程中时有岩爆发生。岩爆是岩石被挤压到弹性限度，岩体内积聚的能量突然释放所造成的一种岩石破坏现象。

3）探洞和地下隧洞的洞壁产生剥离，岩体锤击为嘶哑声并有较大变形。在中等强度以下的岩体中开挖探洞或隧洞，高地应力状况不会像岩爆那样剧烈，洞壁岩体产生剥离现象，有时裂缝一直延伸到岩体浅层内部，锤击时有破哑声。在软质岩体中洞体则产生较大的变形，位移显著，持续时间长，洞径明显缩小。

4.3.3 瓦斯突出

4）岩质基坑底部隆起、剥离以及回弹错动现象。在坚硬岩体表面开挖基坑或槽，在开挖过程中会产生坑底突然隆起、断裂，并伴有响声；或在基坑底部产生隆起剥离。在岩体中，如有软弱夹层，则会在基坑斜坡上出现回弹错动现象（图 4-8）。

5）野外原位测试测得的岩体物理力学指标比实验室岩块试验结果高。由于高地应力的存在，致使岩体的声波速度、弹性模量等参数增高，甚至比实验室无应力状态岩块测得的参数高。野外原位变形测试曲线的形状也会变化，在 σ 轴上有截距（图 4-9）。

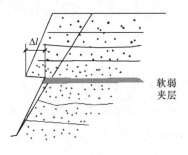

软弱夹层

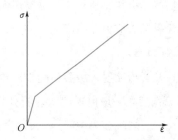

图 4-8　基坑边坡回弹错动　　　　图 4-9　高地应力条件下岩体变形曲线

4.3.2　岩爆及其防治措施

1. 概述

围岩处于高应力场条件下所产生的岩片（块）飞射抛撒以及洞壁片状剥落等现象叫岩爆。岩体内开挖地下厂房、隧道、矿山地下巷道、采场等地下工程，引起挖空区围岩应力重分布和集中，当应力集中到一定程度后就有可

4.3.4 岩爆

能产生岩爆。在地下工程开挖过程中，岩爆是围岩各种失稳现象中反映最强烈的一种，它是地下施工的一大地质灾害。由于它的突发性，在地下工程中对施工人员和施工设备威胁最严重。如果处理不当，就会给施工安全、岩体及建筑物的稳定造成影响，甚至引发重大工程事故。

据不完全统计，从 1949 年到 1985 年 5 月，在我国的 32 个重要煤矿中，至少曾发生过1842 起煤爆和岩爆，发生地点一般在 200～1000m 深处的地质构造复杂、煤层突然变化、水平煤层突然弯曲变成陡倾这样一些部位。在一些严重的岩爆发生区，曾有数以吨计的岩块、岩片和岩板抛出。我国水电工程中的一些地下洞室中也曾发生过岩爆，地点大多在高地应力地带的结晶岩和灰岩中，或位于河谷近地表处。另外，在高地应力区开挖隧道，如果岩层比较完整、坚硬时，也常发生岩爆现象。

由于岩爆是极为复杂的动力现象，至今对地下工程中岩爆的形成条件及机理还没有形成统一的认识。有的学者认为岩爆是剪破裂；也有的学者根据自己的观察和试验结果得出张破裂的结论；还有一种观点把产生岩爆的岩体破坏过程分为：劈裂成板条、剪（折）断成块、块片弹射三个阶段式破坏。

2. 岩爆的类型、性质和特点

岩爆的特征可从多个角度去描述，目前主要是根据现场调查所得到的岩爆特征，考虑岩爆危害方式、危害程度以及对其防治对策等因素，分为破裂松脱型、爆裂弹射型、爆炸抛射型。

1）破裂松脱型

围岩成块状、板状、鳞片状，爆裂声响微弱，弹射距离很小，岩壁上形成破裂坑，破裂坑的深度主要受围岩应力和强度的控制。

2）爆裂弹射型

岩片弹射及岩粉喷射，爆裂声响如同枪声，弹射岩片体积一般不超过 $1/3m^3$，直径 5～10cm。洞室开凿后，一般出现片状岩石弹射、崩落或成笋皮状的薄片剥落，岩片的弹射距离一般为 2～5m。岩块多为中间厚、周边薄的菱形岩片。

3）爆炸抛射型

岩爆发生时巨石抛射，其声响如同炮弹爆炸，抛射岩块的体积数立方米到数十立方米，抛射距离几米到十几米。

此外，也有把岩爆分为应变型、屈服型及岩块突出型等，如图 4-10 所示。

"应变型"指坑道周边坚硬岩体产生应力集中，在脆性岩石中发生激烈的破坏，是最一般的岩爆现象；"屈服型"指在有相互平行裂隙的坑道中，坑道壁的岩石屈服，发生突然破坏，常常是由爆破震动所诱发；"岩块突出型"是因被裂隙或节理等分离的岩块突然突出的现象，也是因爆破或地震等诱发。

岩爆的规模基本上可以分为三类，即小规模、中等规模和大规模，如图 4-11 所示。

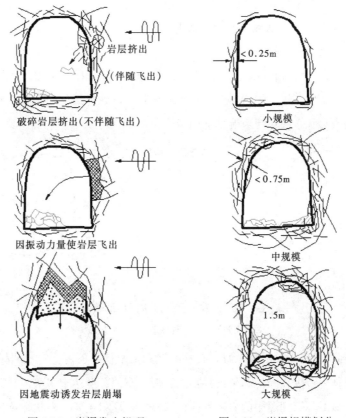

图 4-10　岩爆发生机理　　　　图 4-11　岩爆规模划分

小规模是指在壁面附近浅层部分（厚度小于 0.25m）的破坏，破坏区域仍然是弹性的，岩块的质量通常在 1t 以下；中等规模指形成厚度 0.25～0.75m 的环状松弛区域的破坏，但空洞本身仍然是稳定的；大规模指超过 0.75m 以上的岩体显著突出，很大的岩块弹射出来，这种情况采用一般的支护是不能防止的。

根据已有的隧道工程经验，岩爆具有如下一些基本特征：

1）从爆裂声来看，有强有弱，有的沉闷，有的清脆。一般来讲，声响如闪雷的岩爆规模较大，而声响清脆的规模较小，有的伴随着声响，可见破裂处冒岩灰。声发射现象非常普遍，绝大部分岩爆伴随着声响而发生。

2）从弹射程度上来看，岩爆基本上属于弱弹射和无弹射两类。一般洞室靠山侧上部岩爆属于弱弹射类，其弹射距离不大于 2.0m，一般在 0.8～2.0m 之间。洞室靠山侧下部岩爆属于无弹射类，仅仅是将岩面劈裂形成层次错落的小块，或脱离母岩滑落的大块岩石，且可以明显地观察到围岩内部已形成空隙或空洞。

3）从爆落的岩体来看，岩体主要有体积较大的块体或体积较小的薄片，薄片的形状呈中间厚、四周薄的贝壳状，其长与宽方向尺寸相差并不悬殊，周边厚度则参差不齐。而岩块的形状多为有一至两组平行裂面，其余的一组破裂面呈刀刃状。前者几何尺寸均较小，一般在 4.5~20cm 范围内，后者从数十厘米到数米不等。

4）从岩爆坑的形态来看，有直角形、阶梯形和窝状形，如图 4-12 所示。爆坑为直角形的岩爆，其规模较大，爆坑较深，且伴随有沉闷的爆裂声；而阶梯形岩爆的规模最小，时常伴随着多次爆裂声发生，爆落的岩体多为片状或板状；窝状形爆坑的岩爆规模有大有小，基本上为一次爆裂成窝状，破坏与声响基本同步。

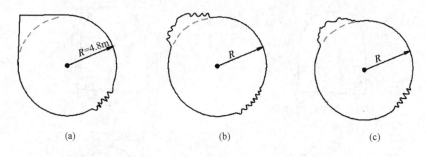

图 4-12　三种典型岩爆坑断面形状图

(a) 直角形；(b) 阶梯形；(c) 窝状形

5）从同一部位发生岩爆次数来看，有一次性和重复性。前者为一次岩爆后不加支护也不会再发生岩爆；后者则在同一部位重复发生岩爆，有的甚至达十多次，对施作锚杆支护的情况下，可以明显地观察到爆裂的岩块悬挂在锚杆上，形状主要为板状和片状。

6）从岩爆的声响到岩石爆落的时间间隔方面，可分为速爆型和滞后型。前者一般紧随着声响后产生岩石爆落，其时间间隔一般不会超过 10s，且破坏规模较小；后者表现为只闻其声，不见其动，岩爆可滞后声响半小时甚至数月不等。也有少量只有声响而不发生岩石脱离母岩的现象，即只有围岩内部裂纹的扩展而不产生破坏性爆落岩石。

7）从岩爆坑沿洞轴线方向的分布来看，有三种类型，即连续型、断续型和零星型。前者表现为岩爆坑沿洞轴方向连续分布长达 20~100m；第二种表现为岩爆坑以几十厘米至两米为间隔成片分布，其沿洞轴分布长度一般在 10~100m 之间，且洞壁上有明显可见的鳞片纹线现象；第三种则表现为小规模的单个岩爆出现。

3. 岩爆产生的条件

产生岩爆的原因很多，其中主要原因是由于在岩体中开挖洞室改变了岩体赋存的空间环境，最直观的结果是为岩体产生岩爆提供了释放能量的空间条件。地下开挖岩体或其他机械扰动改变了岩体的初始应力场，引起挖空区周围的岩体应力重新分布和应力集中，围岩应力有时会达到岩块的单轴抗压强度，甚至会超过它几倍，这是岩体产生岩爆必不可少的能量积累动力条件。具备上述条件的前提下，还要从岩性和结构特征上去分析岩体的变形和破坏方式，最终要看岩体在宏观大破裂之前还储存有多少剩余弹性变形能。当岩体由初期逐渐积累弹性变形能，到伴随岩体变形和微破裂开始产生、发展，使岩体储存弹性变形能的方式转入边积累边消耗，再过渡到岩体破裂程度加大，导致积累弹性变形能条件完全消失，弹性变形能全部消耗掉。至此，围岩出现局部或大范围解体，无弹射现象，仅属于静态下的脆性破坏。该类岩石矿物颗粒致密度低、坚硬程度比较弱、隐微裂隙发育程度较高。当岩石矿物结构致密度、坚硬度较高，而且隐微裂隙不发育的情况下，岩体在变形破坏过程中所储存的弹性变形能不仅能满足岩体变形和破裂所消耗的能量，以及变形破坏过程中的热能、声能的要求，还应有足够的剩余能量转换为动能，使逐渐被剥离的岩块（片）瞬间脱离母岩弹射出去。这是岩体产生岩爆弹射极为重要的一个条件。

岩体能否产生岩爆还与岩体积累和释放弹性变形能的时间有关系。岩体自身条件相同，围岩应力集中速度越快，积累弹性变形能越多，瞬间释放的弹性变形能也越多，岩体产生岩爆程度越强烈。

因此，岩爆产生的条件可归纳为：

1）地下工程开挖，洞室空间的形成是诱发岩爆的几何条件；

2）围岩应力重分布和集中导致围岩积累大量弹性变形能，这是诱发岩爆的动力条件；

3）岩体承受极限应力产生初始破裂后的剩余弹性变形能的集中释放量决定岩爆的弹射程度；

4）岩爆通过何种方式出现取决于围岩的岩性、岩体结构特征、弹性变形能的积累和释放时间长短。

4. 岩爆发生的判据

从一些国家的规定和研究成果来看，岩爆发生的判据大同小异，这对在地下工程勘测设计阶段，根据揭示的地质条件来判断岩爆的发生与否是有参考价值的。我国工程岩体分级标准采用下述判据：

1）当 $R_c/\sigma_{max} > 7$ 时，无岩爆；

2）当 $R_c/\sigma_{max} = 4\sim7$ 时，可能会发生轻微岩爆或中等岩爆；

3）当 $R_c/\sigma_{max} < 4$ 时，可能会发生严重岩爆。

其中，R_c 为岩石单轴抗压强度，σ_{max} 为最大地应力。

岩石强度指标可通过各种试验予以确定，最大地应力通常是通过实地测试的手段获取，但并不是所有的工程都能够进行地应力测试，因此就不得不借助一些经验数据或直接采用围岩自重应力场中的垂直应力分量作为最大地应力值。

5. 岩爆的防治

通过大量的工程实践及经验的积累，目前已有许多行之有效的治理岩爆的措施，归纳起有围岩加固措施、改善围岩应力条件、改变围岩性质以及施工安全措施等。

1）围岩加固措施

该方法是指对已开挖洞室周边的加固以及掌子面前方的超前加固，这些措施一是可以改善掌子面本身以及1~2倍洞室直径范围内围岩的应力状态；二是具有防护作用，可防止弹射、塌落等。

2）改善围岩应力条件

可从设计与施工的角度采用下述几种办法：

（1）在选择隧道及其他地下结构物的位置时，应使其长轴方向与最大主应力方向平行，这样做可以减少洞室周边围岩的切向应力；

（2）在设计时选择合理的开挖断面形状，以改善围岩的应力状态；

（3）在施工过程中，爆破开挖采用短进尺、多循环，也可以改善围岩应力状态，这一点已被大量的实践所证实；

（4）在围岩内部造成一个破碎带，形成一个低弹性区，从而使掌子面及洞室周边应力降低，使高应力转移到围岩深部。为此，可以打超前钻孔或在超前钻孔中进行松动爆破，这种防治岩爆的方法也称为超应力解除法。

3）改变围岩性质

在我国煤炭部门，广泛使用对煤层预注水法以改变煤的变形及强度特性，即注水软化的方法。煤试件在浸泡水以后，动态破坏时间增加，能量释放率显著下降。根据煤试件在自然状态和浸水饱和状态的动态破坏时间-应力曲线比较的结果，可以看出，浸水饱和煤样的动态破坏时间呈现数量级增加。根据煤的这一特性对煤层进行预注水可以防止冲击地压。

煤层压力注水一般有两种方式：一是煤层开采前压力预注水，使煤体湿润，减缓和消除煤的冲击能力，这是一种积极主动的区域性防治措施；第二种是对工作面前方局部应力集中带进行高压注水，以减缓应力集中，解除煤爆危险，这是一种局部解危措施。

4）施工安全措施

措施主要有躲避及清除浮石两种。岩爆一般在爆破后1h左右比较激烈，以后则逐渐趋于缓和，多数发生在1~2倍洞室直径的范围以内，所以躲避也是一种行之有效的方法。每次爆破循环之后，施工人员躲避在安全处，待激烈的岩爆平息之后再进行施工。当然这样做会延缓工程的进度，是一种消极的方法。

在拱顶部位由于岩爆所产生的松动石块必须清除，以保证施工的安全。对于破裂松脱型岩爆，弹射危害不大，可采用清除浮石的方法来保证施工安全。

4.4　地应力测量方法

4.4.1　地应力测量的基本原理

岩体应力现场测量的目的是了解岩体中存在的应力大小和方向，从而为分析岩体工程的受力状态以及为支护及岩体加固提供依据。岩体应力测量还可以是预报岩体失稳破坏和岩爆的有力工具。岩体应力测量可以分为岩体初始应力测量和地下工程应力分布测量，前者是为测定岩体初始地应力场，后者则为测定岩体开挖后引起的应力重分布状况。从岩体应力现场测量的技术来讲，这两者并无原则区别。

原始地应力测量就是确定存在于拟开挖岩体及其周围区域的未受扰动的三维应力状态。这种测量通常是通过一点一点地量出来完成的，岩体中某一点的三维应力状态可由选定坐标系中的六个分量（σ_x、σ_y、σ_z、τ_{xy}、τ_{yz}、τ_{zx}）来表示，如图 4-13 所示。这种坐标系是可以根据需要任意选择的，但一般取地球坐标系作为测量坐标系。由六个应力分量可求得该点的三个主应力的大小和方向，这是唯一的。在实际测量中，每一测点所涉及的岩石可能从几立方厘米到几千立方米，这取决于采用何种测量方法。但无论多大，对于整个岩体而言，仍可视为一个点。虽然也有测定大范围岩体内平均应力的方法，如超声波等地球物理方法，但这些方法很不准确，因而远没有"点"测量方法普及。由于地应力状态的复杂性和多变性，要比较准确地测定某一地区的地应力，就必须进行充足数量的"点"测量，在此基础上，才能借助数值分析、数理统计、灰色建模、人工智能等方法，进一步描绘出该地区的全部地应力场状态。

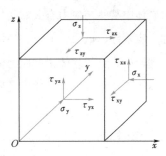

图 4-13　岩体中任一点三维
应力状态示意图

为了进行地应力测量，通常需要预先开挖一些洞室以便人和设备进入测点，然而，只要洞室一开，洞室周围岩体中的应力状态就受到了扰动。有一类方法，如早期的扁千斤顶法，就是在洞室表面进行应力测量，然后在计算原始应力状态时，再把洞室开挖引起的扰动作用考虑进去。由于在通常情况下紧靠洞室表面的岩体都会受到不同程度的破坏，使它们与未受扰动的岩体的物理力学性质大不相同；同时洞室开挖对原始应力场的扰动也是十分复杂的，不可能进行精确的分析和计算，所以这类方法得出的原岩应力状态往往是不准确的，甚至是完全错误的。为了克服这类方法的缺点，另一类方法是从洞室表面向岩体中打小孔，直至原岩应力区。地应力测量是在小孔中进行的，由于小孔对原岩应力状态的扰动是可以忽略不计的，这就保证了测量是在原岩应力区中进行。目前，普遍采用的应力解除法和水压致裂法均属此类方法。

近半个世纪来，特别是近 40 年来，随着地应力测量工作的不断开展，各种测量方法和测量仪器也不断发展起来，就世界范围而言，目前各种主要测量方法有数十种之多，而测量仪器则有数百种之多。

对测量方法的分类并没有统一的标准，有人根据测量手段的不同，将测量方法分为五大类，即：构造法、变形法、电磁法、地震法、放射性法。也有人根据测量原理的不同分为应力恢复法、应力解除法、应变恢复法、应变解除法、水压致裂法、声发射法、X 射线法、重力法共八类。

根据国内外多数人的观点，依据测量基本原理的不同，可将测量方法分为直接测量法和间接测量法两大类。

直接测量法是由测量仪器直接测量和记录各种应力量，如补偿应力、恢复应力、平衡应力，并由这些应力量和原岩应力的相互关系，通过计算获得原岩应力值。在计算过程中并不涉及不同物理量的换算，不需要知道岩石的物理力学性质和应力应变关系。扁千斤顶法、水压致裂法、刚性包体应力计法和声发射法均属直接测量法。其中，水压致裂法目前应用最为广泛，声发射法次之。

在间接测量法中，不是直接测量应力量，而是借助某些传感元件或某些介质，测量和记录岩体中某些与应力有关的间接物理量的变化，如岩体中的变形或应变、岩体的密度、渗透性、吸水性、电阻、电容、弹性波传播速度等的变化，然后由测得的间接物理量的变化，通过理论公式计算岩体中的应力值。因此，在间接测量法中，为了计算应力值，首先必须确定岩体的某些物理力学性质以及所测物理量和应力的相互关系。套孔应力解除法和其他应力或应变解除法以及地球物理方法等是间接法中较为常用的，其中套孔应力解除法是目前国内外最普遍采用的发展较为成熟的一种地应力测量方法。

4.4.2 水压致裂法

1. 测量原理

水压致裂法在 20 世纪 50 年代被广泛应用于油田，通过在钻井中人工制造裂隙来提高石油的产量。哈伯特（M. K. Hubbert）和威利斯（D. G. Willis）在实践中发现了水压致裂裂隙和原岩应力之间的关系，这一发现又被费尔赫斯特（C. Fairhurst）和海姆森（B. C. Haimson）用于地应力测量。它的基本原理是：通过液压泵向钻孔内拟定测量深度处加液压，将孔壁压裂，测定压裂过程中各特征点的压力及开裂方位，然后根据测得的压裂过程中泵压表的读数，计算测点附近岩体中地应力大小和方向。

从弹性力学理论可知，当一个位于无限体中的钻孔受到无穷远处二维应力场（σ_1，σ_2）的作用时，离开钻孔端部一定距离的部位处于平面应变状态。在这些部位，钻孔周边的应力为：

$$\sigma_{\theta} = \sigma_1 + \sigma_2 - 2(\sigma_1 - \sigma_2)\cos 2\theta \qquad (4\text{-}15)$$

$$\sigma_r = 0 \qquad (4\text{-}16)$$

式中　σ_{θ}、σ_r ——钻孔周边的切向应力和径向应力；

　　　　θ ——周边一点与 σ_1 轴的夹角。

由式（4-15）可知，当 $\theta = 0°$ 时，σ_{θ} 取得极小值，此时：

$$\sigma_{\theta} = 3\sigma_2 - \sigma_1 \qquad (4\text{-}17)$$

如果采用图 4-14 所示的水压致裂系统将钻孔某段封隔起来，并向该段钻孔注入高压水，当水压超过 $3\sigma_2 - \sigma_1$ 和岩石抗拉强度 R_t 之和之后，在 $\theta = 0°$ 处，也即 σ_1 所在方位将发生孔壁开裂。设钻孔壁发生初始开裂时的水压为 P_i，则有：

$$P_i = 3\sigma_2 - \sigma_1 + R_t \qquad (4\text{-}18)$$

如果继续向封隔段注入高压水使裂隙进一步扩展，当裂隙深度达到 3 倍钻孔直径时，此处已接近原岩应力状态，停止加压，保持压力恒定，将该恒定压力记为 P_s，则由图 4-14 可见，P_s 应和原岩应力 σ_2 相平衡，即：

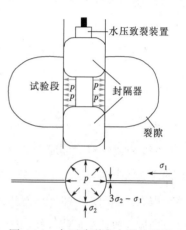

图 4-14　水压致裂应力测量原理

$$P_s = \sigma_2 \qquad (4\text{-}19)$$

由式（4-18）和式（4-19），只要测出岩石抗拉强度 R_t，即可由 P_i 和 P_s，求出 σ_1 和 σ_2，这样 σ_1 和 σ_2 的大小和方向就全部确定了。

在钻孔中存在裂隙水的情况下，如封隔段处的裂隙水压力为 P_0，则式（4-18）变为：

$$P_i = 3\sigma_2 - \sigma_1 + R_t - P_0 \qquad (4\text{-}20)$$

根据式（4-19）和式（4-20）求 σ_1 和 σ_2，需要知道封隔段岩石的抗拉强度，这往往是很困难的。为了克服这一困难，在水压致裂试验中增加一个环节，即在初始裂隙产生后，将水压卸除，使裂隙闭合，然后再重新向封隔段加压，使裂隙重新打开，记裂隙重开的压力为 P_r，则有：

$$P_r = 3\sigma_2 - \sigma_1 - P_0 \qquad (4\text{-}21)$$

这样，由式（4-19）和式（4-21）求 σ_1 和 σ_2 就无须知道岩石的抗拉强度。因此，由水压致裂法测量原岩应力将不涉及岩石的物理力学性质，而完全由测量和记录的压力值来决定。

2. 水压致裂法的特点

1）设备简单。只需用普通钻探方法打钻孔，用双止水装置密封，用液压泵通过压裂装置压裂岩体，不需要复杂的电磁测量设备。

2）操作方便。只通过液压泵向钻孔内注液压裂岩体，观测压裂过程中泵压、液量即可。

3）测值直观。它可根据压裂时泵压（初始开裂泵压、稳定开裂泵压、关闭压力、并启压力）计算出地应力值，不需要复杂的换算及辅助测试，同时还可求得岩体抗拉强度。

4）测值代表性大。所测得的地应力值及岩体抗拉强度是代表较大范围内的平均值，有较好的代表性。

5）适应性强。这一方法不需要电磁测量元件，不怕潮湿，可在干孔及孔中有水条件下做试验，不怕电磁干扰，不怕振动。

因此，这一方法越来越受到重视和推广。但它存在一个较大的缺陷，就是主应力方向定不准。

4.4.3 应力解除法

应力解除法是岩体应力测量中应用较广的方法。它的基本原理是：当需要测定岩体中某点的应力状态时，人为地将该处的岩体单元与周围岩体分离，此时，岩体单元上所受的应力将被解除。同时，该单元体的几何尺寸也将产生弹性恢复。应用一定的仪器，测定这种弹性恢复的应变值或变形值，并且认为岩体是连续、均质和各向同性的弹性体，于是就可以借助弹性理论的解答来计算岩体单元所受的应力状态。

应力解除法的具体方法很多，按测试深度可以分为表面应力解除、浅孔应力解除及深孔应力解除。按测试变形或应变的方法不同，又可分为孔径变形测试、孔壁应变测试及钻孔应力解除法等。下面主要介绍常用的钻孔应力解除法。

钻孔应力解除法可分为岩体孔底应力解除法和岩体钻孔套孔应力解除法。

1. 岩体孔底应力解除法

岩体孔底应力解除法是向岩体中的测点先钻进一个平底钻孔，在孔底中心处粘贴应变传感器（例如电阻应变花探头或是双向光弹应变计），钻出岩芯，使受力的孔底平面完全卸载，从应变传感器获得的孔底平面中心处的恢复应变，再根据岩石的弹性常数，可求得孔底中心处的平面应力状态。由于孔底应力解除法只需钻进一段不长的岩芯，所以对于较为破碎的岩体也能应用。

孔底应力解除法主要工作步骤如图 4-15 所示，应变观测系统如图 4-16 所示。将应力解除钻孔的岩芯，在室内测定其弹性模量 E 和泊松比 μ，即可应用公式计算主应力的大小和方向。由于深孔应力解除测定岩体全应力的六个独立的应力分量需用三个不同方向的共面钻孔进行测试，其测定和计算工作都较为复杂，在此不再介绍。

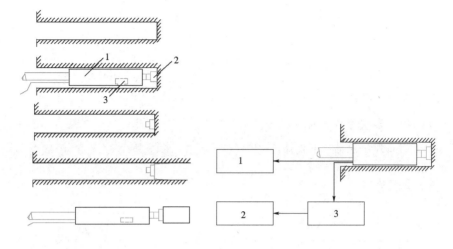

图 4-15　孔底应力解除法主要工作步骤　　　图 4-16　孔底应变观测系统简图

1-安装器；2-探头；3-温度补偿器　　　1-控制箱；2-电阻应变仪；3-预调平衡箱

2. 岩体钻孔套孔应力解除法

采用本方法对岩体中某点进行应力量测时，先向该点钻进一定深度的超前小孔，在此小钻孔中埋设钻孔传感器，再通过钻取一段同心的管状岩芯而使应力解除，根据应变及岩石弹性常数，即可求得该点的应力状态。

该岩体应力测定方法的主要工作步骤如图 4-17 所示。

应力解除法所采用的钻孔传感器可分为位移（孔径）传感器和应变传感器两类。以下主要阐述位移传感器测量方法。

中国科学院武汉岩土力学研究所设计制造的钻孔变形计属上述第一类传感器，测量元件分钢环式和悬臂钢片式两种（图 4-18）。

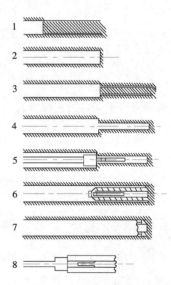

图 4-17　钻孔套孔应力解除的
主要工作步骤
1-套钻大孔；2-取岩芯并孔底磨平；3-套钻小孔；4-取小孔岩芯；5-粘贴元件测初读数；6-应力解除；7-取岩芯；8-测终读数

该钻孔变形计用来测定钻孔中岩体应力解除前后孔径的变化值（径向位移值）。钻孔变形计置于中心小孔需要测量的部位，变形计的触角方位由前端的定向系统来确定。通过触角测出孔径位移值，其灵敏度可达 1×10^{-4} mm。

由于本测定方法是量测垂直于钻孔轴向平面内的孔径变形值，所以它与孔底平面应力解除法一样，也需要有三个不同方向的钻孔进行测定，才能最终得到岩体全应力的六个独立的应力分量。在大多数试验场合下，往往进行简化计算，例如假定钻孔方向与 σ_3 方向一致，并认为 $\sigma_3 = 0$，则此时通过孔径位移值计算应力的公式为：

$$\frac{\delta}{d} = \{(\sigma_1+\sigma_2)+2(\sigma_1-\sigma_2)(1-\mu^2)\cos2\theta\}\frac{1}{E} \tag{4-22}$$

式中　δ——钻孔直径变化值；

　　　d——钻孔直径；

　　　θ——测量方向与水平轴的夹角(图4-19)；

　E、μ——岩石弹性模量与泊松比。

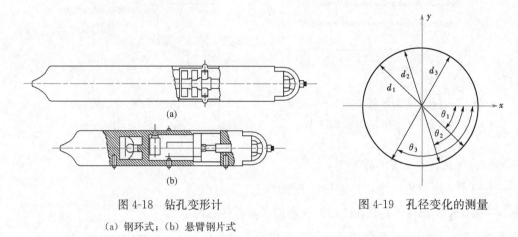

图 4-18　钻孔变形计　　　　　图 4-19　孔径变化的测量

(a) 钢环式；(b) 悬臂钢片式

根据式（4-22），如果在 $0°$、$45°$、$90°$ 三个方向上同时测定钻孔直径变化，则可计算出与钻孔轴垂直平面内的主应力大小和方向：

$$\left.\begin{aligned}
\frac{\sigma_1'}{\sigma_2'} &= \frac{E}{4(1-\mu^2)}\left[(\delta_0+\delta_{90})\pm\frac{1}{\sqrt{2}}\sqrt{(\delta_0-\delta_{45})^2+(\delta_{45}-\delta_{90})^2}\right]\\
\alpha &= \frac{1}{2}\cot\frac{2\delta_{45}-(\delta_0-\delta_{90})}{\delta_0-\delta_{90}}\\
&\text{且}\frac{\cos2\alpha}{\delta_0-\delta_{90}}>0(\text{判别式})
\end{aligned}\right\} \tag{4-23}$$

式中，α 为 δ_0 与 σ_1' 的夹角，但判别式小于 0 时，则为 δ_0 与 σ_2' 的夹角。式中用符号 σ_1'、σ_2' 而不用 σ_1 和 σ_2，表示它并不是真正的主应力，而是垂直于钻孔轴向平面内的似主应力。

在实际计算中，由于考虑到应力解除是逐步向深处进行的，实际上不是平面变形而是平面应力问题，所以式（4-23）可改写为：

$$\frac{\sigma_1'}{\sigma_2'} = \frac{E}{4}\left[(\delta_0+\delta_{90})+\frac{1}{\sqrt{2}}\sqrt{(\delta_0-\delta_{45})^2+(\delta_{45}-\delta_{90})^2}\right] \tag{4-24}$$

4.4.4　应力恢复法

应力恢复法仅用于岩体表层，当已知某岩体中的主应力方向时，采用本方法较为方便。

如图 4-20 所示，当洞室某侧墙上的表层围岩应力的主应力 σ_1、σ_2 方向各为垂直与水平方向时，就可用应力恢复法测得 σ_1 的大小。

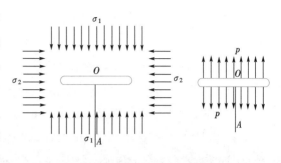

图 4-20　应力恢复法原理图

基本原理：在侧墙上过测点 O 沿水平方向（垂直所测的应力方向）开一个解除槽，则在槽的上下附近，围岩应力得到部分解除，应力状态重新分布。在槽的中垂线 OA 上的应力状态，根据 H. N. 穆斯海里什维里理论，可把槽看作一条缝，得到：

$$
\left.
\begin{aligned}
\sigma_{1x} &= 2\sigma_1 \frac{\rho^4 - 4\rho^2 - 1}{(\rho^2 + 1)^3} + \sigma_2 \\
\sigma_{1y} &= \sigma_1 \frac{\rho^6 - 3\rho^4 + 3\rho^2 - 1}{(\rho^2 + 1)^3}
\end{aligned}
\right\}
\tag{4-25}
$$

式中　σ_{1x}、σ_{1y}——OA 线上某点 B 的应力分量；

ρ——B 点离槽中心 O 的距离的倒数。

当在槽中埋设压力枕，并由压力枕对槽加压，若施加压力为 p，则在 OA 线上 B 点产生的应力分量为：

$$
\left.
\begin{aligned}
\sigma_{2x} &= -2p \frac{\rho^4 - 4\rho^2 - 1}{(\rho^2 + 1)^3} \\
\sigma_{2y} &= 2p \frac{3\rho^4 + 1}{(\rho^2 + 1)^3}
\end{aligned}
\right\}
\tag{4-26}
$$

当压力枕所施加的力 $p = \sigma_1$ 时，这时 B 点的总应力分量为：

$$
\left.
\begin{aligned}
\sigma_x &= \sigma_{1x} + \sigma_{2x} = \sigma_2 \\
\sigma_y &= \sigma_{1y} + \sigma_{2y} = \sigma_1
\end{aligned}
\right\}
\tag{4-27}
$$

可见当压力枕所施加的力 p 等于 σ_1 时，则岩体中的应力状态已完全恢复，所求的应力 σ_1 即由 p 值而得知，这就是应力恢复法的基本原理。

主要试验过程简述如下：

1）在选定的试验点上，沿解除槽的中垂线上安装好测量元件。测量元件可以是千分表、钢弦应变计或电阻应变片等（图 4-21），若开槽长度为 B，则应变计中心一般距槽

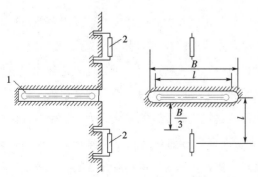

图 4-21　应力恢复法布置示意图

1-压力枕；2-应变计

$B/3$，槽的方向与预定所需测定的应力方向垂直。槽的尺寸根据所使用的压力枕大小而定，槽的深度要求大于 $B/2$。

2）记录量测元件——应变计的初始读数。

3）开凿解除槽，岩体产生变形并记录应变计上的读数。

4）在开挖好的解除槽中埋设压力枕，并用水泥砂浆充填空隙。

5）待充填水泥砂浆达到一定强度以后，即将压力枕连接油泵，通过压力枕对岩体施压。随着压力枕所施加的力 p 的增加，岩体变形逐步恢复。逐点记录压力 p 与恢复变形（应变）的关系。

6）当假设岩体为理想弹性体时，则当应变计回复到初始读数时，此时压力枕对岩体所施加的压力 p 即为所求岩体的主应力。

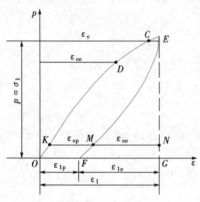

图 4-22　由应力-应变曲线求岩体应力

如图 4-22 所示，ODE 即为压力枕加荷曲线，压力枕不仅加压到使应变计回到初始读数（D 点），即恢复了弹性应变 ε_{0e}，而且继续加压到 E 点，这样，在 E 点得到全应变 ε_1；由压力枕逐步卸荷，得卸荷曲线 EF，并得知 $\varepsilon_1 = GF + FO = \varepsilon_{1e} + \varepsilon_{1p}$。这样就可以求得产生全应变 ε_1 所相应的弹性应变 ε_{1e} 与残余塑性应变 ε_{1p} 之值。为了求得产生 ε_{0e} 所相应的全应变量，可以作一条水平线 KN 与压力枕的 OE 和 EF 线相交，并使 $MN = \varepsilon_{0e}$，则此时 KM 就为残余塑性应变 ε_{0p}，相应的全应变量 $\varepsilon_0 = \varepsilon_{0e} + \varepsilon_{0p} = KM + MN$。由 ε_0 值就可在 OE 线上求得 C 点，并求得与 C 点相对应的 p 值，此即所求的 σ_1 值。

4.4.5 声发射法

1. 测试原理

材料在受到外荷载作用时，其内部贮存的应变能快速释放产生弹性波，发出声响，称为声发射。1950 年，德国人凯瑟（J. Kaiser）发现多晶金属的应力从其历史最高水平释放后，再重新加载，当应力未达到先前最大应力值时，很少有声发射产生，而当应力达到和超过历史最高水平后，则大量产生声发射，这一现象叫做凯瑟效应。从很少产生声发射到大量产生声发射的转折点称为凯瑟点，该点对应的应力即为材料先前受到的最大应力。后来国外许多学者证实了在岩石压缩试验中也存在凯瑟效应，许多岩石如花岗岩、大理岩、石英岩、砂岩、安山岩、辉长岩、闪长岩、片麻岩、辉绿岩、灰岩、砾岩等也具有显著的凯瑟效应，从而为应用这一技术测定岩体初始应力奠定了基础。

地壳内岩石在长期应力作用下达到稳定应变状态，岩石达到稳定状态时的微裂结构与所受应力同时被"记忆"在岩石中。如果把这部分岩石用钻孔法取出岩芯，即该岩芯被应力解除，此时岩芯中张开的裂隙将会闭合，但不会"愈合"。由于声发射与岩石中裂隙生成有关，当该岩芯被再次加载并且岩芯内应力超过它原先在地壳内所受的应力时，岩芯内开始产生新的裂隙，并伴有大量声发射出现，于是可以根据岩芯所受荷载，确定出岩芯在地壳内所受的应力大小。

凯瑟效应为测量岩石应力提供了一种途径，即如果从原岩中取回定向的岩石试件，通过对加工的不同方向的岩石试件进行加载声发射试验，测定凯瑟点，即可找出每个试件以前所受的最大应力，并进而求出取样点的原始（历史）三维应力状态。

2. 测试步骤

1）试件制备

从现场钻孔提取岩石试样，试样在原环境状态下的方向必须确定将试样加工成圆柱体试件，径高比为 1：2～1：3。为了确定测点三维应力状态，必须在该点的岩样中沿六个不同方向制备试件，假如该点局部坐标系为 $oxyz$，则三个方向选为坐标轴方向，另三个方向选为 oxy、oyz、ozx 平面内的轴角平分线方向。为了获得测试数据的统计规律，每个方向的试件为 15～25 块。

为了消除由于试件端部与压力试验机上、下压头之间摩擦所产生的噪声和试件端部应力集中，试件两端浇铸由环氧树脂或其他复合材料制成的端帽（图 4-23）。

2）声发射测试

将试件放在压缩试验机上加压，同时监测加压过程中从试件中产生的声发射现象。图 4-23 是一组典型的监测系统框图。在该系统中，两个压电换能器（声发射接受探头）固定在试件上、下部，用以将岩石试件在受压过程中产生的弹性波转换成电信号。该信号经放大、鉴别之后送入定区检测单元，定区检测是检测两个探头之间的特定区域里的声发射信号，区域外的信号被认为是噪声而不被接受。定区检测单元输出的信号送入计数控制单元，

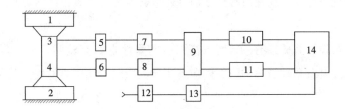

图 4-23　声发射监测系统框图

1、2-上、下压头；3、4-换能器 A、B；5、6-前置放大器 A、B；7、8-输入鉴别单元 A、B；9-定区检测单元；10-计数控制单元 A；11-计数控制单元 B；12-压机油路压力传感器；13-压力电信号转换仪器；14-记录仪

计数控制单元将规定的采样时间间隔内的声发射模拟量和数字量（事件数和振铃数）分别送到记录仪或显示器绘图、显示或打印。

凯瑟效应一般发生在加载的初期，故加载系统应选用小吨位的应力控制系统，并保持加载速率恒定，尽可能避免用人工控制加载速率，应采用声发射事件数或振铃总数曲线判定凯瑟点，而不应根据声发射事件速率曲线判定凯瑟点，这是因为声发射速率和加载速率有关。在加载初期，人工操作很难保证加载速率恒定，在声发射事件速率曲线上可能出现多个峰值，难以判定真正的凯瑟点。

3）计算地应力

由声发射监测所获得的应力-声发射事件数（速率）曲线（图 4-24），即可确定每次试验的凯瑟点，并进而确定该试件轴线方向先前受到的最大应力值。15～25 个试件获得一个方向的统计结果，六个方向的应力值即可确定取样点的历史最大三维应力大小和方向。

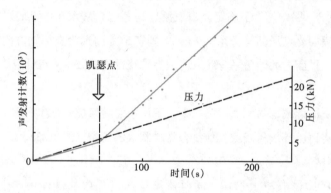

图 4-24　应力-声发射事件试验曲线图

根据凯瑟效应的定义，用声发射法测得的是取样点的先存最大应力，而非现今地应力。但是也有一些人对此持相反意见，并提出了"视凯瑟效应"的概念。认为声发射可获得两个凯瑟点，一个对应于引起岩石饱和残余应变的应力，它与现今应力场一致，比历史最高应力值低，因此称为视凯瑟点。在视凯瑟点之后，还可获得另一个真正的凯瑟点，它对应于历史最高应力。

由于声发射与弹性波传播有关，所以高强度的脆性岩石有较明显的声发射凯瑟效应出现，而多孔隙低强度及塑性岩体的凯瑟效应不明显，所以不能用声发射法测定比较软弱疏松岩体中的应力。

需要指出的是，传统的地应力测量和计算理论是建立在岩石为线弹性、连续、均质和各向同性的理论假设基础之上的，而一般岩体都具有不同程度的非线性、不连续性、不均质和各向异性。在由应力解除过程中获得的钻孔变形或应变值求地应力时，如果忽视岩石的这些性质，必将导致计算出来的地应力与实际应力值有不同程度的差异，为提高地应力测量结果的可靠性和准确性，在进行结果计算、分析时必须考虑岩石的这些性质。下面是几种考虑和修正岩体非线性、不连续性、不均质性和各向异性的影响的主要方法：

(1) 岩石非线性的影响及其正确的岩石弹性模量、泊松比确定方法；

(2) 建立岩体不连续性、不均质性和各向异性模型并用相应程序计算地应力；

(3) 根据岩石力学试验确定的现场岩体不连续性、不均质性和各向异性修正测量应变值；

(4) 用数值分析方法修正岩石不连续性、不均质性和各向异性和非线弹性的影响。

复习思考题

4.1　地壳是静止不动的还是变动的？怎样理解岩体的自然平衡状态？

4.2　岩体原始应力状态与哪些因素有关？

4.3　试述自重应力场与构造应力场的区别和特点。

4.4　什么是岩体的构造应力？构造应力是怎样产生的？土中有无构造应力？为什么？

4.5　什么是侧压系数？侧压系数能否大于 1？从侧压系数值的大小如何说明岩体所处的应力状态？

4.6　某花岗岩埋深 1km，其上覆盖地层的平均重度 $\gamma = 25\mathrm{kN/m^3}$，花岗岩处于弹性状态，泊松比 $\mu = 0.3$。该花岗岩在自重作用下的初始垂直应力和水平应力分别为多少？

4.7　简述地应力测量的重要性。

4.8　地应力是如何形成的？控制某一工程区域地应力状态的主要因素是什么？

4.9　简述地壳浅部地应力分布的基本规律。

4.10　地应力测量方法分哪两类？两类的主要区别在哪里？每类包括哪些主要测量技术？

4.11　简述水压致裂法的基本测量原理和优缺点。

4.12　简述套孔应力解除法的基本测量原理和主要测试步骤。

4.13　简述声发射法的主要测试原理。

第5章

岩 石 地 下 工 程

5.1 概述

为各种目的修建在地层之内的中空巷道或中空洞室统称为地下工程，包括矿山坑道、铁路及公路隧道、水工隧洞、地下发电站厂房、地下铁道及地下停车场、地下储油库及储气库、地下弹道导弹发射井、地下飞机库以及地下核废料密闭储藏库等，其共同特点是在岩体内开挖出具有一定横断面积和尺寸的洞室。地下工程周围岩体的稳定性决定着地下工程的安全和正常使用条件。

5.1.1 世界上7个最大的人造地穴

地下工程所处的环境条件与地面工程是截然不同的，地下工程的设计与实施具有更多的复杂性（表5-1）。但长期以来都是沿用适用于地面工程的理论和方法来解决在地下工程中所遇到的各类问题，因而常常不能正确地阐明地下工程中出现的各种力学现象和过程，使地下工程长期处于"经验设计"和"经验施工"的局面。因此，人们都在努力寻求用于解决地下工程问题的新理论和新方法。

地下工程学科具有很强的实践性，它的发展与岩土力学的发展有着密切的关系。土力学的发展促使松散地层围岩稳定和围岩压力理论的发展，而岩石力学的发展促使围岩压力和地下工程理论的进一步飞跃。20世纪50年代以来，围岩弹性、弹塑性和黏弹性解答逐渐出现，锚杆与喷射混凝土一类新型支护的出现和与此相应的新奥法（NATM）的兴起，终于形成了以岩石力学原理为基础的、考虑支护与围岩共同作用的地下工程现代理论。

5.1.2 地下工程的定义、特点

地下工程与地面工程的对比   表 5-1

工程类别 项目		地下工程	地面工程
地质 条件	特点	复杂多变，意外情况较多	简单明确
	对工程的影响	较地面工程影响更大	决定基础的设计与施工

续表

项目 ＼ 工程类别		地下工程	地面工程
力学分析与设计方法	受力结构	（1）在岩体中开挖，围岩与支护共同组成承载体，受力结构不明确； （2）几何不稳定的结构在地下工程中可能稳定	在地表筑基础，其上建结构，受力结构明确
	材料特性	（1）岩体亦可视为地下结构的建材； （2）岩体一般是非均质、非连续、非线性、有流变性的	（1）主要结构材料一般是人造的； （2）材料均质、连续，正常荷载下表现为线弹性，流变性可忽略
	外载条件	（1）初始地应力场为主要荷载来源； （2）先受力后开挖； （3）原岩应力及边界条件不明确； （4）支护荷载不是定值，而是变值。不仅与围岩性质有关，还与支护结构的性质有关	（1）结构承载包括恒载（如结构自重、永久承重等）、活载（如风载、楼面活荷载、移动承重物重量）等； （2）结构承载是确知的
	计算参数	往往要进行原位试验与测试	多为室内试验
	计算误差	计算误差常达百分之几十至几倍，甚至一个数量级以上	上部结构的计算误差可小于 5%，下部结构也不超过百分之几十
	设计方法	设计还是以经验准测和模拟法为主	已形成统一的标准和设计规范
实施	施工	作业面狭窄，工期长	场地开阔，便于组织，工期短
	造价	高	低

5.2　地下工程类型及围岩分类

5.2.1 地下工程类型

5.2.1　地下工程类型

地下工程的类型很多，从不同的角度区分，可得到不同的分类。最合理的地下工程分类必须与其周围岩体应有的稳定性、安全程度联系起来，同时取决于地下工程的用途。

1）按领域：有矿山、交通、水电、军事、建筑、市政等地下工程。

2）按用途：有交通、采掘、防御、贮存、工业、商业、农业、居住、旅游、娱乐、物流等地下工程。

3）按空间位置：有水平式、倾斜式和垂直式地下工程。

4）按所处位置的介质：有岩石地下工程和土质地下工程。

5）按构筑方式：有明挖地下工程和暗挖地下工程。

6）按埋置深度：地下工程分为深埋和浅埋两大类，现行的铁路隧道设计规范和公路隧道设计规范在计算围岩压力时，都采用了该划分方案。深埋隧道和浅埋隧道的临界深度（H_p）可按荷载等效高度值，并结合地质条件、施工方法等因素综合判定。按荷载等效高度的判定式为：

$$H_p = (2.0 \sim 2.5)h_q \qquad (5-1)$$

式中　　H_p——深埋与浅埋地下工程分界深度；

　　　　h_q——荷载等效高度，$h_q = q/\gamma$；

　　　　q——地下工程垂直均布压力（kN/m^2）；

　　　　γ——围岩重度（kN/m^3）。

在矿山法施工的条件下，Ⅰ～Ⅲ类围岩取 $H_p = 2.5h_q$；Ⅳ～Ⅵ类围岩取 $H_p = 2.0h_q$。

根据上述方案，对于山岭地下工程，一般埋深超过 50m 的基本上都可以划分为深埋地下工程。

在城市地下工程开发中，按开发深度，地下工程分为浅层、中层和深层地下工程三类。其中浅层地下工程是指地表至 −10m 深度空间，主要用于商业、文娱和部分业务空间；中层地下工程是指 −10m 至 −30m 深度空间，主要用于地下交通、地下污水处理场及城市水、电、气、通讯等公用设施；深层地下工程是指 −30m 以下建设的地下工程，可以建设高速地下交通轨道、危险品仓库、冷库、油库等地下工程。

5.2.2　地下工程围岩分类

地下工程围岩是指地壳中受地下工程开挖扰动影响的那一部分岩土体，其范围通常等于地下工程横剖面中最大尺寸的 3～5 倍。在地下工程建设中，无论怎样仔细地研究都不可能把工程区域内岩体的力学性质的细节完全搞清楚。因此，根据地下工程的性质与要求，将围岩的某种或某些属性加以概略的划分，称为围岩分类，又称围岩分级或地下工程岩体分级。围岩分类的目的在于整理和传授复杂的岩体环境中开挖地下工程的经验，是将以地质条件为主的分散的实践经验加以概略量化的一种骨架，是应用前人经验进行支护设计、选择施工方法的桥梁，是计算工程造价和投资的依据。

目前国内外提出了许多地下工程围岩分类方法，有的已在实践中得到广泛应用。20 世纪 70 年代以前的围岩分类多数为单一因素（或少数因素）的定性分类或半定量分类，其局限性比较明显。20 世纪 70 年代后，逐渐过渡到能考虑各种重要因素、定性描述与定量评价相结合的分类阶段。在多因素综合分类中，最为成熟、简便且应用最广的是确定性模型。

目前，虽然不同部门有自己不同的围岩分类标准，但考虑的因素、指标相差不大（表 5-2），且不同分类系统之间有一定的联系。如 Rufledge T. C.

5.2.2 二次应力
状态及围岩类型

国内外围岩分类（级）及分类因素

表 5-2

序号	国别	围岩（岩体）分类	类（级）数	岩石强度 R_c	RQD(%)	岩体完整系数 K_v	结构面状态	受地质构造影响程度	围岩应力状态	地下水	结构面与工程轴线组合关系	其他
1	中国	工程岩体分级标准（GB 50218—2014）	5	✓		✓			✓	✓	✓	
2		锚杆喷射混凝土支护技术规范围岩分类（GB 50086—2001）	5	✓		✓	✓	✓	✓	✓	✓	声波速度
3		岩体质量系数分级（1979）	5	✓		✓	f					
4		水利水电地质勘察规范围岩分级（GB 50487—2008）	5	✓		✓	✓	✓	✓	✓	✓	
5		铁路隧道规范围岩分类（TB 10003—2005）	6	✓		✓	✓	✓	✓	✓	✓	
6		防护工程设计规范中坑道工程围岩定量分级（1998）	5	✓		✓	✓		✓	✓	✓	声波速度
7		军用物资洞库锚喷支护围岩分类（1983）	5	✓		J_v K_v	✓	✓			✓	
8	苏联	岩石坚固性分级 普罗托季亚科诺夫（1926）	10	✓								用 f_{kp} 值计算岩石压力
9	美国	岩石荷载分类 太沙基（1946）	9	✓		岩体结构						岩石荷载折算高度

130

续表

序号	国别	围岩(岩体)分类	类(级)数	岩石强度 R_c	RQD (%)	岩体完整系数 K_v	结构面状态	受地质构造影响程度	围岩应力状态	地下水	结构面与工程轴线组合关系	其他
10	奥地利	围岩自稳时间分类 劳佛尔 (1958)	7	√		√						有效跨度，稳定时间与岩体分级的关系
11	苏联	围岩稳定性分类 伊万诺夫 (1960)	5	f_{kp}		裂隙多少	√	√		√	√	
12	美国	岩石质量指标 RQD 分类迪尔 (1964)	5		√							
13	美国	岩石结构评价 RSR 威克姆 (1972)		√	√	节理状态	√	√		√	√	
14	南非	节理岩体地质力学分类 RMR 比尼奥斯基 (1973)	5	√	√	节理间距	√			√	√	
15	挪威	隧道质量指标分类 Q 巴顿等 (1974)	9		√	J_n	J_r J_a			√	√	
16	日本	新奥法设计施工指南围岩分类 (1983)	5	√		裂隙频度			√	√	√	开挖面稳定性、毛洞稳定性、最大允许变形量均为分类因素
17	印度	围岩收敛变形分类 夏玛 (1983)	5	√							√	开挖方法、支护类型、施工效率、围岩监控、变形增量、应变软化特性、扩容特性、随时间变化特性均为分类因素

（1978）等根据新西兰多个工程的经验，对 RMR、RSR 和 Q 系统三者得出如下关系式：

$$
\left.
\begin{aligned}
RMR &= 1.35\log Q + 43 \\
RSR &= 0.77RMR + 12.4 \\
RSR &= 13.3\log Q + 46.5
\end{aligned}
\right\}
\tag{5-2}
$$

现在，我国地下工程建设快速发展，特别是高速公路隧道工程的建设更是突飞猛进，围岩分级也在不断完善中，表 5-3 是公路隧道围岩分级表。

公路隧道围岩分级

表 5-3

围岩级别	围岩或土体主要定性特征	围岩基本质量指标 BQ 或修正的围岩基本质量指标 $[BQ]$
Ⅰ	坚硬岩，岩体完整，巨整体状或巨厚层状结构	＞550
Ⅱ	坚硬岩，岩体较完整，块状或厚层状结构； 较坚硬岩，岩体完整，块状整体结构	550～451
Ⅲ	坚硬岩，岩体较破碎，巨块（石）碎（石）状镶嵌结构；较坚硬岩或较软硬岩层，岩体较完整，块状体或中厚层结构	450～351
Ⅳ	坚硬岩，岩体破碎，碎裂结构； 较坚硬岩，岩体较破碎～破碎，镶嵌碎裂结构； 较软岩或软硬岩互层，且以软岩为主，岩体较完整～较破碎，中薄层状结构	350～251
	土体：(1) 压密或成岩作用的黏性土及砂性土； 　　　(2) 黄土（Q_1、Q_2）； 　　　(3) 一般钙质、铁质胶结的碎石土、卵石土、大块石土	
Ⅴ	较软岩，岩体破碎； 软岩，岩体较破碎～破碎； 极破碎各类岩体，碎、裂状，松散结构	≤250
	一般第四系的半干硬至硬塑的黏性土及稍湿至潮湿的碎石土、卵石土、圆砾、角砾土及黄土（Q_3、Q_4）。非黏性土呈松散结构，黏性土及黄土呈松软结构	
Ⅵ	软塑状黏性土及潮湿、饱和粉细砂层、软土等	

注：本表不适用于特殊条件的围岩分级，如膨胀性围岩、多年冻土等。

5.3　地下工程围岩应力

地下工程开挖之前，岩体在原岩应力条件下处于平衡状态，由于开挖扰动，破坏了原有平衡状态，岩体应力进行重分布，直至达到新的平衡。开挖扰动而引起岩体中原有应力大小、方向和性质改变的作用，称为围岩应力重分布作用。经重分布作用后的围岩应力状态称为重分布应力状态，此时应力称为重分布应力或二次应力。

由于开挖形成了工程空间，破坏了岩体原有的相对平衡状态，因而将产生一系列复杂的岩体力学作用，这些作用可归纳为：

1）围岩应力重分布作用

开挖破坏了岩体天然应力的原有相对平衡状态，洞室周边岩体将向开挖空间松胀变形，使围岩中的应力产生重分布作用，形成新的应力状态。

2）围岩变形与破坏作用

在重分布应力作用下，洞室围岩将向洞内变形位移。如果围岩重分布应力超过了岩体的承受能力，围岩将产生破坏。

3）围岩压力作用

围岩变形与破坏作用将给地下工程的稳定性带来危害，因而，需对围岩进行支护，变形破坏的围岩必将对支护结构施加一定的荷载，称为围岩压力（或称山岩压力、地压等）。

4）围岩抗力作用

支护结构向围岩方向变形引起的围岩对支护结构的约束反力称为围岩抗力，或称弹性抗力。

地下工程围岩稳定性分析，实质上主要研究围岩重分布应力与围岩强度的关系，因此，围岩稳定性分析的基础就是应根据工程所在的岩体天然应力状态确定地下开挖后围岩中重分布应力的大小和分布规律。

5.3.1　圆形地下工程围岩应力

1. 围岩应力的弹性分析

5.3.1 圆形隧道围岩弹性应力与位移

对于坚硬致密的块状岩体，当天然应力大约等于或小于其单轴抗压强度的一半时，地下洞室开挖后围岩将呈弹性变形，这类围岩可近似视为各向同性、连续、均质的线弹性体，其围岩重分布应力可用弹性力学方法计算。

深埋于弹性岩体中的水平圆形洞室，由于洞径方向的变形远大于洞轴方向的变形，当洞室半径相对于洞长很小时，洞轴方向的变形可以忽略不计，因此可按平面应变问题考虑，则可将围岩重分布应力问题概化为两侧受均布压力的薄板中心小圆孔周边应力分布的柯西（Kirsh，1898）课题。

图 5-1 是柯西课题的概化模型，设无限大弹性薄板，在边界上受有沿 x 方向的外力 p 作用，薄板中有一半径为 R_0 的小圆孔。取如图 5-1 所示的极坐标，薄板中任一点 $M(r,\theta)$ 的应力及方向如图所示。按平面问题考虑，不计体力，将薄板直边变换为圆边，取 $b \gg R_0$，以 b 为半径作一大圆。取包括圆孔在内的圆环研究，则 M 点的各应力分量，即径向应力 σ_r、环向应力 σ_θ 和剪应力 $\tau_{r\theta}$ 与应力函数 ϕ 间的关系，根据弹性理论可表示为：

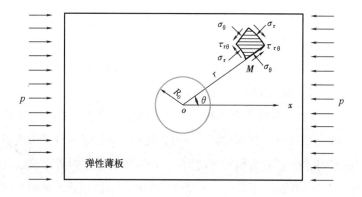

图 5-1　柯西课题的概化模型

径向应力：
$$\sigma_r = \frac{1}{r}\frac{\partial \phi}{\partial r} + \frac{1}{r^2}\frac{\partial^2 \phi}{\partial \theta^2}$$

环向应力：
$$\sigma_\theta = \frac{\partial^2 \phi}{\partial r^2}$$

剪切应力：
$$\tau_{r\theta} = \frac{1}{r^2}\frac{\partial \phi}{\partial \theta} - \frac{1}{r}\frac{\partial^2 \phi}{\partial r \partial \theta}$$

(5-3)

边界条件为：

$$(\sigma_r)_{r=b} = \frac{p}{2} + \frac{p}{2}\cos 2\theta \quad b \gg R_0$$

$$(\tau_{r\theta})_{r=b} = -\frac{p}{2}\sin 2\theta \qquad b \gg R_0$$

$$(\tau_{r\theta})_{r=b} = (\sigma_r)_{r=b} = 0 \quad b = R_0$$

(5-4)

为了求解微分方程式（5-3），设满足该方程的应力函数 ϕ 为：

$$\phi = A\ln r + Br^2 + (Cr^2 + Dr^{-2} + F)\cos 2\theta$$

(5-5)

将式（5-5）代入式（5-3），并考虑到边界条件式（5-4），可求得各常数为：

$$A = -\frac{pR_0^2}{2},\ B = \frac{p}{4},\ C = -\frac{p}{4},\ D = -\frac{pR_0^4}{4},\ F = \frac{pR_0^2}{2}$$

将以上常数代入式（5-5），得到应力函数 ϕ 为：

$$\phi = -\frac{pR_0^2}{2}\left[\ln r - \frac{r^2}{2R_0^2} - \left(1 - \frac{r^2}{2R_0^2} - \frac{R_0^2}{2r^2}\right)\cos 2\theta\right]$$

(5-6)

将式（5-6）代入式（5-3），就可得到各应力分量为：

$$\sigma_r = \frac{p}{2}\left[\left(1 - \frac{R_0^2}{r^2}\right) + \left(1 + \frac{3R_0^4}{r^4} - \frac{4R_0^2}{r^2}\right)\cos 2\theta\right]$$

$$\sigma_\theta = \frac{p}{2}\left[\left(1 + \frac{R_0^2}{r^2}\right) - \left(1 + \frac{3R_0^4}{r^4}\right)\cos 2\theta\right]$$

$$\tau_{r\theta} = -\frac{p}{2}\left(1 - \frac{3R_0^4}{r^4} + \frac{2R_0^2}{r^2}\right)\sin 2\theta$$

(5-7)

式中　σ_r、σ_θ、$\tau_{r\theta}$——分别为 M 点的径向应力、环向应力和剪应力，以压应力为正，拉应
　　　　　　　　　　　力为负；

　　　　　　　　θ——M 点的极角，自水平轴（x 轴）起始，反时针方向正；

　　　　　　　　r——M 点距圆形洞室中心 o 点的距离。

　　式（5-7）是柯西课题求解的无限薄板中心孔周边应力计算公式，实际上深埋于岩体中
的水平圆形洞室的受力情况符合柯西课题，即可以把柯西课题求解计算公式引用到地下洞室
围岩重分布应力计算中来。假定沿洞轴方向取 1m 厚度的洞室作为研究对象，则问题可简化
为图 5-2（a）所示的力学模型。图 5-2（a）此类力学模型可以概化为两侧受均布压力的薄板
中心小圆孔周边应力分布的计算问题，即把它看成是两个柯西课题的叠加（图 5-2b、c）。

　　若水平和垂直天然应力都是主应力，则洞室开挖前板内的天然应力为：

$$\left.\begin{aligned} \sigma_z &= \sigma_v \\ \sigma_x &= \sigma_h = \lambda\sigma_v \\ \tau_{xz} &= \tau_{zx} = 0 \end{aligned}\right\} \tag{5-8}$$

式中　σ_v、σ_h——岩体中垂直和水平天然应力；

　　　　　λ——岩体中水平和垂直天然应力比值系数，又称侧压力系数；

　τ_{zx}、τ_{xz}——天然剪应力。

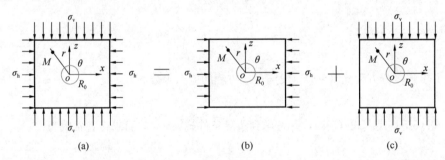

图 5-2　深埋水平圆形洞室围岩应力分析简化模型

　　取垂直坐标轴为 z，水平轴为 x，那么洞室开挖后，由水平天然应力 σ_h 产生的重分布应
力，可由式（5-7）直接求得，只需把式中 p 换成 $\lambda\sigma_v$ 即可。因此有：

$$\left.\begin{aligned} \sigma_r &= \frac{\lambda\sigma_v}{2}\left[\left(1-\frac{R_0^2}{r^2}\right)+\left(1+\frac{3R_0^4}{r^4}-\frac{4R_0^2}{r^2}\right)\cos2\theta\right] \\ \\ \sigma_\theta &= \frac{\lambda\sigma_v}{2}\left[\left(1+\frac{R_0^2}{r^2}\right)-\left(1+\frac{3R_0^4}{r^4}\right)\cos2\theta\right] \\ \\ \tau_{r\theta} &= \frac{-\lambda\sigma_v}{2}\left(1-\frac{3R_0^4}{r^4}+\frac{2R_0^2}{r^2}\right)\sin2\theta \end{aligned}\right\} \tag{5-9}$$

虽然由垂直天然应力 σ_v 引起的围岩重分布应力也可由式（5-7）确定，但由于柯西课题力学模型中极坐标轴与力的作用方向相同，因此，需要进行极角变换。在式（5-7）中，p 用 σ_v 代替，θ 用 $\theta - \pi/2$ 代替，则由 σ_v 引起的重分布应力为：

$$\left.\begin{aligned}
\sigma_r &= \frac{\sigma_v}{2}\left[\left(1 - \frac{R_0^2}{r^2}\right) - \left(1 + \frac{3R_0^4}{r^4} - \frac{4R_0^2}{r^2}\right)\cos2\theta\right] \\
\sigma_\theta &= \frac{\sigma_v}{2}\left[\left(1 + \frac{R_0^2}{r^2}\right) + \left(1 + \frac{3R_0^4}{r^4}\right)\cos2\theta\right] \\
\tau_{r\theta} &= \frac{\sigma_v}{2}\left(1 - \frac{3R_0^4}{r^4} + \frac{2R_0^2}{r^2}\right)\sin2\theta
\end{aligned}\right\} \tag{5-10}$$

将式（5-9）和式（5-10）相加，即可得到 σ_v 和 σ_h 同时作用时，圆形洞室围岩重分布应力的计算公式为：

$$\left.\begin{aligned}
\sigma_r &= \sigma_v\left[\frac{1+\lambda}{2}\left(1 - \frac{R_0^2}{r^2}\right) - \frac{1-\lambda}{2}\left(1 + \frac{3R_0^4}{r^4} - \frac{4R_0^2}{r^2}\right)\cos2\theta\right] \\
\sigma_\theta &= \sigma_v\left[\frac{1+\lambda}{2}\left(1 + \frac{R_0^2}{r^2}\right) + \frac{1-\lambda}{2}\left(1 + \frac{3R_0^4}{r^4}\right)\cos2\theta\right] \\
\tau_{r\theta} &= \sigma_v\frac{1-\lambda}{2}\left(1 - \frac{3R_0^4}{r^4} + \frac{2R_0^2}{r^2}\right)\sin2\theta
\end{aligned}\right\} \tag{5-11}$$

或

$$\left.\begin{aligned}
\sigma_r &= \frac{\sigma_v + \sigma_h}{2}\left(1 - \frac{R_0^2}{r^2}\right) - \frac{\sigma_v - \sigma_h}{2}\left(1 + \frac{3R_0^4}{r^4} - \frac{4R_0^2}{r^2}\right)\cos2\theta \\
\sigma_\theta &= \frac{\sigma_v + \sigma_h}{2}\left(1 + \frac{R_0^2}{r^2}\right) + \frac{\sigma_v - \sigma_h}{2}\left(1 + \frac{3R_0^4}{r^4}\right)\cos2\theta \\
\tau_{r\theta} &= \frac{\sigma_v - \sigma_h}{2}\left(1 - \frac{3R_0^4}{r^4} + \frac{2R_0^2}{r^2}\right)\sin2\theta
\end{aligned}\right\} \tag{5-12}$$

由上述重分布应力表达式可知，当天然应力 σ_h、σ_v 和孔洞半径 R_0 一定时，弹性围岩重分布应力是计算点位置 (r, θ) 的函数。令 $r = R_0$ 时，则洞壁上的重分布应力，由式（5-12）得：

$$\left.\begin{aligned}
\sigma_r &= 0 \\
\sigma_\theta &= \sigma_h + \sigma_v - 2(\sigma_h - \sigma_v)\cos2\theta \\
\tau_{r\theta} &= 0
\end{aligned}\right\} \tag{5-13}$$

由式（5-13）可知，洞壁上的 $\tau_{r\theta} = 0$，$\sigma_r = 0$，仅有 σ_θ 作用，为单向应力状态，此时洞壁最易发生破坏；洞壁上 σ_θ 大小仅与天然应力状态及计算点的位置 θ 有关，而与洞室尺寸 R_0 无关。

从式（5-11），取 $\lambda = \sigma_h / \sigma_v$ 为 1/3、1、2、3······不同数值时，可求得洞壁两侧（0°、

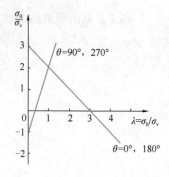

图 5-3　σ_θ/σ_v 随 λ 的变化曲线

180°）及洞顶底（90°、270°）两个方向的应力 σ_θ，如图 5-3 所示。结果表明，当 $\lambda < 1/3$ 时，洞顶底将出现拉应力；当 $1/3 < \lambda < 3$ 时，洞壁围岩内的 σ_θ 全为压应力且应力分布较均匀；当 $\lambda > 3$ 时，洞壁两侧将出现拉应力，洞顶底则出现较高的压应力集中。因此可知，每种洞形的洞室都有一个不出现拉应力的临界 λ 值，这对不同天然应力场中合理洞形的选择很有意义。

为了研究重分布应力的影响范围，设 $\lambda = 1$，即 $\sigma_h = \sigma_v = \sigma_0$（原岩应力），则式（5-12）变为：

$$\left.\begin{array}{l} \sigma_r = \sigma_0 \left(1 - \dfrac{R_0^2}{r^2}\right) \\[3mm] \sigma_\theta = \sigma_0 \left(1 + \dfrac{R_0^2}{r^2}\right) \\[3mm] \tau_{r\theta} = 0 \end{array}\right\} \tag{5-14}$$

由式（5-14）说明：当 $\lambda = 1$ 时，天然应力为静水压力状态，围岩内重分布应力与 θ 角无关，仅与 R_0 和 σ_0 有关。由于 $\tau_{r\theta} = 0$，则 σ_r、σ_θ 均为主应力，且 σ_θ 恒为最大主应力，σ_r 恒为最小主应力，其分布特征如图 5-4 所示。当 $r = R_0$（洞壁）时，$\sigma_r = 0$，$\sigma_\theta = 2\sigma_0$，可知洞壁上的应力差最大，且处于单向受力状态，说明洞壁最易发生破坏。随着离洞壁距离 r 增大，σ_r 逐渐增大，σ_θ 逐渐减小，并都渐渐趋近于天然应力 σ_0 值。在理论上，σ_r、σ_θ 要在 $r \to \infty$ 处才

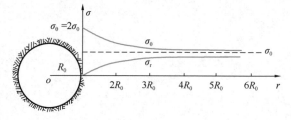

图 5-4　σ_r、σ_θ 随 r 增大的变化曲线

达到 σ_0 值，但实际上 σ_r、σ_θ 趋近于 σ_0 的速度很快。计算显示，当 $r = 6R_0$ 时，σ_r 和 σ_θ 与 σ_0 相差仅 2.8%。因此，一般认为，地下洞室开挖引起的围岩分布应力范围为 $6R_0$。在该范围以外，不受开挖影响，这一范围内的岩体就是常说的围岩，也是有限元计算模型的边界范围。

2. 围岩应力的弹塑性分析

地下工程开挖后，当围岩局部区域的应力超过岩体强度，则围岩进入塑性或破坏状态。围岩的塑性或破坏状态有两种情况：一是围岩局部区域的拉应力达到了抗拉强度，产生局部受拉分离破坏；二是局部区域的剪应力达到了岩体抗剪强度，从而使这部分围岩进入塑性状态，但其余部分围岩仍然处于弹性状态。

目前，地下工程塑性区的应力、变形及其范围大小的计算仍以弹塑性理论所提出的基本观点作为研究和计算的依据，即无论是应力、变形以及位移都认为是连续变化的。这里只对

轴对称条件下的围岩应力进行弹塑性分析。

1) 平衡方程

5.3.2 围岩应力的
弹塑性分析

轴对称条件下，圆形洞室半径为 a，应力及变形均仅是 r 的函数，而与 θ 无关，且塑性区为一等厚圆，在塑性区中假设 c、φ 值为常数，在弹性区与塑性区交界处既满足弹性条件又满足塑性条件。在不考虑体力时，得平衡方程为：

$$\frac{\partial \sigma_r}{\partial r} + \frac{\sigma_r - \sigma_\theta}{r} = 0 \tag{5-15}$$

2) 塑性条件

在塑性区应力除满足平衡方程外，尚需满足塑性条件。所谓塑性条件，就是岩体中应力满足此条件时，岩体便呈现塑性状态。根据莫尔强度理论，当岩体的强度曲线与岩体内各点的应力 σ_θ 与 σ_r 值作出的莫尔圆相切时，岩体就进入了塑性状态，此时应力记为 σ_θ^p、σ_r^p，故塑性条件就是莫尔强度理论中的强度条件，根据图 5-5 在 $\triangle ABM$ 中：

$$\sin\varphi = \frac{BM}{AM} = \frac{\dfrac{\sigma_\theta^p - \sigma_r^p}{2}}{c \cdot \cot\varphi + \dfrac{\sigma_\theta^p + \sigma_r^p}{2}}$$

$$\frac{\sigma_\theta^p - \sigma_r^p}{2} = \left(c \cdot \cot\varphi + \frac{\sigma_\theta^p + \sigma_r^p}{2} \right) \sin\varphi \tag{5-16}$$

$$\sigma_\theta^p(1 - \sin\varphi) - \sigma_r^p(1 + \sin\varphi) - 2c \cdot \cos\varphi = 0$$

即

$$\frac{\sigma_r^p + c \cdot \cot\varphi}{\sigma_\theta^p + c \cdot \cot\varphi} = \frac{1 - \sin\varphi}{1 + \sin\varphi} \tag{5-17}$$

式（5-16）或式（5-17）即为塑性区岩体应满足的塑性条件。

3) 塑性区的应力

联立式（5-15）及式（5-16）或式（5-17），即可得到极限平衡状态下塑性区的应力：

$$\ln(\sigma_r^p + c \cdot \cot\varphi) = \frac{2\sin\varphi}{1 - \sin\varphi}\ln r + C_1 \tag{5-18}$$

式中　C_1——积分常数，由边界条件确定。

当有支护时，支护与围岩接触处（$r=a$）的应力边界条件为 σ_r^p 应等于支护抗力 P_i，所以：

$$\ln(P_i + c \cdot \cot\varphi) = \frac{2\sin\varphi}{1 - \sin\varphi}\ln a + C_1$$

$$C_1 = \ln(P_i + c \cdot \cot\varphi) - \frac{2\sin\varphi}{1 - \sin\varphi}\ln a \tag{5-19}$$

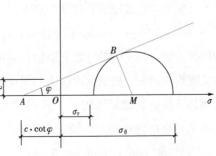

图 5-5　塑性区内应力圆与强度曲线的关系

将式（5-19）代入式（5-16）及式（5-18）可得到塑性区应力：

$$\ln(\sigma_r^p + c \cdot \cot\varphi) = \frac{2\sin\varphi}{1-\sin\varphi}\ln r + \ln(P_i + c \cdot \cot\varphi) - \frac{2\sin\varphi}{1-\sin\varphi}\ln a$$

$$= \frac{2\sin\varphi}{1-\sin\varphi}(\ln r - \ln a) + \ln(P_i + c \cdot \cot\varphi)$$

$$= \ln\left[\left(\frac{r}{a}\right)^{\frac{2\sin\varphi}{1-\sin\varphi}}(P_i + c \cdot \cot\varphi)\right]$$

$$\sigma_r^p + c \cdot \cot\varphi = (P_i + c \cdot \cot\varphi)\left(\frac{r}{a}\right)^{\frac{2\sin\varphi}{1-\sin\varphi}}$$

所以，

$$\sigma_r^p = (P_i + c \cdot \cot\varphi)\left(\frac{r}{a}\right)^{\frac{2\sin\varphi}{1-\sin\varphi}} - c \cdot \cot\varphi$$

$$\sigma_\theta^p = (P_i + c \cdot \cot\varphi)\left(\frac{1+\sin\varphi}{1-\sin\varphi}\right)\left(\frac{r}{a}\right)^{\frac{2\sin\varphi}{1-\sin\varphi}} - c \cdot \cot\varphi$$

$$(5-20)$$

式（5-20）为轴对称问题塑性区内次生应力的计算公式，即修正的芬涅尔公式。塑性应力随着 c、φ 及 P_i 的增大而增大，而与原岩应力 σ_0 无关。

4）围岩应力变化规律

图 5-6 绘出了从洞室周边沿径向方向上各点应力的变化规律，可以看出，当围岩进入塑性状态时，σ_θ 的最大值从洞室周边转移到弹、塑性区的交界处。随着往岩体内部延伸，围岩应力逐渐恢复到原岩应力状态。在塑性区内，由于塑性区的出现，切向应力 σ_θ 从弹、塑性区的交界处向洞室周边逐渐降低。

塑性区外圈（2 区）是应力高于初始应力的区域，它在围岩弹性区中应力升高部分（3 区）合在一起称作围岩承载区；塑性区内圈（1 区）应力低于初始应力的区域称作松动区。松动区内应力和强度都有明显下降，裂隙扩张增多，容积扩大，出现了明显的塑性滑移。原岩应力区（4 区）未受开挖影响，岩体仍处于原岩应力状态。

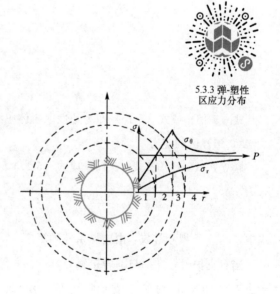

5.3.3 弹-塑性区应力分布

图 5-6　塑性区围岩应力分布状态
1~2-塑性区；3~4-弹性区；1-松动区；
2~3-承载区；4-原岩应力区

5.3.2 非圆形地下工程围岩应力

5.3.4 非圆形
隧洞的围岩应力

1. 椭圆形断面洞室的围岩弹性应力

设椭圆形断面洞室长半轴为 a，短半轴为 b，作用在洞室围岩上的垂直均布应力为 σ_v，水平应力为 $\lambda\sigma_v$，如图 5-7 所示。根据弹性理论，按椭圆孔复变函数可解得洞室周边上任一点的切向应力 σ_θ、径向应力 σ_r 和剪应力 $\tau_{r\theta}$ 值的大小。

$$\left.\begin{array}{l} \sigma_\theta = \dfrac{\sigma_v(k^2\sin^2\theta + 2k\sin^2\theta - \cos^2\theta) + \lambda\sigma_v(\cos^2\theta + 2k\cos^2\theta - k^2\sin^2\theta)}{\cos^2\theta + k^2\sin^2\theta} \\[3mm] \sigma_r = \tau_{r\theta} = 0 \end{array}\right\} \tag{5-21}$$

式中　k——椭圆轴比，$k = b/a$；

　　　θ——洞室周边某一计算点和椭圆中心连线与垂直轴的夹角。

5.3.5 应力集中和
椭圆率的关系

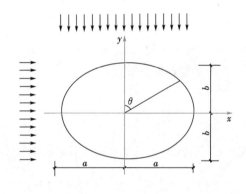

图 5-7　椭圆形洞室

可以看出，椭圆形断面洞室周边应力和两个应力极值仍然在水平轴 $\left(\theta = \dfrac{\pi}{2} \text{ 或 } \theta = \dfrac{3\pi}{2}\right)$ 和垂直轴（$\theta = 0$ 或 $\theta = \pi$）上。

表 5-4 给出了椭圆形断面洞室顶底和两侧点的应力集中系数（同一点开挖后重分布应力与原岩应力的比值）。

椭圆洞室周边应力值　　　　　　　　　　表 5-4

λ	θ (°)	$b/a = k$								
		2/1	1.75/1	1.50/1	1.25/1	1/1	1/1.25	1/1.50	1/1.75	1/2
1.00	0	4.00	3.50	3.00	2.50	2.00	1.60	1.33	1.14	1.00
	90	1.00	1.14	1.33	1.60	2.00	2.50	3.00	3.50	4.00
0.75	0	2.75	2.37	2.00	1.62	1.25	0.95	0.75	0.60	0.50
	90	1.25	1.39	1.58	1.85	2.25	2.75	3.25	3.75	4.25
0.50	0	1.50	1.25	1.00	0.75	0.50	0.30	0.16	0.07	0
	90	1.50	1.64	1.83	2.10	2.50	3.00	3.50	4.00	4.50

λ	θ (°)	$b/a=k$								
		2/1	1.75/1	1.50/1	1.25/1	1/1	1/1.25	1/1.50	1/1.75	1/2
0.25	0	0.25	0.12	0	−0.12	−0.25	−0.35	−0.42	−0.47	−0.50
	90	1.75	1.89	2.08	2.35	2.75	3.25	3.75	4.25	4.75
0	0	−1.00	−1.00	−1.00	−1.00	−1.00	−1.00	−1.00	−1.00	−1.00
	90	2.00	2.14	2.60	2.60	3.00	3.50	4.00	4.50	5.00

1）当 $\lambda=0$ 时，即仅在垂直方向有荷载 σ_{v}

$$\sigma_\theta = \sigma_{\mathrm{v}} \frac{k^2 \sin^2\theta + 2k\sin^2\theta - \cos^2\theta}{\cos^2\theta + k^2\sin^2\theta} \tag{5-22}$$

在两侧 $\theta = \dfrac{\pi}{2}$ 和 $\theta = \dfrac{3\pi}{2}$ 处，$\sigma_\theta = \sigma_{\mathrm{v}}\left(1 + \dfrac{2}{k}\right)$，应力集中系数为 $1 + \dfrac{2}{k}$，当 $k<1$ 时，两侧点会出现较高的应力集中。

在洞顶 $\theta=0$ 处，$\sigma_\theta = -\sigma_{\mathrm{v}}$ 即 σ_θ 为常数。

2）当 $\lambda=1$ 时，即原岩应力呈轴对称分布

$$\sigma_\theta = \frac{2k\sigma_{\mathrm{v}}}{\cos^2\theta + k^2\sin^2\theta} \tag{5-23}$$

5.3.6 等应力轴比

在洞室两侧 $\theta = \dfrac{\pi}{2}$ 和 $\theta = \dfrac{3\pi}{2}$ 处，$\sigma_\theta = \dfrac{2}{k}\sigma_{\mathrm{v}}$，应力集中系数为 $\dfrac{2}{k}$；在洞顶 $\theta=0$ 处，$\sigma_\theta = 2k\sigma_{\mathrm{v}}$，应力集中系数为 $2k$。当 $k<1$ 时，两侧应力集中高于洞顶，反之亦然。理论分析和数值计算表明，当 $\lambda=1$ 时，围岩不会出现拉应力。

2. 半圆直墙断面洞室的围岩弹性应力

半圆直墙断面是应用较广的一种洞形。徐干成、白洪才、郑颖人等根据平面弹性力学问题中的复变函数法，计算出了半圆直墙断面洞室在上覆岩体厚度（H）等于 2.5 倍洞跨自重作用下的洞周应力分布（图 5-8）。可以看出：

1）当侧压力系数 λ 值较小时，如 $\lambda=0.2$，洞顶底出现拉应力；当 λ 值由小变大时，洞顶、底拉应力趋于减小，直至出现压应力，且压应力随着 λ 值的增加而增加；而两侧的压应力则趋于减小。

2）随着跨高比 $f = \dfrac{2R}{h}$ 的减小，洞顶及洞底中部拉应力趋于减小，压应力趋于增大；而洞室两侧，压应力趋于减小。$\lambda<1$ 时，跨高比减小对围岩受力有利；$\lambda>1$ 时，跨高比很小的洞形围岩受力不利。

3）随着跨高比的依次减小，只是相应地增大了洞壁高度，而洞顶和洞底的形状并无变化。与此相应，洞顶及洞底应力值的变化幅度远小于洞壁部分的幅度。

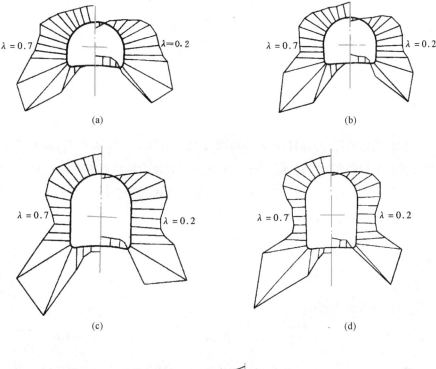

(a)　　　　　　　　　　　　　　(b)

(c)　　　　　　　　　　　　　　(d)

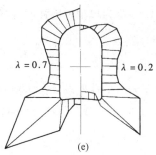

(e)

图 5-8　洞周切向应力分布（$H=5R$）

H-覆盖层厚度；f-跨高比

(a) $f = \dfrac{2R}{h} = 1.40$；(b) $f = \dfrac{2R}{h} = 1.20$；

(c) $f = \dfrac{2R}{h} = 0.90$；(d) $f = \dfrac{2R}{h} = 0.70$；(e) $f = \dfrac{2R}{h} = 0.60$

3. 方形-矩形断面洞室的围岩应力

方形-矩形断面围岩应力的计算方法比较复杂，这里不作具体介绍。由实验和理论分析可知，方形-矩形断面洞室围岩应力的大小与侧压系数和方形-矩形的边比（高宽比）有关。

方形-矩形洞室周边上最大压应力集中均产生于角点上，而且这些角点上的最大压应力集中系数随洞室宽高比（B/H）的不同而变化。方形-矩形断面洞室系直线形周边，最易出现受拉区，所以受力状态较差，尤其是当洞室断面长轴与原岩最大主应力垂直时，会出现较大的拉应力，使洞室周边遭到破坏，不利于地下工程的稳定。

5.4　地下工程围岩的破坏机理

地下工程开挖常能使围岩的性状发生很大变化，如果围岩体承受不了重分布应力的作用，围岩即将发生塑性变形或破坏。围岩的破坏主要表现为拉伸破坏和剪切破坏。在浅部表土层或严重风化岩石，地下工程围岩体的破坏一般与岩体的自重有关。随着深度的增加，岩体应力会增大到足以引起开挖体周围岩石产生破坏的程度。

围岩的变形和破坏，除与岩体内的初始应力状态和洞形有关外，主要取决于围岩的岩性和结构。

5.4.1 地下工程
灾害主要类型

5.4.1　拉伸破坏机理

Hoek（1965）认为，当 $\sigma_3 < R_t$（R_t 为单轴抗拉强度）时发生拉伸破坏。

因 $R_t = \frac{1}{2} R_c (m - \sqrt{m^2 + 4s})$（$R_c$ 为单轴抗压强度），强度与应力之比由下式确定：

$$\frac{强度}{应力（拉伸）} = \frac{R_c (m - \sqrt{m^2 + 4s})}{2\sigma_3} \tag{5-24}$$

式中　m、s——常数，取决于岩石的性质以及在达到应力 σ_1 和 σ_3 之前岩石的破坏程度；拉伸破坏的破坏角 β 等于零，裂缝在平行于最大主应力 σ_1 的方向上扩展。

5.4.2　剪切破坏机理

剪切破坏理论（Robcewicz）认为，围岩失稳，主要发生在洞室与主应力方向垂直的两侧，并形成剪切滑移楔体。在侧压系数 $\lambda < 1$ 的条件下，围岩的破坏过程如图 5-9 所示，首先两侧壁的楔形岩块由于剪切面分离，并向洞内移动（图 5-9a）；而后，上部和下部岩体由于楔形岩块滑移造成跨度加大，上下岩体向洞内挠曲（图 5-9b），甚至移动（图 5-9c）。

5.4.2 无支护隧道
的变形与破坏

Hoek 认为，在 $\sigma_3 > R_t$ 时，发生剪切破坏；强度与应力之比由下式确定：

$$\frac{强度}{应力（剪切）} = \frac{\sigma_3 + \sqrt{mR_c\sigma_3 + sR_c^2}}{\sigma_1} \tag{5-25}$$

破坏角 β 由下式确定为：

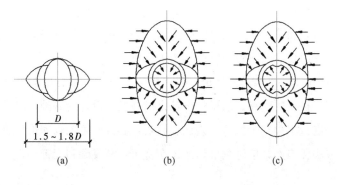

5.4.3 有支护隧道
的变形与破坏

图 5-9　剪切滑移楔体

$$\beta = \frac{1}{2}\sin^{-1}\frac{(1+mR_c/4\tau_{ms})^{\frac{1}{2}}}{1+mR_c/8\tau_{ms}} \tag{5-26}$$

式中

$$\tau_{ms} = \frac{1}{2}(mR_c\sigma_3 + sR_c^2)^{\frac{1}{2}}$$

5.5　地下工程支护设计

5.5.1　概述

5.5.1 地下工程
支护设计方法
基本原理

地下工程开挖后，为保证其安全可靠，一般要进行支护。由于开挖扰动
作用，地下工程围岩将产生变形、松弛、错动、挤压、断裂、下沉或坍塌等
现象。为了阻止围岩的移动和崩落，以保证地下工程具有设计的建筑界限和
净空，就需要架设临时支撑或修筑永久性支护结构。因此，要进行合理的支护设计。现代支
护理论认为，地下工程支护设计的主要目的在于发挥岩体的自承能力。长期以来，地下工程
支护设计多是根据围岩模拟凭经验进行，这些经验来自大量的工程实践，有一定的科学依
据。当然，工程模拟设计法本身也在不断地发展，如在经验设计法中引用各种量测资料，以
及采用统计数学、模糊数学和数值分析等现代手段，使之愈来愈符合理论观点和具科学化。
目前，地下工程支护设计方法可以归纳为以下四种设计模型：

　　1) 以参照过去地下工程实践经验进行工程模拟为主的经验设计法；

　　2) 以现场量测和实验室试验为主的实用设计方法，如以地下工程净空
量测位移为依据的收敛-约束法；

5.5.2 地下结构
计算方法

　　3) 作用与反作用模型，即荷载-结构模型分析法，如弹性地基梁、弹性
地基框架计算法等；

　　4) 连续介质模型分析法，包括解析法和数值法。数值计算法目前主要是有限单元法。

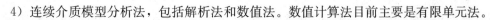

近 30 年来，弹塑性力学、流变学及岩土力学等现代力学和计算机技术的发展克服了理论分析中数学和力学上的障碍，使理论设计法有了极大的进展。然而，计算参数和计算机理方面的一些障碍仍然存在，理论设计法一般还只能作为辅助方法。

近 10 多年来，测量技术和计算技术互相渗透，以现场监控量测、信息反馈为基础的设计方法（即信息化设计）有了很大的进展。信息化设计是以新奥法设计为基础，以工程模拟法为主，通过现场监控测量进行工程实际检验、确认和修正，必要时可辅以理论计算验算法确定地下工程支护参数的方法。当然，信息化设计法还有待于不断发展和完善。

5.5.2 地下工程围岩压力计算

1. 围岩压力概念及分类

5.5.3 围岩压力的
概念与分类

地下工程围岩在重分布应力作用下产生过量的塑性变形或松动破坏，进而引起施加于支护衬砌结构（以下简称支衬结构）上的压力，称为围岩压力。围岩压力是围岩与支衬间的相互作用力，它与围岩应力不是同一个概念。围岩应力是岩体中的内部应力，而围岩压力则是针对支衬结构来说的，是作用于支衬结构上的外力（荷载）。因此，如果地下开挖扰动后，当围岩自身强度能够承受围岩应力的作用时，则不需要设置支护衬砌，也就不存在围岩压力问题。当围岩自身满足不了围岩应力的作用，而产生过量塑性变形或产生塌方、滑移等破坏时，则需要设置支护衬砌以维护围岩稳定，以保证地下洞室安全和正常使用。

按围岩压力的形成机理，可将其划分为形变围岩压力、膨胀围岩压力、冲击围岩压力和松动围岩压力四种。

1）形变围岩压力：是由于开挖比如引起围岩变形，支衬结构为抵抗围岩变形而承受的压力。

产生的条件有：①岩体较软弱或破碎，这时围岩应力很容易超过岩体的屈服极限而产生较大的塑性变形；②深埋洞室，由于围岩受压力过大易引起塑性流动变形。由围岩塑性变形产生的围岩压力可用弹塑性理论进行分析计算。

2）膨胀围岩压力：由于膨胀围岩遇水后体积发生膨胀而产生的膨胀压力，它主要是由于矿物吸水膨胀产生的对支衬结构的挤压力。因此，膨胀围岩压力的形成必须具备两个基本条件：一是岩体中要有膨胀性黏土矿物（如蒙脱石等）；二是要有地下水的作用。这种围岩压力可采用支护和围岩共同变形的弹塑性理论计算。不同的是在洞壁位移中应叠加上由开挖引起径向减压所造成的膨胀位移值，这种位移值可通过岩石膨胀率和开挖前后径向应力差之间的关系曲线来推算。此外，还可用流变理论予以分析。

3）冲击围岩压力：是由于围岩中积累的大量弹性变形能，受开挖扰动，这些能量突然释放所产生的巨大压力。冲击围岩压力的大小与天然应力状态、围岩力学属性等密切相关，并受到洞室埋深、施工方法及洞形等因素的影响。冲击围岩压力的大小，目前无法进行准确计算，只能对冲击围岩压力的产生条件及其产生可能性进行定性的评价预测。

4）松动围岩压力：是由于开挖而引起围岩松动或拉裂塌落、块体滑移及坍塌的岩体以重力形式作用于支衬结构上的压力，亦称散体压力、松动压力。松动围岩压力的大小取决于围岩性质、结构面交切组合关系及地下水活动和支护时间等因素，可采用松散体极限平衡或块体极限平衡理论进行分析计算。

下面主要介绍松动围岩压力的计算。

2. 深埋地下工程围岩压力计算

5.5.4 围岩压力的计算

当地下工程深埋时，作用在支护结构上的围岩压力，按松动围岩压力的概念，实际为洞室周边某一破坏范围内岩体的重量。理论和实践证明，围岩愈好则洞室就愈稳定，洞室开挖所影响区域就愈小，围岩压力值也较小。相反，围岩愈差则压力值相应就大；在围岩类别相同的条件下，跨度愈大，洞室的稳定性就愈差，压力值也就愈大，说明围岩压力的大小与洞室跨度成正比。

1）国外常用的围岩压力理论

（1）普氏理论

5.5.5 普氏理论

为了确定作用在支护结构物上的围岩压力，苏联普洛托季雅克诺夫提出了基于坍落拱的计算原理。他认为，所有地层都可视为具有一定黏结力的"松散介质"，引入了似摩擦系数 f_{up} 的概念，即在具有一定黏结力的松散介质中开挖隧道后，其上方会形成一抛物线状的天然拱，这实质上就是在松散介质、裂隙岩层中开挖坑道时的破坏范围。而作用在支护上的竖向压力就是这个破坏范围（天然拱）以内的松动岩体的重量。因此，问题归结于如何确定出天然拱（即坍落拱）的尺寸，如图 5-10 所示。

在松散介质中开挖隧道，其上方形成坍落拱。该坍落拱外缘为一质点拱（即厚度很薄的拱），如图 5-11 所示，其存在条件有两个：

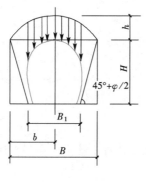

图 5-10　坍落拱

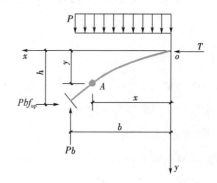

图 5-11　质点拱

① 在任何一截面上无弯矩作用；

② 拱脚能保持稳定而不致产生滑动。

由上述第一个条件，对 A 点取矩 $\Sigma M_A = 0$，则：

$$y = \frac{Px^2}{2T} \tag{5-27}$$

式中 T——拱顶推力；

 P——作用在"天然拱"上的竖向均布压力；

 x、y——质点拱上任意一点 A 的坐标。

令 $x=b$，$y=h$，代入式（5-27）得：

$$T = \frac{Pb^2}{2h} \tag{5-28}$$

式中 b——坍落拱半跨度；

 h——坍落拱高度。

由式（5-27）及式（5-28）可见，坍落拱的外缘曲线为二次抛物线。

由第二条件可知，要保持拱脚稳定而不滑动，拱脚处水平摩阻力（Pbf_{up}）必须大于该处的推力 T，取安全系数为 2，则：

$$\frac{Pbf_{up}}{\cdot T} = 2 \tag{5-29}$$

将式（5-28）代入式（5-29），可得：

$$h = b/f_{up} \tag{5-30}$$

式中 f_{up}——普氏系数。

作用在支护结构上竖直均布压力为 q：

$$q = \gamma h \tag{5-31}$$

作用在支护结构物上的侧压力也视为均匀分布，可按一般土力学原理，由公式（5-32）计算：

$$e = \left(q + \frac{1}{2}\gamma H\right)\tan^2\left(45° - \frac{\varphi}{2}\right) \tag{5-32}$$

式中 H——隧道高度；

 e——水平均布围岩压力（kN/m^2）；

 φ——围岩的似摩擦角。

按普氏理论计算的竖向压力，对于软土质地层偏小，对于硬土质和坚硬质地层则偏大。一般在松散、破碎围岩中较为适用。

（2）泰沙基（K. Terzaghi）理论

K. Terzaghi 把隧道围岩视为散粒体。他认为隧道开挖后，其上方围岩将形成卸落拱，如图 5-12 所示。假定地下洞室上方岩体因隧道变形而下沉，并产生错动面 OAB，假定作用在任何水平断面上的竖向压应力 σ_v 是均布的，相应的水平压应力 σ_h 与 σ_v 的比值为 K，即 $K = \sigma_h/\sigma_v$。在距地面深度 h 处，取出一厚度为 dh 的水平条带，考虑其平衡条件 $\Sigma V = 0$，得出：

$$\frac{d\sigma_v}{(\gamma - K\sigma_v \tan\varphi/b)} - dh = 0 \tag{5-33}$$

式中　φ——围岩似摩擦角；

　　　b——松动宽度之半。

将式（5-33）积分，并引进边界条件 $h = 0$，$\sigma_v = 0$，得：

$$\sigma_v = \frac{\gamma b}{K\tan\varphi}(1 - e^{-K\tan\varphi\frac{h}{b}}) \tag{5-34}$$

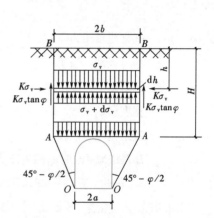

随着隧道埋深 h 的增大，式中 $e^{-K\tan\varphi\frac{h}{b}}$ 趋近于零，则 σ_v 趋近于某一个固定值，且：

$$\sigma_v = \frac{\gamma b}{K\tan\varphi} \tag{5-35}$$

K. Terzaghi 根据实验结果，得出 $K = 1.0 \sim 1.5$，取 $K = 1.0$，则：

$$\sigma_v = \frac{\gamma b}{\tan\varphi} \tag{5-36}$$

图 5-12　压力计算图

如以 $\tan\varphi = f$ 代入式（5-36），则：

$$\sigma_v = \frac{\gamma b}{f} = \gamma h \tag{5-37}$$

此时便与普氏理论一致。

K. Terzaghi 从理论和实践的分析上，给出了估算矩形地下洞室围岩压力的经验数值（表 5-5）。从表 5-5 可见，竖向压力的估算带有极大的主观任意性。

Terzaghi 围岩压力表　　　　　　　　　　　　　　　　　　表 5-5

地层情况	地层压力按坍落高度计（m）	地层情况	地层压力按坍落高度计（m）
坚硬地层或成薄层	$0 \sim 0.5b$	有压力的覆盖较薄	$1.1c \sim 2.1c$
大块的有较轻微裂隙	$0 \sim 0.25b$	有压力的覆盖较厚	$2.1c \sim 4.5c$
有轻微碎块未活动	$0.25b \sim 0.35c$	有膨胀压力	可达 $8c$
有强烈破碎未活动	$0.35c \sim 1.1c$	砂	$0.6c \sim 1.4c$
成碎块的未解体	$1.1c$		

注：1. 表中 b 为开挖断面宽度，h 为开挖断面高度，$c = b+h$，适用覆盖层厚度大于 $1.5c$，并采用钢拱支护的情况；

　　2. 坑道位于地下水位以上时，表列值可减少 50%。

2）我国有关部门推荐的围岩压力计算方法

我国公（铁）路部门，以工程模拟法为基础，统计分析了我国数百公（铁）路隧道的坍塌方调查资料，统计出围岩竖直均匀压力的计算公式。我国《公路隧道设计规范　第一册 土建工程》JTG 3370.1—2018 认为，Ⅰ～Ⅳ级围岩中的深埋隧道，围岩压力为主要形变压力，其值可按释放荷载计算；Ⅳ～Ⅵ级围岩中深埋隧道的围岩压力为松散荷载时，其垂直均布压力可按下列公式计算，即：

$$q = 0.45 \times 2^{s-1} \times \gamma\omega \tag{5-38}$$

式中　q——垂直均布压力（kN/m²）；

　　　s——围岩级别，按 1、2、3、4、5、6 整数取值；

　　　γ——围岩重度（kN/m³）；

　　　ω——宽度影响系数，$\omega = 1 + i(B-5)$；

　　　B——隧道宽度（m）；

　　　i——B 每增减 1m 时的围岩压力增减率，以 $B=5$m 的围岩垂直均布压力为准，当 B ＜5m 时，取 $i=0.2$；B＞5m 时，取 $i=0.1$。

水平均布压力按表 5-6 确定。

围岩水平均布压力（kN/m²）　　　　　　　　表 5-6

围岩级别	Ⅰ、Ⅱ	Ⅲ	Ⅳ	Ⅴ	Ⅵ
水平均布压力 e	0	＜0.15q	(0.15～0.3)q	(0.3～0.5)q	(0.5～1.0)q

式（5-38）及表 5-6 的适用条件为：H/B＜1.7，H 为隧道开挖高度（m）；B 为隧道开挖宽度（m）；不产生显著偏压及膨胀力的一般围岩。

3. 浅埋地下工程围岩压力计算

1）埋深不大于等效荷载高度

当埋深 H 不大于等效荷载高度 $h_q(h_q = q/\gamma)$ 时，荷载视为均布垂直压力 $q = \gamma H$（γ 为隧道上覆围岩重度，H 为隧道埋深，指隧道顶距离地面的距离），其侧向压力 e 按下式计算（按均布考虑）：

$$e = \gamma\left(H + \frac{1}{2}H_t\right)\tan^2\left(45° - \frac{\varphi_g}{2}\right) \tag{5-39}$$

式中　e——侧向均布压力（kN/m²）；

　　　γ——围岩重度（kN/m³）；

　　　H——隧道埋深（m）；

　　　H_t——隧道高度（m）；

　　　φ_g——计算摩擦角，按围岩级别取值（表 5-7）。

各级围岩计算摩擦角（φ_g）　　　　　　　　　　表 5-7

围岩级别	Ⅰ	Ⅱ	Ⅲ	Ⅳ	Ⅴ	Ⅵ
φ_g	>78°	70°～78°	60°～70°	50°～60°	40°～50°	30°～40°

2）埋深大于等效荷载高度

当 $h_q < H \leqslant H_p$（深埋与浅埋地下工程分界深度 $H_p = (2 \sim 2.5)h_q$ 时，为便于计算作如下假定：

（1）假定岩土体中形成的破裂面是一条与水平呈 β 角的倾斜线，如图 5-13 所示。

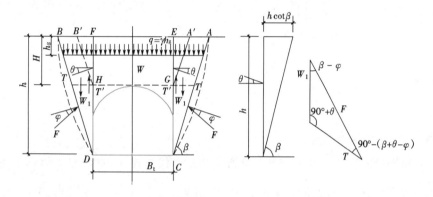

图 5-13　浅埋隧道围岩压力计算图

（2）$EFHG$ 岩体下沉，带动两侧三棱岩体（如图 5-13 中 FDB 及 ECA）下沉；当整个岩体 $ABDC$ 下沉时，又要受到未扰动岩体的阻力。

（3）斜直线 AC 或 BD 是假定的破裂面，分析时考虑黏聚力 c 并采用了计算摩擦角 φ_g；另一滑面 FH 或 EG 并非破裂面，因此，滑面阻力要小于破裂滑面的阻力；若该滑动面的摩擦角为 θ，则 θ 值应小于 φ_g 值，无实测资料时，θ 值可按表 5-8 采用。

在图 5-13 中，隧道上覆岩体 $EFHG$ 的重力为 W，两侧三棱岩体 FDB 或 ECA 的重力为 W_1，未扰动岩体对整个滑动体的阻力为 F，当 $EFHG$ 下沉，两侧受到的阻力为 T 或 T'（T' 为 T 的垂直分量）。

各级围岩的 θ 角　　　　　　　　　　表 5-8

围岩级别	Ⅰ、Ⅱ、Ⅲ	Ⅳ	Ⅴ	Ⅵ
θ	$0.9\varphi_g$	$(0.7\sim0.9)\varphi_g$	$(0.5\sim0.7)\varphi_g$	$(0.3\sim0.5)\varphi_g$

由图 5-13 可见，作用在 HG 面上的垂直压力总值 $Q_浅$ 为：

$$Q_浅 = W - 2T' = W - 2T\sin\theta \tag{5-40}$$

三棱体自重为：

$$W_1 = \frac{1}{2}\gamma h \frac{h}{\tan\beta} \tag{5-41}$$

式中　γ——岩体重度；

　　　　h——隧道底部到地面的距离；

　　　　β——破裂面与水平面的夹角。

在图 5-13 中，按正弦定律得：

$$T = \frac{\sin(\beta - \varphi_{\mathrm{g}})W_1}{\sin[90° - (\beta - \varphi_{\mathrm{g}} + \theta)]} \tag{5-42}$$

将式（5-41）代入式（5-42）得：

$$\left. \begin{aligned} & T = \frac{1}{2}\gamma h^2 \frac{\lambda}{\cos\theta} \\ & \lambda = \frac{\tan\beta - \tan\varphi_{\mathrm{g}}}{\tan\beta[1 + \tan\beta(\tan\varphi_{\mathrm{g}} - \tan\theta) + \tan\varphi_{\mathrm{g}}\tan\theta]} \\ & \tan\beta = \tan\varphi_{\mathrm{g}} + \sqrt{\frac{(\tan^2\varphi_{\mathrm{g}} + 1)\tan\varphi_{\mathrm{g}}}{\tan\varphi_{\mathrm{g}} - \tan\theta}} \end{aligned} \right\} \tag{5-43}$$

式中　λ——侧压力系数。

至此，极限最大阻力 T 值可求得。得到 T 值后，代入式（5-40）可求得作用在 HG 面上的总垂直压力：

$$Q_{浅} = W - 2T\sin\theta = W - \gamma h^2 \lambda \tan\theta \tag{5-44}$$

由于 GC、HD 与 EG、FH 相比往往较小，而且衬砌与岩土体之间的摩擦角也不同，前面分析时均按 θ 计算。当中间岩土块下滑时，由 FH 及 GE 面传递，考虑压力稍大些对设计的结构也偏于安全，因此，摩擦阻力 T 不计隧道部分而只计洞顶部分，即在计算中用埋深 H 代替 h，这样式（5-44）则为：

$$Q_{浅} = W - \gamma H^2 \lambda \tan\theta \tag{5-45}$$

由于 $W = B_{\mathrm{t}}H\gamma$，故：

$$Q_{浅} = B_{\mathrm{t}}H\gamma - \gamma H^2 \lambda \tan\theta = \gamma H(B_{\mathrm{t}} - H\lambda\tan\theta) \tag{5-46}$$

式中　B_{t}——隧道宽度；

　　　　H——洞顶至地面的距离，即埋深；

　　　　λ——侧压力系数；

　　　　γ——围岩重度。

换算为作用在支护结构上的均布荷载如图 5-14 所示，即：

$$q_{浅} = \frac{Q_{浅}}{B_{\mathrm{t}}} = \gamma H\left(1 - \frac{H}{B_{\mathrm{t}}}\lambda\tan\theta\right) \tag{5-47}$$

作用在支护结构两侧的水平侧压力为：

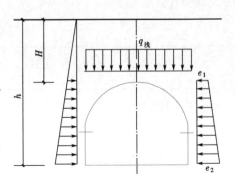

图 5-14　支护结构上均布荷载示意图

$$e_1 = \lambda\gamma H \atop e_2 = \lambda\gamma h \left.\right\} \tag{5-48}$$

侧压力视为均布压力时为：

$$e = \frac{1}{2}(e_1 + e_2) \tag{5-49}$$

5.5.3　地下工程支护设计

1. 新奥法简介

20 世纪 60 年代，奥地利工程师 L. V. Rabcewicz 在总结前人经验的基础
上，提出了一种新的隧道设计施工方法，称为新奥地利隧道施工方法（New
Austrian Tunneling Method），简称新奥法（NATM），新奥法目前已成为地
下工程的主要设计施工方法之一。1978 年，L. Müller 教授比较全面地论述
了新奥法的基本指导思想和主要原则，并将其概括为 22 条。

5.5.6 隧道是
怎样建成的

1980 年，奥地利土木工程学会地下空间分会把新奥法定义为"在岩体或土体中设置的
以使地下空间的周围岩体形成一个中空筒状支撑环结构为目的的设计施工方法"。新奥法的
核心是利用围岩的自承作用，促使围岩本身变为支护结构的重要组成部分，使围岩与构筑的
支护结构共同形成坚固的自承环。

新奥法是应用岩体力学原理，以维护和利用围岩的自稳能力为基点，将锚杆和喷射混凝
土作为主要支护手段，及时进行支护，以便控制围岩的变形与松弛，使围岩成为支护体系的
组成部分，形成了以锚杆、喷射混凝土和隧道围岩为三位一体的承载结构，共同支承山体压
力。通过对围岩与支护的现场量测，及时反馈围岩-支护复合体的力学动态及其变化状况，
为二次支护提供合理的架设时机，通过监控量测及时反馈的信息来指导隧道和地下工程的设
计与施工。

新奥法不同于传统隧道工程中应用厚壁混凝土结构支护松动围岩的理论，而是把岩体视
为连续介质，在黏弹塑性理论指导下，根据在岩体中开挖隧道后，从围岩产生变形到岩体破
坏要有一个时间效应，适时地构筑柔性、薄壁且能与围岩紧贴的喷射混凝土和锚杆的支护结
构来保护围岩的天然承载力，变围岩本身为支护结构的重要组成部分，使围岩与支护结构共
同形成坚固的支承环，共同形成长期稳定的支护结构，其基本要点可归纳如下：

1）开挖作业多采用光面爆破和预裂爆破，并尽量采用大断面或较大断面开挖，以减少
对围岩的扰动。

2）隧道开挖后，尽量利用围岩的自承能力，充分发挥围岩自身的支护作用。

3）根据围岩特征采用不同的支护类型和参数，及时施作密贴于围岩的柔性喷射混凝土
和锚杆初期支护，以控制围岩的变形和松弛。

4）在软弱破碎围岩地段，使断面及早闭合，以有效地发挥支护体系的作用，保证隧道

稳定。

5）二次衬砌原则上是在围岩与初期支护变形基本稳定的条件下修筑的，围岩与支护结构形成一个整体，因而提高了支护体系的安全度。

6）尽量使隧道断面周边轮廓圆顺，避免棱角突变处应力集中。

7）通过施工中对围岩和支护的动态观察、量测，合理安排施工程序，进行设计变更及日常的施工管理。

新奥法是一个具体应用岩体动态性质的完整的力学概念，科学性较传统的隧道修建方法先进，因而不能单纯将它看成是一个施工方法或支护方法，也不能片面理解，将仅用锚喷支护或应用新奥法部分原理施工的隧道，就认为是采用新奥法修建的，事实上，锚喷支护并不能完全表达新奥法的含义，因此应全面理解新奥法的内容。

新奥法的适用范围很广，从铁路隧道、公路隧道、城市地铁、地下贮库、地下厂房直至水电站输水隧洞、矿山巷道等，都可用新奥法构筑。

2. 锚喷支护结构设计

按支护的作用机理，支护结构大致可分为刚性支护结构、柔性支护结构、复合式支护结构三类。其中复合式支护结构是柔性支护与刚性支护的组合。通常初期支护是柔性支护，一般采用锚喷支护，最终支护是刚性支护，一般采用现浇混凝土支护或高强钢架。复合式支护是一种新兴的支护结构形式，主要用于软弱地层，特别是塑性流变地层的支护。近年来，复合式支护

5.5.7 地下工程
锚喷支护设计

结构常用于一些重要工程或者内部需要装饰的工程，以提高支护结构的安全度或改善美化程度。

锚喷支护的力学作用，当前流行着两种分析方法：一种是从结构观点出发，如把喷层与部分围岩组合在一起，视作组合梁或承载拱，或把锚杆看作是固定在围岩中的悬吊杆等。另一种是从围岩与支护的共同作用观点出发，它不仅是把支护看作是承受来自围岩的压力，并反过来也给围岩以压力，由此改善围岩的受力状态；施作锚喷支护后，还可提高围岩的强度指标，从而提高围岩的承载能力。目前普遍认为后一种观点更能反映支护与围岩共同作用的机理。

1）锚杆支护结构设计

（1）锚杆受力的计算

当围岩结构比较发育，岩体将被切割成各种不同的块状结构体。开挖后，要维持块状围岩的稳定状态，关键在于及时对"危石"进行支护。

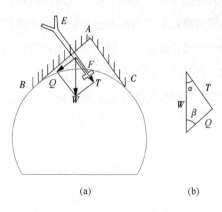

(a)   (b)

图 5-15　用锚杆支护"危岩"

以图 5-15（a）中的"危石" ABC 为例，说明

锚杆加固对锚杆受力状态的分析。设"危石"的重量为 W，它沿锚杆 EF 的分力 T 使锚杆承受拉力，W 沿破裂面 AB 的分力 Q 使锚杆 EF 沿 AB 方向承受剪力。如果以 α 和 β 分别表示"危石" AB 面及 AC 面与水平方向的夹角，如图 5-15（b）所示，于是，根据正弦定律，可得：

$$\frac{W}{\sin[180° - (\alpha + \beta)]} = \frac{T}{\sin\beta} = \frac{Q}{\sin\alpha} \tag{5-50}$$

由此可得锚杆的拉力 T 和剪力 Q 为：

$$T = \frac{\sin\beta}{\sin(\alpha + \beta)} W$$
$$Q = \frac{\sin\alpha}{\sin(\alpha + \beta)} W \tag{5-51}$$

由上式根据锚杆的强度，可确定锚杆的横截面积。

（2）锚杆长度的确定

根据锚杆的悬吊原理，锚杆总长度应为锚固长度、加固长度和外露长度之和，即可按下式计算：

$$L = L_1 + h_1 + L_2 \tag{5-52}$$

式中　L_1——锚杆的锚固长度；

　　　h_1——锚杆的加固长度，可按围岩的荷载高度或松动圈厚度确定；

　　　L_2——锚杆的外露长度，一般为 50～100mm。

以砂浆锚杆为例，根据锚杆钢筋与锚固砂浆的黏结强度，使锚杆钢筋发挥最大能力，锚固长度 L_1 为：

$$L_1 \geqslant \frac{\pi(d/2)^2 f_y}{\pi d f_b} = \frac{d f_y}{4 f_b} \tag{5-53}$$

式中　f_b——锚固砂浆与锚杆钢筋间的黏结强度；

　　　f_y——锚杆钢筋的抗拉强度；

　　　d——锚杆钢筋的直径，常用 Φ16～22mm 螺纹钢。

当砂浆锚杆由于砂浆与孔壁围岩的黏结力不足而破坏时，锚杆插入稳定岩土层中的锚固长度 L_1 为：

$$L_1 \geqslant \frac{\pi(d/2)^2 f_y}{\pi D f_{rb}} = \frac{d^2 f_y}{4 D f_{rb}} \tag{5-54}$$

式中　D——锚杆钻孔直径；

　　　f_{rb}——锚固砂浆与岩土层的黏结强度。

美国预应力岩层锚杆设计方法中的锚固长度设计公式：

$$L = \frac{kP}{2\pi a \tau_\omega} \tag{5-55}$$

式中　L——锚固段长度；

τ_ω——有效黏结应力；

k——安全系数；

a——锚杆半径；

P——设计张力。

（3）锚杆间距的确定

如果采用等距离布置，每根锚杆所负担的岩体重量即其所承受的荷载为：

$$P_i = K\gamma h_1 i^2 \tag{5-56}$$

式中　i——锚杆间距；

　　γ——岩体的重度；

　　K——安全系数，通常取 $K=2\sim3$。

锚杆受拉破坏时，其所承受的荷载应小于锚杆的允许抗拉能力，即：

$$K\gamma h_1 i^2 \leqslant \frac{\pi d^2}{4} f_y \tag{5-57}$$

故有：

$$i \leqslant \frac{d}{2}\sqrt{\frac{\pi f_y}{K\gamma h_1}} \tag{5-58}$$

锚杆的拉应力、间距、杆径是互为函数的，确定其中任意两个量后，即可求出另一个量，但是，为了使各锚杆作用力的影响范围能彼此相交，在围岩中形成一个完整的承载体系（承载环），锚杆长度应为其间距 i 的两倍以上，即 $L\geqslant 2i$。

2）喷射混凝土层厚度的计算

危岩除用锚杆支护外，也可采用喷射混凝土薄层进行支护，如图 5-16 所示。危岩的重量 W 由混凝土喷层支承。喷层厚度太薄会产生图 5-16（a）所示的"冲切型"破坏，喷层与岩面间的黏结力过小会出现图 5-16（b）所示的"撕开型"破坏。因此，喷层的厚度可按以下方法确定。

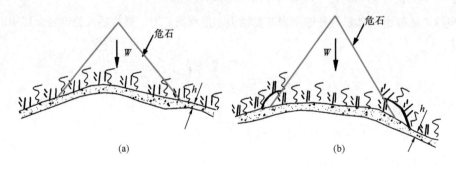

图 5-16　支护危岩喷层破坏示意图

（1）按"冲切型"破坏验算喷层的厚度

设危岩自重为 W；危岩底面周长为 u；喷层厚度为 h；混凝土的抗拉强度为 R_{L}；k 为安全系数，可取 $3\sim5$。

由图 5-16（a）可知，要使喷层不产生"冲切型"破坏，应满足下式：

$$\frac{kW}{hu} \leqslant R_{\mathrm{L}} \tag{5-59}$$

即

$$h \geqslant \frac{kW}{R_{\mathrm{L}}u} \tag{5-60}$$

（2）按"撕开型"破坏验算喷层的厚度

喷层受剪切的同时，它与危石周围岩石之间将产生拉应力，当最大拉应力大于喷层的计算黏结强度时，喷层就会在该结合面处撕开（图 5-16b）。简化计算可用下式：

$$h \geqslant \frac{kW}{R_{\mathrm{Lu}}u} \tag{5-61}$$

式中　R_{Lu}——喷层与岩石间的计算黏结强度。

若已知喷层所受围岩压力，则喷层厚度可按下式计算：

$$P_i \frac{l}{2} \leqslant \frac{h}{\sin\alpha_1}\tau_{\mathrm{B}}$$
$$h \geqslant \frac{P_i l \sin\alpha_1}{2\tau_{\mathrm{B}}} \tag{5-62}$$

式中　h——喷层厚度；

$\quad P_i$——作用在喷层上的变形地压，由芬涅尔公式求得；

$\quad l$——锥形剪切体的底宽，圆形洞室 $l=2a\cos\alpha_1$（a 为隧道半径，α_1 为围岩的剪切角），拱形隧道取洞高；

$\quad \tau_{\mathrm{B}}$——喷层材料的抗剪强度，可取其抗压强度的 20%；

$\quad \alpha_1$——喷层材料的剪切角，$\alpha_1=45°-\dfrac{\varphi_1}{2}$，其中 φ_1 为喷层材料的内摩擦角。

3. 支护结构与围岩的相互作用

地下工程支护结构的设计原理是基于围岩体和柔性支护共同变形的弹塑性理论。下面以圆形洞室为例介绍新奥法施工支护与围岩的共同作用机理，假定如下：

1）围岩为均质的各向同性的连续弹塑性体，岩体在塑性变形和剪切破坏的极限平衡中仍表现有剩余强度。

2）洞室初始应力场为自重应力场，侧压力系数为 1。

3）洞室在一定的埋深条件下，将它看作无限体中的孔洞问题。

地下工程开挖后，围岩发生变形，当开挖后形成的二次应力小于围岩强度时，洞室仍是稳定的，当二次应力超过围岩强度时，围岩就产生塑性变形和松弛，如不加支护，隧道将坍塌破坏。由公式（5-20）可知，给予围岩内缘的支护力 P_i 越小，则围岩体中出现的塑性区越大；若让围岩体中出现的塑性区（相应的塑性半径）越大，则围岩对支护的形变压力 P_a（与支护力 P_i 相平衡）越小。这是新奥法柔性支护理论的出发点，是设计、施工中采取支护措施时要积极利用的，以便使支护受到尽可能小的形变压力，相应减小支护工程量和降低造价。

洞室所处的原岩初始应力 p_0 愈大，则塑性区半径 R 就愈大。反映围岩强度性质的两个指标，即黏聚力 c 和内摩擦角 φ 值愈小，岩体强度愈低，则塑性区半径 R 就愈大。洞室周边的位移公式，可根据弹塑性条件求得：

$$u = r_0(1 - \sqrt{1 - A}) \tag{5-63}$$

式中　$A = \left[\dfrac{(p_0 + c\cot\varphi)}{(P_i + c\cot\varphi)}(1 - \sin\varphi)\right]^{\frac{1-\sin\varphi}{2\sin\varphi}} B(2 - B)$;

$B = \dfrac{1 + \mu}{E} \sin\varphi (p_0 + c\cot\varphi)$;

　　μ——围岩的泊松比；

　　E——围岩的变形模量。

从式（5-63）可知，洞室周边径向位移的大小主要取决于支护力 P_i，当 P_i 减小时周边径向位移则增大，反之则减小。式（5-63）可表达为 $u = f(P_i)$ 的形式，如图 5-17 中的 AB 曲线称为围岩位移曲线。

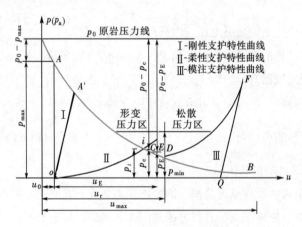

图 5-17　围岩位移及支护特性曲线

为了解作用在支护结构上的变形压力 P_a 与支护结构变形的关系，可把支护结构视为厚度均匀的厚壁圆筒，在外侧均布径向压力作用下，由弹性理论可求得：

$$P_a = Ku \tag{5-64}$$

式中　$K = \dfrac{E_0}{r_0\left(\dfrac{a^2 + 1}{a^2 - 1} - \mu_0\right)}$; $E_0 = \dfrac{E}{1 - \mu^2}$; $\mu_0 = \dfrac{\mu}{1 - \mu}$; $a = \dfrac{r_0}{r_s}$;

E——支护结构弹性模量；

μ——支护结构泊松比；

r_0——支护结构外半径；

r_s——支护结构内半径；

u——支护结构外缘各点径向位移。

式（5-64）表明，对于一定的支护结构（E_0、μ_0、r_0、r_s 等均为常数），作用在支护结构上的形变压力 P_a 与支护结构外缘所产生的径向位移间比值为一常数 K，称为支护的刚度系数。把式（5-64）画在图上，称为支护特性曲线，如图5-17中Ⅰ、Ⅱ、Ⅲ曲线。

由图 5-17 中可以看出：

1）洞室开挖后，如支护非常快，且支护刚度又很大，没有或很少变形，则在图中 A 点取得平衡，支护需提供很大支护力 p_max；围岩仅负担产生弹性变形 u_0 的压力 $p_0 - p_\mathrm{max}$。故刚度大的支护是不合理的，相反，支护应有相当的柔性变形能力，并也允许围岩产生一定量的变形，适度的变形有助于围岩通过应力调整，形成足够大的塑性区，充分发挥塑性区岩体的卸载作用，使传到支护上的压力大为减小，图中平衡位置由 A 点移至 C 点、E 点，形变压力 p_max 减至 p_C 和 p_E。

2）若洞室开挖后支护很不及时，也就是允许围岩自由变形，在图中是曲线 DB。这时，洞室周边位移达到最大值 u_max，形变压力 P_a 很小或接近于零。这在新奥法中是不允许存在的。因为实际上周边位移达到某一位移值（如图中 u_r）时，围岩就出现松弛、散落、坍塌现象。这时，围岩对支护的压力就不是形变压力，而是围岩坍塌下来的岩石重量，即松散压力（塌方荷载），其大小由曲线 DF 决定。从时间上和围岩状况上都已不适于作锚喷支护，只能按传统施工方法施作模注混凝土衬砌支护。

3）较佳的支护工作点应当在 D 点以左，邻近 D 点处，如图中 E 点。在该点处，既能让围岩产生较大的变形（$u_0 + u_\mathrm{E}$），较多的分担岩体压力（$p_0 - p_\mathrm{E}$），支护分担的形变压力较小（p_E）；又保证围岩不产生松动、失稳、局部岩石脱落、坍塌的现象。锚喷支护的设计与施工，就应该掌握在该点附近。这就要掌握好施作时间（相应围岩变形 u_0）和支护刚度 K（支护特性曲线的斜率）。不过完全通过计算来确定支护的合理刚度和施作时间是很困难的。实际施工中，之所以要分二次支护，是因为洞室开挖后，尽可能及时进行初期支护和封闭，保证周边不产生松动和坍塌；塑性区内岩体保持一定的强度，让围岩在有控制的条件下变形。通过对围岩变形的监测，掌握洞室周边位移和岩体、支护变形情况，待位移和变形基本趋于稳定时，即达到图中 i 点附近时，再进行第二次支护。在 i 点，围岩和支护的变形处于平衡状态。随着围岩和支护的徐变，支护的形变压力将发展到 p_E，支护和围岩在最佳工作点 E 处共同承担围岩形变压力。围岩承受的压力值为（$p_0 - p_\mathrm{E}$），支护承受的压力值为（p_E）。

复习思考题

5.1　名词解释：围岩、围岩应力重分布、二次应力、围岩压力。

5.2　简述地下工程按埋置深度的分类。

5.3　分析地下工程围岩应力的弹塑性分布特征。

5.4　简述地下工程围岩的破坏机理。

5.5　什么是新奥法？简述其要点。

5.6　地下工程支护设计方法有哪几种？

5.7　地下工程支护结构有哪几种类型？

5.8　锚喷支护的力学作用机理是什么？如何确定锚杆的横截面面积、长度和间距？如何确定喷射混凝土层的层厚？

5.9　什么是围岩变形曲线、支护特性曲线和围岩松动压力曲线？支护特性曲线的主要作用是什么？

5.10　在地表下 100m 深度处完整性好的均质石灰岩体开挖一个圆形洞室，已知岩体的物理力学性指标为：$\gamma=25\text{kN/m}^3$，$c=0.3\text{MPa}$，$\varphi=36°$，$\lambda=1$，试问洞壁是否稳定？

5.11　设某洞室，其半径 $a=3\text{m}$，埋深 175m，试计算：

1）周围岩体为Ⅱ级（$\gamma=26\text{kN/m}^3$，$c=1.8\text{MPa}$，$\varphi=55°$），求开挖后的应力调整情况，并画出围岩应力分布状态；

2）周围岩体为Ⅳ级（$\gamma=21.5\text{kN/m}^3$，$c=0.5\text{MPa}$，$\varphi=33°$），求开挖后的应力调整情况，并画出围岩应力分布状态。

第6章

岩 石 边 坡 工 程

6.1 概述

边坡按成因可分为自然边坡和人工边坡。天然的山坡和谷坡是自然边坡，此类边坡是在地壳隆起或下陷过程中逐渐形成的。通常发生较大规模破坏的是自然边坡。人工边坡是由于人类活动形成的边坡，其中挖方形成的边坡称为挖方边坡，填方形成的称为构筑边坡，后者有时也称为坝坡。人工边坡的几何参数可以人为控制。

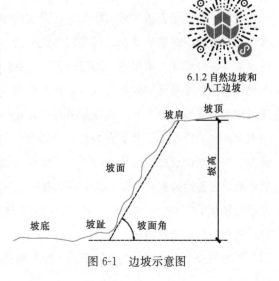

6.1.1 岩石边坡
工程概述

边坡按组成物质可分为岩质边坡和土质边坡。岩坡失稳与土坡失稳的主要区别在于土坡中可能滑动面的位置并不明显，而岩坡中的滑动面则往往较为明确，无须像土坡那样通过大量试算才能确定。岩坡中结构面的规模、性质及其组合方式在很大程度上决定着岩坡失稳时的破坏形式；结构面的产状或性质稍有改变，岩坡的稳定性将会受到显著影响。因此，要正确解决岩坡稳定性问题，首先需搞清结构面的性质、作用、组合情况以及结构面的发育情况等，在此基础上不仅要对破坏方式做出判断，而且对其破坏机制也必须进行分析，这是保证岩坡稳定性分析结果正确性的关键。

6.1.2 自然边坡和
人工边坡

典型的边坡如图 6-1 所示。边坡与坡顶面相交的部位称为坡肩；与坡底面相交的部位称为坡趾或坡脚；坡面与水平面的夹角称为坡面角或坡倾角；坡肩与坡脚间的高差称为坡高。

边坡稳定问题是工程建设中经常遇到

图 6-1 边坡示意图

的问题，例如水库的岸坡、渠道边坡、隧洞进出口边坡、拱坝坝肩边坡以及公路或铁路的路堑边坡等，都涉及稳定性问题。边坡的失稳，轻则影响工程质量与施工进度；重则造成人员伤亡与国民经济的重大损失。因此，不论土木工程还是水利水电工程，边坡的稳定问题经常成为需要重点考虑的问题。

6.1.3 边坡事故

6.2　岩石边坡破坏类型及影响因素

6.2.1　岩石边坡的破坏类型

岩坡的破坏类型从形态上可分为崩塌和滑坡。

所谓崩塌是指块状岩体与岩坡分离，向前翻滚而下。其特点是，在崩塌过程中，岩体中无明显滑移面。崩塌一般发生在既高又陡的岩坡前缘地段，这时大块的岩体与岩坡分离而向前倾倒，如图 6-2（a）所示；或者，坡顶岩体由于某种原因脱落翻滚而在坡脚下堆积，如图 6-2（b）和（c）所示。崩塌经常发生在坡顶裂隙发育的地方。其起因是由于风化等原因减弱了节理面的黏聚力，或是由于雨水进入裂隙产生水压力所致，或者也可能是由于气温变化、冻融松动岩石的结果，或者是由于植物根系生长造成膨胀压力，以及地震、雷击等原因而引起。自然界的巨型山崩，总是与强烈地震或特大暴雨相伴生。

6.2.1 边坡破坏类型及影响因素

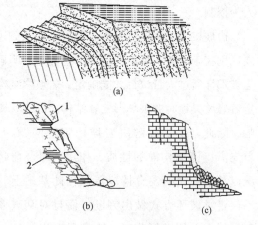

所谓滑坡是指岩体在重力作用下，沿坡内软弱结构面产生的整体滑动。与崩塌相比，滑坡通常以深层破坏形式出现，其滑动面往往深入坡体内部，甚至延伸到坡脚以下，其滑动速度虽比崩塌缓慢，但不同的滑坡其滑速可以相差很大，这主要取决于滑动面本身的物理力

图 6-2　岩崩类型
（a）倾倒破坏；（b）软硬互成坡体的局部崩塌和坠落；（c）崩塌破坏
1—砂岩；2—页岩

性质。当滑动面通过塑性较强的岩土体时，其滑速一般比较缓慢；相反，当滑动面通过脆性岩石，如果滑面本身具有一定的抗剪强度，在构成滑面之前可承受较高的下滑力。那么，一旦形成滑面即将下滑时，抗剪强度急剧下降，滑动往往是突发而迅速的。

滑坡的滑动形式可分为平面滑动、楔形滑动以及旋转滑动。平面滑动是

6.2.2 崩塌、滑坡、泥石流

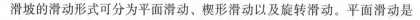

一部分岩体在重力作用下沿着某一软弱面（层面、断层、裂隙）的滑动，如图 6-3（a）所示。滑面的倾角必须大于滑面的内摩擦角，否则无论坡角和坡高的大小如何，边坡都不会滑动。平面滑动不仅要求滑体克服滑面底部的阻力，而且还要克服滑面两侧的阻力。在软岩（例如页岩）中，如果滑面倾角远大于内摩擦角，则岩石本身的破坏即可解除侧边约束，从而产生平面滑动。而在硬岩中，如果结构面横切到坡顶，解除了两侧约束时，才可能发生平面滑动。当两个软弱面相交，切割岩体形成四面体时，就可能出现楔形滑动（图 6-3b）。如果两个结构面的交线因开挖而处于露出状态，不需要地形上或结构上的解除约束即可能产生滑动。法国 Malpasset 坝的崩溃（1959 年）就是岩基楔形滑动的结果。旋转滑动的滑面通常呈弧形，如图6-3（c）所示。这种滑动一般产生于非成层的均质岩体中。

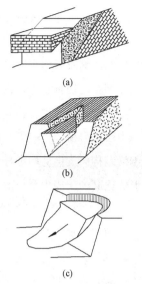

图 6-3　岩滑类型

（a）平面破坏；（b）楔形破坏；（c）旋转滑动

　　边坡实际的破坏形式是很复杂的，除上述两种主要破坏形式外，还有介于崩塌与滑坡之间的滑塌，以及倾倒、剥落、流动等破坏方式；有时也可能出现以某种破坏方式为主，兼有其他若干破坏形式的综合破坏。

　　岩坡的滑动过程有长有短，有快有慢，一般可分为三个阶段。初期是蠕动变形阶段，这一阶段中坡面和坡顶出现张裂缝并逐渐加长和加宽；滑坡前缘有时出现挤出现象，地下水位发生变化，有时会发出响声。第二阶段是滑动破坏阶段，此时滑坡后缘迅速下陷，岩体以极大的速度向下滑动。这一阶段往往造成巨大的危害。最后是逐渐稳定阶段，这一阶段中，疏松的滑体逐渐压密，滑体上的草木逐渐生长，地下水渗出由浑变清等。

6.2.2　边坡稳定的影响因素

1. 结构面在边坡破坏中的作用

6.2.3 边坡稳定的
影响因素

　　许多边坡在陡坡角和几百米高的条件下是稳定的，而许多平缓边坡仅高几十米就破坏了。这种差异是因为岩石边坡的稳定性是随岩体中结构面（诸如断层、节理、层面等）的倾角而变化的。如果这些结构面是直立的或水平的，就不会发生单纯的滑动，此时的边坡破坏将包括完整岩块的破坏以及沿某些结构面的滑动。另一方面，如果岩体所含的结构面倾向于坡面，倾角又在 $30°\sim70°$ 之间，就会发生简单的滑动。

　　因此，边坡变形与破坏的首要原因，在于坡体中存在各种形式的结构面。岩体的结构特征对边坡应力场的影响主要是由于岩体的不均一性和不连续性，而使沿结构面周边出现应力集中和应力阻滞现象。因此，它构成了边坡变形与破坏的控制性条件，从而形成不同类型的变形与破坏机制。

边坡结构面周边应力集中的形式主要取决于结构面的产状与主压应力的关系。结构面与主压应力平行，将在结构面端点部位或应力阻滞部位出现拉应力和剪应力集中，从而形成向结构面两侧发展的张裂缝。结构面与主压应力垂直，将产生平行结构面方向的拉应力，或在端点部位出现垂直于结构面的压应力，有利于结构面压密和坡体稳定。结构面与主压应力斜交，结构面周边主要为剪应力集中，并于端点附近或应力阻滞部位出现拉应力。顺坡结构面与主压应力呈 30°~40°夹角，将出现最大剪应力与拉应力值，对边坡稳定十分不利，坡体易于沿结构面发生剪切滑移，同时可能出现折线型蠕滑裂隙系统。结构面相互交汇或转折处，形成很高的压应力及拉应力集中区，其变形与破坏常较为剧烈。

2. 边坡外形改变对边坡稳定性的影响

河流、水库及湖海的冲刷及淘刷，使岸坡外形发生变化。当侵蚀切露坡体底部的软弱结构面使坡体处于临空状态，或当侵蚀切露坡体下伏软弱层的顶面时，将使坡体失去平衡，最后导致破坏。

6.2.4 边坡室内试验

人工削坡时未考虑岩体结构特点，切露了控制斜坡稳定的主要软弱结构面，形成或扩大了临空面，使坡体失去支撑，会导致斜坡的变形与破坏。施工顺序不当，坡顶开挖进度慢而坡脚开挖速度快，使斜坡加陡或形成倒坡。坡角增加时，坡顶及坡面张力带范围扩大，坡脚应力集中带的最大剪应力也随之增大。坡顶、坡脚应力集中增大，会导致斜坡的变形与破坏。

3. 岩体力学性质的改变对边坡稳定性的影响

风化作用使坡体强度减小，坡体稳定性大大降低，加剧了斜坡的变形与破坏。坡体岩土风化越深，斜坡稳定性越差，稳定坡角越小。

6.2.5 边坡原位试验

斜坡的变形与破坏大都发生在雨期或雨后，还有部分发生在水库蓄水和渠道放水之后，有的则发生在施工排水不当的情况下。这些都表明水对斜坡稳定性的影响是显著的。当斜坡岩土体亲水性较强或有易溶矿物成分时，如含易溶盐类的黏土质页岩、钙质页岩、凝灰质页岩、泥灰岩或断层角砾岩等，浸水易软化、泥化或崩解，导致边坡变形与破坏。因此，水的浸润作用对斜坡的危害性大而普遍。

4. 各种外力直接作用对边坡稳定性的影响

区域构造应力的变化、地震、爆破、地下静水压力和动水压力，以及施工荷载等，都使斜坡直接受力，对斜坡稳定的影响直接而迅速。

边坡处于一定历史条件下的地应力环境中，特别是在新构造运动强烈的地区，往往存在较大的水平构造残余应力。因而这些地区边坡岩体的临空面附近常常形成应力集中，主要表现为加剧应力差异分布。这在坡脚、坡面及坡顶张力带表现得最明显。研究表明，水平构造残余应力愈大，其影响愈大，两者成正比关系。与自重应力状态下相比，边坡变形与破坏的范围增大，程度加剧。

由于雨水渗入，河水水位上涨或水库蓄水等原因，地下水位抬高，使斜坡不透水的结构面上受到静水压力作用，它垂直于结构面而作用在坡体上，削弱了该面上所受滑体重量产生的法向应力，从而降低了抗滑阻力。坡体内有动水压力存在，会增加沿渗流方向的推滑力，这在水库水位迅速回落时尤甚。

地震引起坡体振动，等于坡体承受一种附加荷载。它使坡体受到反复振动冲击，使坡体软弱面咬合松动，抗剪强度降低或完全失去结构强度，斜坡稳定性下降甚至失稳。地震对斜坡破坏的影响程度，取决于地震强度大小，并与斜坡的岩性、层理、断裂的分布和密度以及坡面的方位和岩土体的含水性有关。

由上述可见，应根据岩土体的结构特点、水文地质条件、地形地貌特征，并结合区域地质发育史，分析各种外力因素的作用性质及其变化过程，来论证边坡的稳定性。

6.3　岩石边坡稳定性分析

在进行岩坡稳定性分析时，首先应当查明岩坡可能的滑动类型，然后对不同类型采用相应的分析方法。严格来说，岩坡滑动大多属空间滑动问题，但对只有一个平面构成的滑裂面，或者滑裂面由多个平面组成而这些面的走向又大致平行且沿着走向长度大于坡高时，也可按平面滑动进行分析，其结果将是偏于安全的。在平面分析中常常把滑动面简化为圆弧、平面、折面，把岩体看作刚体，按莫尔-库仑强度准则对指定的滑动面进行稳定验算。

6.3.1 岩石边坡
稳定性分析

目前，用于分析岩坡稳定性的方法有刚体极限平衡法、赤平投影法、有限元法以及模拟试验法等。但是比较成熟且在目前应用得较多的仍然是刚体极限平衡法。在刚体极限平衡法中，组成滑坡体的岩块被视为刚体。按此假定，可用理论力学原理分析岩块处于平衡状态时必须满足的条件。本节主要讨论刚体极限平衡法。

6.3.1　圆弧法岩坡稳定性分析

对于均质的以及没有断裂面的岩坡，在一定的条件下可看作平面问题，用圆弧法进行稳定分析。圆弧法是最简单的分析方法之一。

在用圆弧法进行分析时，首先假定滑动面为一圆弧（图 6-4），把滑动岩体看作为刚体，求滑动面上的滑动力及抗滑力，再求这两个力对滑动圆心的力矩。抗滑力矩 M_R 和滑动力矩 M_S 之比，即为该岩坡的稳定安全系数 F_s：

$$F_s = \frac{抗滑力矩}{滑动力矩} = \frac{M_R}{M_S} \tag{6-1}$$

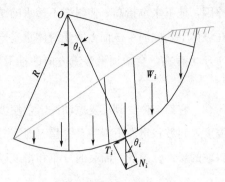

图 6-4　圆弧法岩坡分析

如果 $F_s>1$，则沿着这个计算滑动面是稳定的；如果 $F_s<1$，则是不稳定的；如果 $F_s=1$，则说明这个计算滑动面处于极限平衡状态。

由于假定计算滑动面上的各点覆盖岩石重量各不相同。因此，由岩石重量引起在滑动面上各点的法向压力也不同。抗滑力中的摩擦力与引起法向应力的力的大小有关，所以应当计算出假定滑动面上各点的法向应力。为此可以把滑弧内的岩石分条，用所谓条分法进行分析。

如图 6-4 所示，把滑体分为 n 条，其中第 i 条传给滑动面上的重力为 W_i，它可以分解为两个力：一是垂直于圆弧的法向力 N_i；另一是切于圆弧的切向力 T_i。由图 6-4 可见：

$$\left.\begin{array}{l} N_i = W_i\cos\theta_i \\ T_i = W_i\sin\theta_i \end{array}\right\} \tag{6-2}$$

式中　θ_i——该岩条底面中点的法线与竖直线的夹角。

N_i 通过圆心，其本身对岩坡滑动不起作用。但是 N_i 可使岩条滑动面上产生摩擦力 $N_i\tan\varphi_i$（φ_i 为该弧所在的岩体的内摩擦角），其作用方向与岩体滑动方向相反，故对岩坡起着抗滑作用。

此外，滑动面上的黏聚力 c 也是起抗滑动作用（抗滑力）的，所以第 i 条岩条滑弧上的抗滑力为：

$$c_i l_i + N_i\tan\varphi_i \tag{6-3}$$

因此第 i 条产生的抗滑力矩为：

$$(M_R)_i = (c_i l_i + N_i\tan\varphi_i)R \tag{6-4}$$

式中　c_i——第 i 条滑弧所在岩层的黏聚力（MPa）；

　　　φ_i——第 i 条滑弧所在岩层的内摩擦角（°）；

　　　l_i——第 i 条岩条的圆弧长度（m）。

对每一岩条进行类似分析，可以得到总的抗滑力矩：

$$M_R = \left(\sum_{i=1}^{n} c_i l_i + \sum_{i=1}^{n} N_i\tan\varphi_i\right)R \tag{6-5}$$

而滑动面上总的滑动力矩为：

$$M_S = \sum_{i=1}^{n} T_i R \tag{6-6}$$

将式（6-5）及式（6-6）代入安全系数公式，得到假定滑动面上的稳定安全系数为：

$$F_s = \frac{\sum\limits_{i=1}^{n} c_i l_i + \sum\limits_{i=1}^{n} N_i \tan\varphi_i}{\sum\limits_{i=1}^{n} T_i} \tag{6-7}$$

由于圆心和滑动面是任意假定的，因此要假定多个圆心和相应的滑动面作类似的分析进行试算，从中找到最小的安全系数即为真正的安全系数，其对应的圆心和滑动面即为最危险的圆心和滑动面。

根据用圆弧法的大量计算结果，有人绘制出了如图 6-5 所示的曲线。该曲线表示当岩体物理力学性质指标一定时坡高与坡角的关系。在图上，横轴表示坡角 α，纵轴表示坡高系数 H'；H_{90} 表示均质垂直岩坡的极限高度，亦即坡顶张裂缝的最大深度，可用下式计算：

$$H_{90} = \frac{2c}{\gamma} \tan\left(45° + \frac{\varphi}{2}\right) \tag{6-8}$$

利用这些曲线可以很快地确定坡高或坡角，其计算步骤如下：

1）根据岩体的性质指标（c、φ、γ）按式 (6-8) 确定 H_{90}；

2）如果已知坡角，需要求坡高，则在横轴上找到已知坡角对应的那点，自该点向上作一垂直线，相交于对应已知内摩擦角 φ 的曲

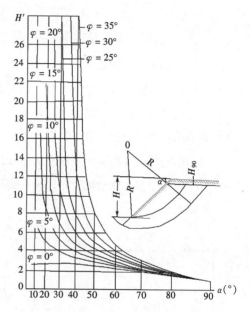

图 6-5　对于各种不同计算指标的均质岩坡高度与坡角的关系曲线

线，得一交点，然后从该点作一水平线交于纵轴，求得 H'，将 H' 乘以 H_{90} 即得所要求的坡高 H：

$$H = H' H_{90} \tag{6-9}$$

3）如果已知坡高 H，需要确定坡角，则首先用下式确定 H'：

$$H' = \frac{H}{H_{90}} \tag{6-10}$$

根据这个 H'，从纵轴上找到相应点，通过该点作一水平线相交于对应已知 φ 的曲线，得一交点，然后从该交点作向下的垂直线交于横轴，即求得坡角。

【例题 6-1】　已知均质岩坡的 $\varphi = 26°$，$c = 400\text{kPa}$，$\gamma = 25\text{kN/m}^3$，问当岩坡高度为 300m 时，坡角应当采用多少度？

【解】

1）根据已知的岩石指标计算 H_{90}：

$$H_{90} = \frac{2 \times 400}{25} \tan(45° + 13°) = 51.2 \text{m}$$

2）计算 H'：

$$H' = \frac{H}{H_{90}} = \frac{300}{51.2} = 5.9$$

3）按照图 6-5 的曲线，根据 $\varphi = 26°$ 以及 $H' = 5.9$，求得 $\alpha = 46.5°$。

6.3.2　平面滑动岩坡稳定性分析

1. 平面滑动的一般条件

岩坡沿着单一的平面发生滑动，一般必须满足下列几何条件：

1）滑动面的走向必须与坡面平行或接近平行（约在 $\pm 20°$ 的范围内）；

2）滑动面必须在边坡面露出，即滑动面的倾角 β 必须小于坡面的倾角 α；

3）滑动面的倾角 β 必须大于该平面的摩擦角 φ；

4）岩体中必须存在滑动阻力很小的分离面，以定出滑动的侧面边界。

2. 平面滑动分析

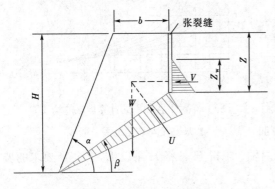

图 6-6　平面滑动分析简图

大多数岩坡在滑动之前会在坡顶或坡面上出现张裂缝，如图 6-6 所示。张裂缝中不可避免地还充有水，从而产生侧向水压力，使岩坡的稳定性降低。这在分析中往往作下列假定：

1）滑动面及张裂缝的走向平行于坡面；

2）张裂缝垂直，其充水深度为 Z_w；

3）水沿张裂缝底进入滑动面渗漏，张裂缝底与坡趾间的长度内水压力按线性变化至零（三角形分布），如图 6-6 所示。

4）滑动块体重量 W、滑动面上水压力 U 和张裂缝中水压力 V 三者的作用线均通过滑体的重心。即假定没有使岩块转动的力矩，破坏只是由于滑动。一般而言，忽视力矩造成的误差可以忽略不计，但对于具有陡倾结构面的陡边坡要考虑可能产生倾倒的破坏。

潜在滑动面上的安全系数可按极限平衡条件求得。这时安全系数等于总抗滑力与总滑动力之比，即：

$$F_s = \frac{cL + (W\cos\beta - U - V\sin\beta)\tan\varphi}{W\sin\beta + V\cos\beta} \tag{6-11}$$

式中　L——滑动面长度（每单位宽度内的面积）（m）；

其余符号同前。

$$L = \frac{H - Z}{\sin\beta} \tag{6-12}$$

$$U = \frac{1}{2}\gamma_w Z_w L \tag{6-13}$$

$$V = \frac{1}{2}\gamma_w Z_w^2 \tag{6-14}$$

W 按下列公式计算。当张裂缝位于坡顶面时：

$$W = \frac{1}{2}\gamma H^2 \left\{[1 - (Z/H)^2]\cot\beta - \cot\alpha\right\} \tag{6-15}$$

当张裂缝位于坡面上时：

$$W = \frac{1}{2}\gamma H^2 [(1 - Z/H)^2 \cot\beta(\cot\beta\tan\alpha - 1)] \tag{6-16}$$

当边坡的几何要素和张裂缝内的水深为已知时，用上列这些公式计算安全系数很简单。但有时需要对不同的边坡几何要素、水深、不同抗剪强度的影响进行比较，这时用上述方程式计算就相当麻烦。为了简化起见可将式（6-11）重新整理成下列无量纲的形式：

$$F_s = \frac{(2c/\gamma H)P + [Q\tan^{-1}\beta - R(P + S)]\tan\varphi}{Q + RS\tan^{-1}\beta} \tag{6-17}$$

$$P = \frac{1 - Z/H}{\sin\beta} \tag{6-18}$$

当张裂缝在坡顶面上时：

$$Q = \{[1 - (Z/H)^2]\cot\beta - \cot\alpha\}\sin\beta \tag{6-19}$$

当张裂缝在坡面上时：

$$Q = [(1 - Z/H)^2 \cot\beta(\cot\beta\tan\alpha - 1)] \tag{6-20}$$

$$R = \frac{\gamma_w}{\gamma} \times \frac{Z_w}{Z} \times \frac{Z}{H} \tag{6-21}$$

$$S = \frac{Z_w}{Z} \times \frac{Z}{H}\sin\beta \tag{6-22}$$

P、Q、R、S 均为无量纲的，它们只取决于边坡的几何要素，而不取决于边坡的尺寸大小。因此，当黏聚力 $c=0$ 时，安全系数 F_s 不取决于边坡的具体尺寸。

图 6-7、图 6-8 和图 6-9 分别表示各种几何要素的边坡的 P、S、Q 的值，可供计算使用。两种张裂缝的位置都包括在 Q 比值的图解曲线中，所以不论边坡外形如何，都不需检查张裂缝的位置就能求得 Q 值，但应注意张裂缝的深度一律从坡顶面算起。

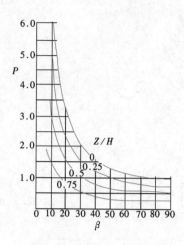

图 6-7　不同边坡几何要素的 P 值

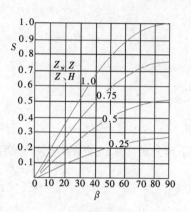

图 6-8　不同边坡几何要素的 S 值

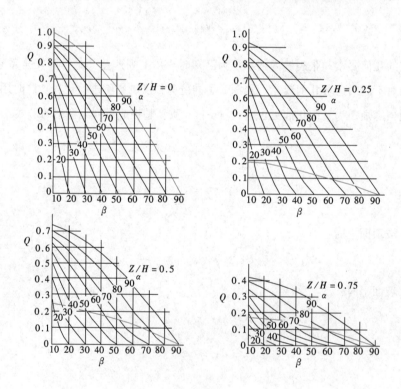

图 6-9　不同边坡几何要素的 Q 值

【**例题 6-2**】　设有一岩石边坡，高 30.5m，坡角 $\alpha=60°$，坡内有一结构面穿过，结构面的倾角为 $\beta=30°$。在边坡坡顶面线 8.8m 处有一条张裂缝，其深度为 $Z=15.2$m。岩石重力密度为 $\gamma=25.6$kN/m³。结构面的黏聚力 $c_j=48.6$kPa，内摩擦角 $\varphi_j=30°$，求水深 Z_w 对边坡安全系数 F_s 的影响。

【解】

当 $Z/H=0.5$ 时，由图 6-7 和图 6-9 查得 $P=1.0$ 和 $Q=0.36$。

对于不同的 Z_w/Z，R［由式（6-21）算得］和 S（从图 6-8 查得）的值为：

Z_w/Z	1.0	0.5	0.0
R	0.195	0.098	0.0
S	0.26	0.13	0.0

又知 $2c/\gamma H = 2\times48.6/25.6\times30.5 = 0.125$。

所以，当张裂缝中水深不同时，根据式（6-17）计算的安全系数变化如下：

Z_w/Z	1.0	0.5	0.0
F_s	0.77	1.10	1.34

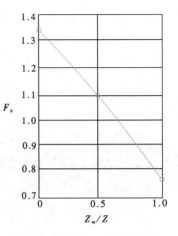

图 6-10 张裂缝中水深对边坡安全系数的影响

将这些值绘成图 6-10 的曲线，可见张裂缝中的水深对岩坡安全系数的影响很大。因此，采取措施防止水从顶部进入张裂缝，是提高安全系数的有效办法。

6.3.3 双平面滑动岩坡稳定性分析

如图 6-11 所示，岩坡内有两条相交的结构面，形成潜在的滑动面。上面的滑动面的倾角 α_1 大于结构面内摩擦角 φ_1，设 $c_1=0$，则其上岩块体有下滑的趋势，从而通过接触面将力传递给下面的块体，称上面的岩块体为主动岩块体。下面的潜在滑动面的倾角 α_2 小于结构面的内摩擦角 φ_2，它受到上面滑动块体传来的力，因而也可能滑动，称下面的岩块体为被动滑块体。为了使岩体保持平衡，必须对岩体施加支撑力 F_b，该力与水平线成 θ 角。假设主动块体与被动块体之间的边界面为垂直，对

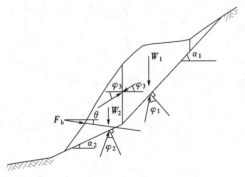

图 6-11 双平面抗滑稳定分析模型

上、下两滑块体分别进行图 6-11 所示力系的分析，可以得到极限平衡所需施加的支撑力：

$$F_b = \frac{W_1\sin(\alpha_1-\varphi_1)\cos(\alpha_2-\varphi_2-\varphi_3) + W_2\sin(\alpha_2-\varphi_2)\cos(\alpha_1-\varphi_1-\varphi_3)}{\cos(\alpha_2-\varphi_2+\theta)\cos(\alpha_1-\varphi_1-\varphi_3)} \quad (6-23)$$

式中　φ_1、φ_2、φ_3 ——上滑动面、下滑动面以及垂直滑动面上的摩擦角；

　　　　W_1、W_2 ——单位长度主动和被动滑动块体的重量。

为了简单起见，假定所有摩擦角是相同的，即 $\varphi_1 = \varphi_2 = \varphi_3 = \varphi$。

如果已知 F_b、W_1、W_2、α_1 和 α_2 之值，则可以用下列方法确定岩坡的安全系数：首先用式（6-23）确定保持极限平衡而所需要的摩擦角值 $\varphi_{需要}$，然后将岩体结构面上的设计采用的内摩擦角值 $\varphi_{实有}$ 与之比较，用下列公式确定安全系数：

$$F_s = \frac{\tan\varphi_{实有}}{\tan\varphi_{需要}} \tag{6-24}$$

在开始滑动的实际情况中，通过岩坡的位移测量可以确定出坡顶、坡趾以及其他各处的总位移的大小和方向。如果总位移量在整个岩坡中到处一样，并且位移的方向是向外的和向下的，则可能是刚性滑动的运动形式。于是总位移矢量的方向可以用来定出 α_1 和 α_2 的值，并且可用张裂缝的位置确定 W_1 和 W_2 的值。假设安全系数为 1，可以计算出 $\varphi_{实有}$ 的值，此值即为方程式（6-23）的根。今后如果在主动区开挖或在被动区填方或在被动区进行锚固，均可提高安全系数。这些新条件下所需要的内摩擦角 $\varphi_{需要}$ 也可从式（6-23）得出。在新条件下对安全系数的增加也就不难求得。

6.3.4　力多边形法岩坡稳定性分析

两个或两个以上多平面的滑动或者其他形式的折线和不规则曲线的滑动，都可以按照极限平衡条件用力多边形（分条图解）法来进行分析。下面说明这种方法。

如图 6-12（a）所示，假定根据工程地质分析，ABC 是一个可能的滑动面，将这个滑动区域（简称为滑楔）用垂直线划分为若干岩条，对于每一岩条都考虑到相邻岩条的反作用力，并绘制每一岩条的力多边形。以第 i 条为例，岩条上作用着下列各力（图 6-12b）：

W_i——第 i 条岩条的重量（kN）；

R'——相邻的上面的岩条对 i 条岩条的作用力（kN）；

cl'——相邻的上面的岩条与第 i 条岩条垂直界面之间的黏聚力（kN）（这里 c 为单位面积黏聚力，l' 为相邻交界线的长度）；R' 与 cl' 组成合力 E'（kN）；

R'''——相邻的下面岩条对第 i 条岩条的反作用力（kN）；

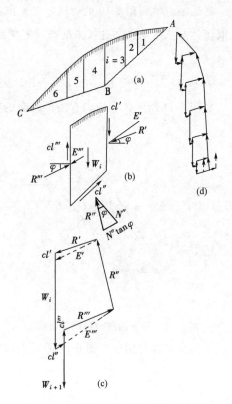

图 6-12　用力多边形进行岩坡稳定分析
（a）当岩坡稳定分析时对岩坡分块；（b）第 i 条岩块受力示意图；（c）第 i 条岩块的力多边形；（d）整个岩块的力多边形

cl'''——相邻的下面岩条与第 i 条岩条之间的黏聚力（l''' 为相邻交界线的长度）（kN）；

R''' 与 cl''' 组成合力 E'''（kN）；

R''——第 i 条岩条底部的反作用力（kN）；

cl''——第 i 条岩条底部的黏聚力（l'' 为第 i 条岩条底部的长度）（kN）。

根据这些力绘制力的多边形如图 6-12（c）所示。在计算时，应当从上向下自第一块岩条一个一个地进行图解计算（在图中分为 6 条），一直计算到最下面的一块岩条。力的多边形可以绘在同一个图上，如图 6-12（d）所示。如果绘到最后一个力多边形是闭合的，则就说明岩坡刚好是处于极限平衡状态，也就是稳定安全系数等于 1（图 6-12d 的实线）。如果绘出的力多边形不闭合，如图 6-12（d）左边的虚线箭头所示，则说明该岩坡是不稳定的，因为为了图形的闭合还缺少一部分黏聚力。如果最后的力多边形如右边的虚线箭头所示，则说明岩坡是稳定的，因为为了多边形的闭合还可少用一些黏聚力，亦即黏聚力还有多余。

用岩体的黏聚力 c 和内摩擦角 φ 进行上述的这种分析，只能看出岩坡是稳定的还是不稳定的，但不能求出岩坡的稳定安全系数来。为了求得安全系数必须进行多次的试算。这时一般可以先假定一个安全系数，例如 $(F_s)_1$，把岩体的黏聚力 c 和内摩擦系数 $\tan\varphi$ 都除以 $(F_s)_1$，亦即得到：

$$\tan\varphi_1 = \frac{\tan\varphi}{(F_s)_1} \tag{6-25}$$

$$c_1 = \frac{c}{(F_s)_1} \tag{6-26}$$

然后用 c_1、φ_1 进行上述图解验算。如果图解结果，力多边形刚好是闭合的，则所假定的安全系数就是在这一滑动面下的岩坡安全数；如果不闭合，则更新假定安全系数，直至闭合为止，求出真正的安全系数。

如果岩坡有水压力、地震力以及其他的力也可在图解中把它们包括进去。

6.3.5　力的代数叠加法岩坡稳定分析

当岩坡的坡角小于 45°时，采用垂直线把滑楔分条，则可以近似地作下列假定：分条块边界上反力的方向与其下一条块的底面滑动线的方向一致。如图 6-13 所示，第 i 条岩条的底部滑动线与下一岩条 $i+1$ 的底部滑动线相差 $\Delta\theta_i$ 角度，$\Delta\theta_i = \theta_i - \theta_{i+1}$。

在这种情况下，岩条之间边界上的反力通过分析用下列式子决定：

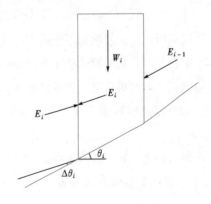

图 6-13　岩条受力图

$$E_i = \frac{W_i(\sin\theta_i - \cos\theta_i\tan\varphi) - cl_i + E_{i-1}}{\cos\Delta\theta_i + \sin\Delta\theta_i\tan\varphi} \tag{6-27}$$

当 $\Delta\theta_i$ 角减小时，上式分母就趋近于 1。

如果采用式（6-27）中的分母等于 1，并解此方程式则可以求出所有岩条上的反力 E_i，用下列各式表示：

$$\left.\begin{aligned}
E_1 &= W_1(\sin\theta_1 - \cos\theta_1\tan\varphi) - cl_1 \\
E_2 &= W_2(\sin\theta_2 - \cos\theta_2\tan\varphi) - cl_2 + E_1 \\
E_3 &= W_3(\sin\theta_3 - \cos\theta_3\tan\varphi) - cl_3 + E_2 \\
&\cdots\cdots \\
E_n &= W_n(\sin\theta_n - \cos\theta_n\tan\varphi) - cl_n + E_{n-1}
\end{aligned}\right\} \tag{6-28}$$

式中　　　c——岩石黏聚力（kPa）；

　　　　　φ——岩石内摩擦角（°）；

$l_1, l_2, \cdots\cdots, l_n$——各分条底部滑动线的长度（m）。

计算时，先算 E_1，然后再算 E_2，E_3，$\cdots\cdots$，E_n。如果算到最后：

$$E_n = 0 \tag{6-29}$$

或者

$$\sum_{i=1}^{n} W_i(\sin\theta_i - \cos\theta_i\tan\varphi) - \sum_{i=1}^{n} cl_i = 0 \tag{6-30}$$

则表明岩坡处于极限状态，安全系数等于 1。如果 $E_n > 0$，则岩坡是不稳定的；反之如果 $E_n < 0$，则该岩坡是稳定的。为了求安全系数，也可以采用上节的方法试算，即用 $c_1 = \dfrac{c}{(F_s)_1}$，$\tan\varphi_1 = \dfrac{\tan\varphi}{(F_s)_1}$，$\cdots\cdots$，代入式（6-28），求出满足式（6-29）和式（6-30）的安全系数。

用力的代数叠加法计算时，滑动面一般应为较平缓的曲线或折线。

6.3.6　楔形滑动岩坡稳定性分析

前面所讨论的岩坡稳定分析方法，都是适用于走向平行或接近于平行于坡面的滑动破坏。前已说明，只要滑动破坏面的走向是在坡面走向的 $\pm20°$ 范围以内，用这些分析方法就是有效的。本节讨论另一种滑动破坏，这时沿着发生滑动的结构软弱面的走向都交切坡顶面，而分离的楔形体沿着两个这样的平面的交线发生滑动，即楔形滑动，如图 6-14（a）所示。

设滑动面 1 和 2 的内摩擦角分别为 φ_1 和 φ_2，黏聚力分别为 c_1 和 c_2，其面积分别为 A_1 和 A_2，其倾角分别为 β_1 和 β_2，走向分别为 ψ_1 和 ψ_2，二滑动面的交线的倾角为 β_S，走向为 ψ_S，交线的法线 $\overrightarrow{n}$ 和滑动面之间的夹角分别为 ω_1 和 ω_2，楔形体重量为 W，W 作用在滑动面上的法向力分别为 N_1 和 N_2。楔形体对滑动的安全系数为：

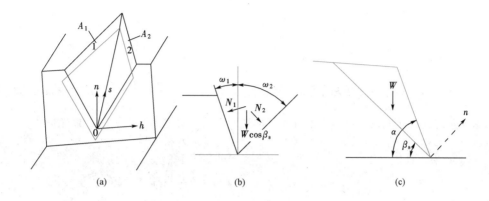

图 6-14　楔形滑动图形

(a) 立面视图；(b) 沿交线视图；(c) 正交交线视图

A_1 -滑动面 1；A_2 -滑动面 2

$$F_s = \frac{N_1 \tan\varphi_1 + N_2 \tan\varphi_2 + c_1 A_1 + c_2 A_2}{W \sin\beta_S} \tag{6-31}$$

其中 N_1 和 N_2 可根据平衡条件求得：

$$N_1 \sin\omega_1 + N_2 \sin\omega_2 = W \cos\beta_S \tag{6-32}$$

$$N_1 \cos\omega_1 = N_2 \cos\omega_2 \tag{6-33}$$

从而可解得：

$$N_1 = \frac{W \cos\beta_S \cos\omega_2}{\sin\omega_1 \cos\omega_2 + \cos\omega_1 \sin\omega_2} \tag{6-34}$$

$$N_2 = \frac{W \cos\beta_S \cos\omega_1}{\sin\omega_1 \cos\omega_2 + \cos\omega_1 \sin\omega_2} \tag{6-35}$$

式中：

$$\sin\omega_i = \sin\beta_i \sin\beta_S \sin(\psi_S - \psi_i) + \cos\beta_i \cos\beta_S (i = 1,2) \tag{6-36}$$

如果忽略滑动面上的黏聚力 c_1 和 c_2，并设两个面上的内摩擦角相同，都为 φ_j，则安全系数为：

$$F_s = \frac{(N_1 + N_2)\tan\varphi_j}{W \sin\beta_S} \tag{6-37}$$

根据式（6-34）和式（6-35），并经过化简，得：

$$N_1 + N_2 = \frac{W \cos\beta_S \cos\frac{\omega_2 - \omega_1}{2}}{\sin\frac{\omega_1 + \omega_2}{2}} \tag{6-38}$$

因而：

$$F_s = \frac{\cos\frac{\omega_2 - \omega_1}{2}\tan\varphi_j}{\sin\frac{\omega_1 + \omega_2}{2}\tan\beta_S} = \frac{\sin\left(90° - \frac{\omega_2}{2} + \frac{\omega_1}{2}\right)\tan\varphi_j}{\sin\frac{\omega_1 + \omega_2}{2}\tan\beta_S} \tag{6-39}$$

不难证明，$\omega_1 + \omega_2 = \xi$ 是两个滑动面间的夹角，而 $90° - \frac{\omega_2}{2} + \frac{\omega_1}{2} = \beta$ 是滑动面底部水平面与这夹角的交线之间的角度（自底部水平面逆时针转向算起），如图 6-15 的右上角。因而：

$$F_s = \frac{\sin\beta}{\sin\frac{1}{2}\xi}\left(\frac{\tan\varphi_j}{\tan\beta_S}\right) \tag{6-40}$$

或写成：

$$(F_s)_{楔} = K(F_s)_{平} \tag{6-41}$$

式中 $(F_s)_{楔}$——仅有摩擦力时的楔形体
抗滑安全系数；

$(F_s)_{平}$——坡角为 α、滑动面的倾角
为 β_S 的平面破坏的抗滑
安全系数；

K——楔体系数，如式（6-40）中所示，它取决于楔体的夹角 ξ 以及楔体的歪斜角 β；图 6-15 上绘有对应于一系列 ξ 和 β 的 K 值，可供使用。

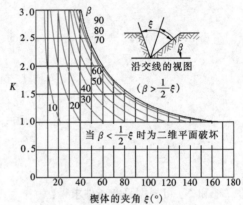

图 6-15 楔体系数 K 的曲线

6.3.7 倾倒破坏岩坡稳定性分析

如图 6-16 所示，在不考虑岩体黏聚力影响的情况下，当 $\alpha < \varphi$ 及 $b/h < \tan\alpha$ 时，岩块将发生倾倒；当 $\alpha > \varphi$ 及 $b/h < \tan\alpha$ 时，岩块将既会滑动又会倾倒。

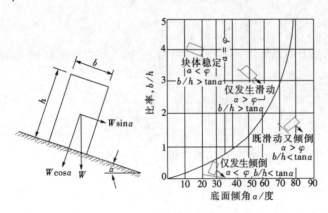

图 6-16 岩坡的倾倒破坏

根据破坏的形成过程，可将其细分为弯曲式倾倒、岩块式倾倒和岩块弯曲复合式倾倒（图 6-17），以及因坡脚被侵蚀、开挖等而引起的次生倾倒等类型。

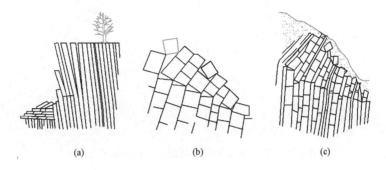

图 6-17　倾倒破坏的主要类型

（a）弯曲式倾倒；（b）岩块式倾倒；（c）岩块弯曲复合式倾倒

在阶梯状底面上，岩块倾倒的极限平衡分析法为：

设如图 6-18 所示的岩块系统，边坡坡角为 θ，岩层倾角为 $90°-\alpha$，阶梯状底面总倾角为 β，图中的常量 a_1、a_2 和 b（假定为理想阶梯形）分别为：

$$\left.\begin{array}{l} a_1 = \Delta x \tan(\theta - \alpha) \\ a_2 = \Delta x \tan\alpha \\ b = \Delta x \tan(\beta - \alpha) \end{array}\right\}$$

(6-42)

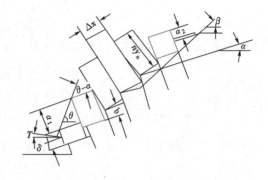

图 6-18　阶梯状底面上岩块倾倒的分析模型

式中　Δx——各个岩块的宽度。

位于坡顶线以下的第 n 块岩块的高度为：

$$Y_n = n(a_1 - b) \tag{6-43}$$

位于坡顶线以上的第 n 块岩块的高度为：

$$Y_n = Y_{n-1} - a_2 - b \tag{6-44}$$

图 6-19（a）表示一典型岩块，其底面上的作用力有 R_n 和 S_n，侧面上的作用力有 P_n、Q_n、P_{n-1}、Q_{n-1}。当发生转动时，$K_n = 0$。M_n、L_n 的位置见表 6-1。

第 n 块岩块作用力 P_n，P_{n-1} 的位置表达式　　　　　表 6-1

岩块位于坡顶以下	岩块位于坡顶线处	岩块位于坡顶以上
$M_n = Y_n$	$M_n = Y_n - a_2$	$M_n = Y_n - a_2$
$L_n = Y_n - a_1$	$L_n = Y_n - a_1$	$L_n = Y_n$

对于不规则的岩块系统，Y_n、L_n 与 M_n 可以采用图解法确定。

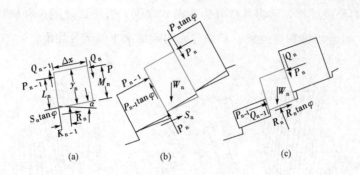

图 6-19　第 n 块岩块倾倒与滑动的极限平衡条件

（a）作用于第 n 块岩块上的力；（b）第 n 块岩块的倾倒；

（c）第 n 块岩块的滑动

岩块侧面上的摩擦力为：

$$\left. \begin{array}{r} Q_n = P_n \tan\varphi \\ Q_{n-1} = P_{n-1} \tan\varphi \end{array} \right\}$$

$$(6\text{-}45)$$

按垂直和平行于岩块底面力的平衡关系，有：

$$\left. \begin{array}{r} R_n = W_n \cos\alpha + (P_n - P_{n-1}) \tan\alpha \\ S_n = W_n \sin\alpha + (P_n - P_{n-1}) \end{array} \right\}$$

$$(6\text{-}46)$$

根据力矩平衡条件，如图 6-19（b）所示，阻止倾倒的力 P_{n-1} 的值为：

$$P_{n-1,t} = \frac{P_n(M_n - \Delta x \tan\varphi) + (W_n/2)(Y_n \sin\alpha - \Delta x \cos\alpha)}{L_n}$$

$$(6\text{-}47)$$

且

$$R_n > 0$$

$$(6\text{-}48)$$

$$|S_n| < R_n \tan\varphi$$

$$(6\text{-}49)$$

根据滑动方向的平衡条件，如图 6-19（c）所示，阻止滑动的力 P_{n-1} 值为：

$$P_{n-1,s} = P_n - \frac{W_n(\tan\varphi\cos\alpha - \sin\alpha)}{1 - \tan^2\varphi}$$

$$(6\text{-}50)$$

边坡加固所需的锚固力，在图 6-18 中，T 为施加于第 1 块上的锚固力，其距离底面为 L_1，向下倾角为 δ。为阻止第 1 岩块倾倒所需的锚固张力为：

$$T_t = \frac{(W_1/2)(Y_1 \sin\alpha - \Delta x \cos\alpha) + P_1(Y_1 - \Delta x \tan\varphi)}{L_1 \cos(\alpha + \delta)}$$

$$(6\text{-}51)$$

为阻止第 1 岩块滑动所需的锚固张力为：

$$T_s = \frac{P_1(1 - \tan^2\varphi) - W_n(\tan\varphi\cos\alpha - \sin\alpha)}{\tan\varphi\sin(\alpha + \delta) + \cos(\alpha + \delta)}$$

$$(6\text{-}52)$$

所需的锚固力由 T_t 和 T_s 两者中选较大者。

6.4 岩石边坡加固

经过对边坡进行稳定性分析，若边坡不稳定或有潜在失稳的可能，而边坡的破坏将导致道路阻塞、建筑物破坏或其他重大损失时，一方面加强观察、检测，同时应根据岩体的工程性质、环境因素、地质条件、植被完整性、地表水汇集等因素进行综合治理，采用加固措施来改善边坡的稳定性。对于潜在的小规模岩石滑坡，常常采用如下的方法进行岩坡加固。

6.4.1 岩石边坡加固

6.4.1 注浆加固

对于裂隙比较发育但仍处于稳定的岩体，应对岩体裂隙进行注浆、勾缝、填塞等方法处理。岩体内的断裂面往往就是潜在的滑动面。用砂浆填塞断裂部分就消除了滑动的可能，如图 6-20 所示。在注浆以前，应当将断裂部分的泥质冲洗干净，这样砂浆与岩石可以良好地结合。有时还应当将断裂部分加宽再进行填塞。这样既清除了断裂面表面部分的风化岩石或软弱岩石，又使灌注工作容易进行。

6.4.2 边坡加固方法

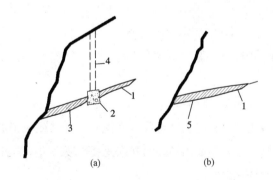

图 6-20　注浆、填塞等加固岩体裂隙
1-岩体断裂；2-砂浆体；3-清洗断裂面并注浆；4-钻孔；
5-清洗和扩大断裂并用砂浆填塞

6.4.2 锚杆或预应力锚索加固

在不安全岩石边坡的工程地质测绘中，经常发现岩体的深部岩石较坚固，不受风化的影响，足以支持不稳定的和存在某种危险状况的表层岩石。在这种情况下采用锚杆或预应力锚索进行岩石锚固，是一种有效的治理方法。

6.4.3 锚杆施工

图 6-21（a）表示用锚杆加固岩石的一个例子。在图 6-21（b）上绘出了作用于岩坡上的力的多边形。W 表示潜在滑动面以上岩体的重量；N 和 T 表示该重量在 $a\text{-}a$ 面上的法向分力和切向分力。假定 $a\text{-}a$ 面上的摩擦角为 35°，F 为该面上的摩擦力。从图上看出，摩擦力 F 不足以抵抗剪切力 T，$T\text{—}F$ 的差值将使岩体产生滑动破坏。这个差值必须由外力加以平衡。在设

6.4.4 锚杆拉拔试验

计时，为了保证安全，这个外力应当大于 $T\text{—}F$ 的差值，一般应能使被加固岩体的抗滑安全系数提高到 1.25。安设锚杆就能实现这个目的。为此既可以布置垂直于潜在剪切面 $a\text{-}a$ 而作用的锚杆，以形成阻力 R_S（剪切锚杆的总力），也可以布置与剪切面 $a\text{-}a$ 倾斜的锚杆（倾斜的角度需由计算和构造要求确定），从而在力系中增加阻力 A_{min}、A_H、A_N。

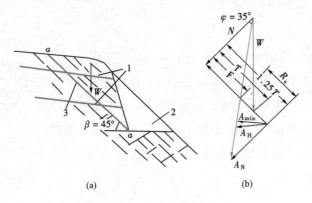

6.4.5 滑坡整治

图 6-21　用锚栓加固岩石的实例

1-岩石锚杆；2-挖方；3-潜在破坏面

6.4.3　混凝土挡墙或支墩加固

在山区修建大坝、水电站、铁路和公路进行开挖时，天然或人工的边坡经常需要防护，以免岩石滑塌。在很多情况下，不能用额外的开挖放缓边坡来防止岩石的滑动而应当采用混凝土挡墙或支墩，这样可能比较经济。

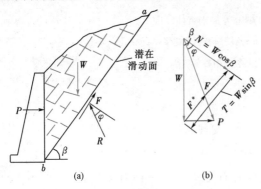

图 6-22　用混凝土挡墙加固岩坡

如图 6-22（a）所示，岩坡内有潜在滑动面 ab，采用混凝土挡墙加固。ab 面以上的岩体重 W，潜在滑动面方向有分力（剪切力）$T=W\sin\beta$，垂直于潜在滑动面的分力 $N=W\cos\beta$，抵抗滑动的摩擦力 $F=W\cos\beta\tan\varphi$。显然（图 6-22b），这里的摩擦力 F 比剪切力 T 小，不能抵抗滑动，如果没有挡墙的反

作用力 P（假定墙面光滑），岩体就不能稳定。由于 P 在滑动方向造成分力 F^*，岩体才能静力平衡，即 $F+F^*=T$。应当指出，从挡墙来的反作用力只有当岩体开始滑动时才成为一个有效的力。

6.4.4 挡墙与锚杆相结合的加固

在大多数情况下采用挡墙与锚杆相结合的办法来加固岩坡。锚杆可以是预应力的，也可以不是预应力的。

图 6-23（a）表示挡墙与锚杆相结合的例子。这里挡墙较薄较轻，目的在于防冻和防风化，它只受图中阴影部分的岩楔下滑产生的压力（图 6-23b）。只要后边的岩楔受到支持，其后面的岩体就处于稳定状态。在图 6-23（c）上绘有力多边形，其中 W_r 表示不稳定岩石（即图中的阴影部分）的重量，W_w 表示有拉杆锚固时挡墙的重量，W'_w 表示无拉杆锚固时挡墙应当增加的重量（虚线），R 表示合力，A 表示拉杆总拉力，R' 表示无拉杆时的合力，1.25 表示安全系数，φ 表示沿节理面摩擦角。从力多边形中明显看出，需要用挡墙的自重和拉杆的总拉力来保护岩石的不稳定部分。在设计时可按拉杆沿着墙面均匀布置，并使每根拉杆的应力和贯入到稳定岩体的深度减到最小。挡墙上的荷载也假定均匀分布。从这个力多边

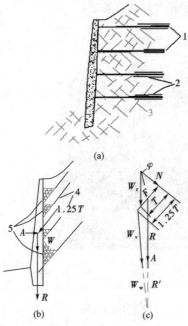

(a)

形中还可看出，采用拉杆后，挡墙的断面就可大大缩小。因此只要在墙后适当距离内有坚固而稳定的岩石就可以用锚固挡墙来支撑不稳定岩石及其上部的覆盖物。但拉杆集中于一行时，将使锚固挡土墙的断面有所增大。

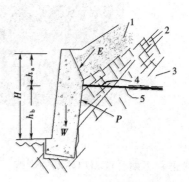

图 6-23　挡墙与锚杆相结合的加固

（a）断面图；（b）加荷形式；

（c）力多边形图解分析

1-锚杆；2-灌浆；3-有节理的岩

体；4-节理方向；5-被支撑的岩楔

图 6-24　混凝土挡墙与高强度预

应力锚杆加固不稳定岩坡实例

1-覆盖土；2-破碎岩石；3-坚固

岩石；4-锚杆；5-预应力岩石锚固

图 6-24 所示为有混凝土挡墙与高强度预拉应力锚杆加固不稳定岩坡的实例。由于预拉应力的作用，可以在挡墙断面内造成较高的应力，所以挡墙的断面不能太薄。从静力学观点出发要求锚杆位于尽可能高的位置。不过邻近锚杆插入处的挡墙和岩体之间的接触也极为重要。根据经验，锚固挡墙的最大经济高度 H 约为锚杆距地面高度 h_b 的两倍。

利用锚固挡墙，特别是在建筑物较长时，由于减少开挖量和减小墙的断面，所节约的石方量和混凝土量是相当可观的。如果使用预制混凝土构件则可能更加经济。

6.5 岩石边坡加固实例

6.5.1 岩石边坡加固实例

某地岩石边坡，长约 140m，高度约 43m。一幢厂房坐落在边坡北段坡脚下，边坡斜坡中部和南部坡下是一集装箱运输货车停车场，如图 6-25 所示。边坡上部为强风化花岗岩，下部为中等风化的细粒花岗岩。该边坡多次发生小规模滑坡和崩塌。根据稳定性分析表明，存在倾倒和局部滑坡破坏的可能，现场踏勘也确认有反向的楔体和悬垂的块体。岩石露头的下部裂隙很发育，在地上可见砾石到卵石大小的落石。边坡的计算安全系数低于规范要求的安全系数，对边坡进行加固工作，维持其稳定是必要的。

图 6-25 加固施工中的边坡

考虑到工期要求和对环境的影响，采用的边坡加固方案归纳如下：

1）在边坡上部采用 8～20m 长度不等的全长黏结锚杆（土钉）加固。每根锚杆包括一根直径 40mm 的钢筋和直径 120mm 的灌浆孔。

2）在强风化岩层和中风化岩层交界面处和在崩积层中设置长度为 10～15m 长的常规斜排水管，另外在边坡坡面中部处设多排长 20m 的常规斜排水管，从风化的玄武岩脉体中伸出，目的是最大限度地降低玄武岩对地下水的阻隔作用。

　　3）下部边坡加固采用混凝土面板和岩石锚杆等措施。这些加固措施和处理办法的具体细节和准确位置在进行整个斜坡防滑工程期间在现场确定。

　　4）本次斜坡滑坡防治工程的斜坡景观美化工作包括：斜坡上部喷种草籽，在喷射混凝土斜坡表面设置种植孔并在最低的台阶马道上设置种植箱。

　　加固后的边坡如图 6-26 所示。

图 6-26　加固后的边坡

6.5.2 建筑边坡加
固实例

复习思考题

6.1　边坡的分类有哪些？
6.2　简述岩石边坡破坏的基本类型及其特点。
6.3　影响边坡稳定性的因素有什么？哪些是主要因素？
6.4　岩石边坡稳定性分析主要有哪几种方法？极限平衡法的原理是什么？
6.5　岩石边坡加固常见的方法有哪些？
6.6　请推导单一平面滑动破坏的岩坡，滑动体后部可能出现的张裂缝的最大深度为 $H_{90}=\dfrac{2c}{\gamma}\tan(45°+\dfrac{\varphi}{2})$，式中，$\gamma$ 为岩石重度，c 为滑面黏聚力，φ 为内摩擦角。
6.7　已知均质岩坡的 $\varphi=30°$，$c=300$kPa，$\gamma=25$kN/m³，问当岩坡高度为 200m 时，坡角应当采用多少度？如果已知坡角为 50°，问极限的坡高是多少？
6.8　有一岩坡坡高 $H=100$m，坡顶距坡肩 22m 处垂直张裂隙深 40m，坡角 $\alpha=35°$，结构面倾角 $\beta=20°$，黏聚力 $c_j=0$，内摩擦角 $\varphi_j=25°$。岩体重度 $\gamma=25$kN/m³。试问当裂隙内的水深 Z_w 达何值时，岩坡处于极限平衡状态？

第 7 章

岩 石 地 基 工 程

7.1 概述

　　所谓岩石地基，是指建筑物以岩体作为持力层的地基。人们通常认为在土质地基上修建建筑物比在岩石地基上更具有挑战性，这是因为在大多数情况下，岩石相对于土体来说要坚硬很多，具有很高的强度以抵抗建筑物的荷载。例如，完整的中等强度岩石的承载力就足以承受来自于摩天大楼或大型桥梁产生的荷载。因此，国内外基础工程的关注重点一般都在土质地基上，对于岩石地基工程的研究相对来说就少得多，而且工程师们都倾向认为岩石地基上的基础不会存在沉降与失稳的问题。然而，工程师们在实际工程中面对的岩石在大多数情况下都不是完整的岩块，而是具有各种不良地质结构面，包括各种断层、节理、裂隙及其填充物的复合体，即所谓的岩体。岩体还可能包含有洞穴或经历过不同程度的风化作用，甚至非常破碎。所有这些缺陷都有可能使表面上看起来有足够强度的岩石地基发生破坏，并导致灾难性的后果。

7.1.1 基础及基坑工程事故

　　由此，我们可以总结出岩石地基工程的两大特征：第一，相对于土质地基，岩石地基可以承担大得多的外荷载；第二，岩石中各种缺陷的存在可能导致岩体强度远远小于完整岩块的强度。岩体强度的变化范围很大，从小于 5MPa 到大于 200MPa 都有。当岩石强度较高时，一个基底面积很小的扩展基础就有可能满足承载力的要求。然而，当岩石中包含有一条强度很低且方位较为特殊的裂隙时，地基就有可能发生滑动破坏，这生动地反映了岩石地基工程的两大特征。

　　由于岩石具有比土体更高的抗压、抗拉和抗剪强度，因此相对于土质地基，可以在岩石地基上修建更多类型的结构物，比如会产生倾斜荷载的大坝和拱桥，需要提供抗拔力的悬索桥，以及同时具有抗压和抗拉性能的嵌岩桩基础。

7.1.2 基坑坍塌

为了保证建筑物或构筑物的正常使用，对于支撑整个建筑荷载的岩石地基，设计中需要考虑以下三个方面的内容：

1）基岩体需要有足够的承载能力，以保证在上部建筑物荷载作用下不产生碎裂或蠕变破坏；

2）在外荷载作用下，由岩石的弹性应变和软弱夹层的非弹性压缩产生的岩石地基沉降值应该满足建筑物安全与正常使用的要求；

3）确保由交错结构面形成的岩石块体在外荷载作用下不会发生滑动破坏，这种情况通常发生在高陡岩石边坡上的基础工程中。

与一般土体中的基础工程相比，岩石地基除了应该满足前两点，即强度和变形方面的要求外，还应该满足第三点，即地基岩石块体稳定性方面的要求，这也是由岩石地基工程的重要特征——地基岩体中包含各种结构面决定的。

由于岩石地基具有承载力高和变形小等特点，因此岩石地基上的基础形式一般较为简单。根据上部建筑荷载的大小和方向以及工程地质条件，在岩石上可以采取多种基础类型。目前对岩石地基的利用，主要有以下几种方法：

1）墙下无大放脚基础：若岩石地基的岩石单轴抗压强度较高，且裂隙不太发育，对于砌体结构承重的建筑物，可在清除基岩表面风化层上直接砌筑，而不必设基础大放脚（图 7-1a）。

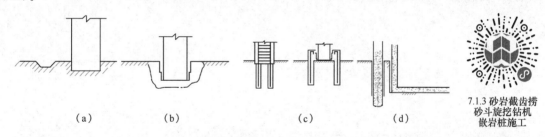

7.1.3 砂岩截齿捞砂斗旋挖钻机嵌岩桩施工

图 7-1　岩石地基上的基础类型

（a）墙下无大放脚基础；（b）预制柱的岩石杯口；（c）锚杆基础；（d）嵌岩桩基础

2）预制柱直接插入岩体：以预制柱承重的建筑物，若其荷载及偏心距均较小，且岩体强度较高、整体性较好时，可直接在岩石地基上开凿杯口，承插上部结构预制柱（图 7-1b）。

3）锚杆基础：对于承受上浮力（上拔力）的结构物，当其自身重力不足以抵抗上浮力（上拔力）时，需要在结构物与岩石之间设置抗拉灌浆锚杆提供抗拔力，称之为抗拔基础。当上部结构传递给基础的荷载中，有较大的弯矩时，可采用锚杆基础。锚杆在岩石地基的基础工程中，主要承受上拔力以平衡基底可能出现的拉应力（图 7-1c）。

7.1.4 岩石地基上的基础类型

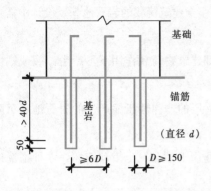

图 7-2 锚杆基础的构造要求

锚杆的锚孔是利用钻机在基岩中钻成，其孔径 D 随成孔机具及锚杆抗拔力而定。一般取 $3d\sim4d$（d 为锚筋的直径），但不得小于 $d+50\mathrm{mm}$，以便于将砂浆或混凝土捣固密实。锚孔的间距，一般取决于基岩的情况和锚孔的直径。对致密完整的基岩，其最小间距可取（$6\sim8$）D；对裂隙发育的风化基岩，其最小间距可增大至（$10\sim12$）D。锚筋一般采用螺纹钢筋，其有效长度应根据试验计算确定，并不应小于 $40d$，如图 7-2 所示。

4）嵌岩桩基础：当浅层岩体的承载力不足以承担上部建筑物荷载，或者沉降值不满足正常使用要求时，就需要使用嵌岩桩将上部荷载直接作用到深层坚硬岩层上。例如，在已有建筑物附近没有空间修建扩展基础的情形时，可以考虑设置嵌岩桩，将荷载传递到邻近建筑物基底水平面下的坚硬岩石上。嵌岩桩的承载力由桩侧摩阻力、端部支承力和嵌固力提供。嵌岩桩可以被设计为抵抗各种不同形式的荷载，包括竖向压力、拉力、水平荷载以及力矩（图 7-1d）。

本章的主要内容包括结合扩展浅基础讨论岩石地基的承载力、沉降计算及应力分布以及岩石地基的稳定性和处理方法。

7.2 岩石地基的变形和沉降

7.2.1 岩石地基中的应力分布

由于大多数的岩石表现出线弹性性质，因此可以利用弹性理论计算岩石地基中的应力分布。

7.2.1 岩石地基中的应力分布

确定岩石地基中应力分布的意义主要在于两个方面：一是将地基中的应力水平与岩体强度比较，以判断是否已经发生破坏；二是利用地基中的应力水平计算地基的沉降值。下面介绍几种不同地质条件下岩石地基中的应力分布。

1. 均质各向同性岩石地基

1）集中荷载作用下

对于弹性半平面体上作用有垂直集中荷载的情形，布辛奈斯克（Boussinesq）在 1885 年推导出了任意一点的应力表达式，其柱坐标解答如下：

$$\left.\begin{array}{l}
\sigma_z = \dfrac{3P}{2\pi}\dfrac{z^3}{R^5} = \dfrac{3P}{2\pi z^2}\dfrac{1}{\left[1+\left(\dfrac{r}{2}\right)^2\right]^{\frac{5}{2}}} \\[4mm]
\sigma_r = \dfrac{P}{2\pi}\left[\dfrac{3zr^2}{R^5} - \dfrac{1-2\mu}{R(R+z)}\right] \\[4mm]
\sigma_\theta = \dfrac{P}{2\pi}(1-2\mu)\left[\dfrac{1}{R(R+z)} - \dfrac{z}{R^3}\right] \\[4mm]
\tau_{rz} = \dfrac{3P}{2\pi}\dfrac{z^2 r}{R^5} \\[4mm]
\tau_{\theta r} = \tau_{r\theta} = 0
\end{array}\right\} \qquad (7\text{-}1)$$

式中，μ 为泊松比，r、z、R 的意义如图 7-3 所示。

值得注意的是，这些应力表达式没有考虑地基岩体的自重，即都为附加应力值，如果要用来计算地基中的应力，则必须叠加上由自重引起的应力值。

2）线荷载作用下

当荷载为线荷载和在二维的情况下（图 7-4），岩石地基中的任一点应力为：

$$\left.\begin{array}{l}
\sigma_x = \dfrac{2P}{\pi z}\sin^2\theta\cos^2\theta \\[3mm]
\sigma_z = \dfrac{2P}{\pi z}\cos^4\theta \\[3mm]
\tau_{xz} = \dfrac{2P}{\pi z}\sin\theta\cos^3\theta \\[3mm]
\sigma_r = \dfrac{2P}{\pi z}\cos^2\theta \\[3mm]
\sigma_{r\theta} = 0
\end{array}\right\} \qquad (7\text{-}2)$$

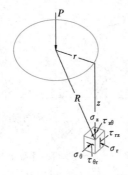
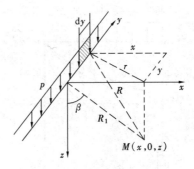

图 7-3　集中荷载作用　　　　　　　图 7-4　线荷载作用下弹性

下弹性半平面体中的应力计算　　　　半平面体中的应力计算

3）均布荷载作用

通过对集中荷载作用下的应力值进行积分运算可以得到均布荷载作用下地基中的应力分

布，这与土力学中的方法一致。因此，利用土力学中的角点法就可以计算出圆形、矩形基础均布荷载作用下的竖向附加应力，在此不作详细叙述。

2. 双层岩石地基

在双层岩石地基中，当上层岩体较为坚硬，而下卧岩层较软弱时，上层岩体将承担大部分的外荷载，同时其内部的应力水平也将远远高于下卧岩层。图 7-5 表示双层岩石地基中，随着上下层岩体模量比的变化，其竖向应力分布的变化过程；从图中可以看出，当上下模量比为 1 时，即为均质地基的情形，其分布符合 Boussinesq 解；当上下模量比增大至 100 时，下卧软弱岩层中的附加应力就小得可以忽略不计了，即外荷载全部由上部岩层承担。

3. 横观各向同性岩石地基

对于横观各向同性岩石地基，由于层理、节理、裂隙等结构面的存在，必须对均质各向同性岩石地基的情形进行修正得到其应力分布。

图 7-6 表示结构面均匀分布的半平面岩体有倾斜线荷载 R 作用的情形。对于均质各向同性岩石地基来说，其压应力等值线，俗称压力泡，应该按图中的曲线圆分布；但是这不适用于存在结构面的情形，因为合应力不能与各个结构面成统一角度。根据结构面内摩擦角 φ_j 的定义，径向应力 σ_r 与结构面法向之间夹角的绝对值必定等于或小于 φ_j，因此压力泡不能超出与结构面的法向成 φ_j 角的 AA 线和 BB 线以外（图 7-6）。由于压力泡被限制在比均质各向同性岩石地基中更窄的范围之内，它必定会延伸得更深，这意味着在同一深度上的应力水平肯定高于各向同性岩石的情况。随着线荷载的方向与结构面的方位变化，一部分荷载也能扩散到平行于结构面的方向上去，对于图中所示情形，平行于结构面的任何应力增量都将是拉应力。值得注意的是，由于对层间发生破坏的情形还是使用弹性的 Boussinesq 解，因此图中的修正压力泡形状是近似的。

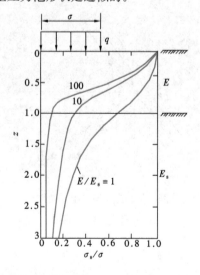

图7-5 双层岩石地基中的应力分布

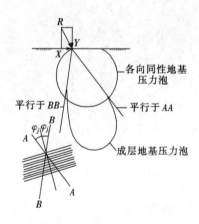

图 7-6 节理岩体中的压力泡

　　为了更好地研究结构面对岩石地基中应力分布的影响，Bray 提出"等效横观各向同性介质"的概念进行分析，即研究考虑存在一组结构面的横观各向同性岩石地基。如图 7-6 所示，将倾斜线荷载分解到平行和垂直于结构面的两个方向，两个分量分别为 X 和 Y，此时岩体中的应力还是呈辐射状分布的，即 $\sigma_\theta = \tau_{r\theta} = 0$，径向应力为：

$$\sigma_r = \frac{h}{\pi r}\left[\frac{X\cos\beta + Yg\sin\beta}{(\cos^2\beta - g\sin^2\beta)^2 + h^2\sin^2\beta\cos^2\beta}\right] \tag{7-3}$$

$$g = \left[1 + \frac{E}{(1-\mu^2)k_n S}\right]^{\frac{1}{2}} \tag{7-4}$$

$$h = \left\{\left(\frac{E}{1-\mu^2}\right)\left[\frac{2(1+\mu)}{E} + \frac{1}{k_s S}\right] + 2\left(g - \frac{\mu}{1-\mu}\right)\right\} \tag{7-5}$$

式中　h、g——描述岩体横观各向同性性质的无因次量，分别按式（7-4）～式（7-5）
　　　　　　　计算；

　　　　E、μ——岩石的弹性模量和泊松比；

　　　　　S——结构面间距；

　　k_n、k_s——结构面的法向和切向刚度；

　　　　　β——径向应力与结构面之间的夹角。

　　利用上述方法可以计算结构面呈任意角度时岩石地基中的应力分布。

7.2.2　岩石地基的沉降

7.2.2 岩石地基的
变形和沉降

　　对于许多岩石地基工程而言，可以将岩石看做是一种各向同性的弹性材料，当有上部建筑物荷载作用时，地基沉降瞬时完成，即没有时间效应。在这种条件下，可以利用弹性理论计算地基的沉降值。根据完整岩石和结构面的性质，可以将岩石地基的沉降分为以下三种类型：

　　1）由岩石本身的变形、结构面的闭合与变形以及少数黏土夹层的压缩三个部分组合形成的地基沉降。当地基岩体比较完整、坚硬，且含有的黏土夹层较薄时（小于几个毫米），则可以认为其沉降是弹性的，也就是说可以利用弹性理论计算地基沉降值。这种方法的适用范围包括均质、各向同性岩石地基，成层岩石地基和横观各向同性岩石地基。

　　2）由于岩石块体沿结构面剪切滑动产生的地基沉降，绝大多数这种情况发生在基础位于岩石边坡顶部时，且边坡岩体中存在潜在滑动的块体。

　　3）与时间有关的地基沉降。这种沉降主要发生在软弱岩石地基和脆性岩石地基中（图7-7a），当地基岩体中包含有一定厚度的黏土夹层时，也会有此类沉降发生。

　　下面将介绍不同地质条件下岩石地基沉降的计算方法，对于较为复杂的地质条件，当下述方法都不适用时，则必须考虑使用数值计算方法。

1. 弹性岩石地基

利用弹性理论可以计算几种不同地质条件下的岩石地基沉降，这些地质条件包括均质、各向同性岩石地基、成层岩石地基和横观各向同性岩石地基。在计算之前，需要收集以下一些参数，包括各层岩体的变形模量和泊松比，岩层的分布情况和厚度以及所采用的基础型式和基底压力。利用下面介绍的方法计算岩石地基的沉降值时，建议进行敏感性分析以了解岩层的分布情况和岩体的弹性参数对结果的影响。通常情况下地基岩体的变形模量很难准确地测定，因此还需要根据现场岩体变形模量的变化范围计算确定地基沉降的可能变化范围。

1）均质、各向同性岩石地基

在被假定为均质、各向同性的岩石地基中（图 7-7a），其地基沉降值可以通过简单地利用弹性理论计算得到。对于圆形和矩形基础，均布荷载作用下地基的沉降值可以通过下式计算：

$$\delta_v = \frac{C_d qB(1-\mu^2)}{E} \tag{7-6}$$

式中　q——均布的基底压力；

　　　B——基础尺寸参数，圆形基础为其直径，矩形基础为其宽度；

　　　C_d——与基础形状和计算位置相关的沉降计算系数，具体取值见表 7-1；

　　E、μ——地基岩体的变形模量和泊松比。

基础形状和计算位置相关的沉降计算系数 C_d　　　　表 7-1

形状	中心点	角点	短边中间点	长边中间点	平均值
圆形	1.00	0.64	0.64	0.64	0.85
圆形（刚性）	0.79	0.79	0.79	0.79	0.79
方形	1.12	0.56	0.76	0.76	0.95
方形（刚性）	0.99	0.99	0.99	0.99	0.99
矩形：l/b					
1.5	1.36	0.67	0.89	0.97	1.15
2	1.52	0.76	0.98	1.12	1.30
3	1.78	0.88	1.11	1.35	1.52
5	2.10	1.05	1.27	1.68	1.83
10	2.53	1.26	1.49	2.12	2.25
100	4.00	2.00	2.20	3.60	3.70
1000	5.47	2.75	2.94	5.03	5.15
10000	6.90	3.50	3.70	6.50	6.60

2）成层岩石地基

在成层岩石地基中，当上层岩石的厚度较小时，同样可以利用上述的弹性方法计算地基沉降值。下面介绍几种典型的成层岩石地基的沉降计算方法。

第一种情形如图 7-7（b）所示，即上层地基岩体为可压缩性岩层，且下卧有刚性岩层的情形。这种情形的沉降计算相当于可压缩范围有限的均质、各向同性岩石地基的沉降计算，即同样地可以利用式（7-6）来进行计算，只是需要对沉降计算系数 C_d 进行适当修正。在实际计算过程中采取的方法是利用系数 C_d' 来替换 C_d，其具体取值见表 7-2。表中给出了各种基础形状下的计算系数值，计算所得值为基础中心点下的沉降值。需要指出的是，表中的值是在假定上下岩层之间剪应力为零且无相对位移的前提下得到的。

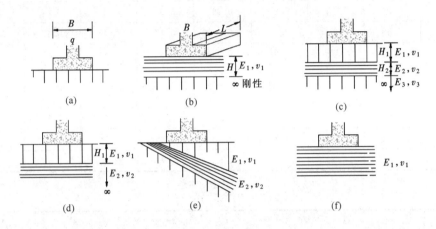

图 7-7　不同地质条件下岩石地基的沉降计算

（a）均质、各向同性；（b）可压缩性岩层下卧有刚性岩层；

（c）坚硬的地基岩体中有厚度不大的可压缩夹层；（d）上部为刚性岩层下部为可压缩性岩层；

（e）倾斜岩层；（f）横观各向同性岩石

第二种情形如图 7-7（c）所示，即在较为坚硬的地基岩体中存在有厚度不大的可压缩夹层的情形。这种情形的沉降计算假定可压缩夹层以下的岩体为刚性，且无限延伸，即总的沉降是由可压缩夹层及其以上岩体的压缩量组合形成的。因此，同样可以利用上述第一种情形的方法计算地基沉降值，只是需要将公式中的弹性常数折算为加权平均值，查表 7-2 过程中 H 为两层岩体的厚度之和（$H_1 + H_2$）。利用这种方法计算得到的地基沉降值偏大，这是因为在计算中没有考虑地基中附加应力的扩散作用。实际情况是，上部坚硬岩体承担了大部分的基础荷载，可压缩夹层只承担小部分的荷载。

第三种情形如图 7-7（d）所示，即上部为刚性岩层，下部可压缩性岩层厚度很大，可认为无限延伸的情形。这种情形的地基沉降计算可以通过对全部由可压缩性岩层构成的地基沉降值进行折减求得，计算公式如下：

$$\delta_v = a\delta_\infty \tag{7-7}$$

式中　a ——表 7-3 提供的折减系数，与上下岩层的模量比 E_1/E_2 和比值 H/B 有关；

　　　H ——上部刚性岩层的厚度，需要注意的是表中提供的值仅适用于圆形基础的情形；

δ_∞ ——全部由可压缩性岩层构成的地基计算沉降值，其值可通过式（7-6）计算求得。

基础形状和计算位置相关的沉降计算系数 C_d' 表 7-2

H/B	圆形基础直径 B	矩形基础						
		L/B=1	L/B=1.5	L/B=2	L/B=3	L/B=5	L/B=10	L/B=∞
0.1	0.09	0.09	0.09	0.09	0.09	0.09	0.09	0.09
0.25	0.24	0.24	0.23	0.23	0.23	0.23	0.23	0.23
0.5	0.48	0.48	0.47	0.47	0.47	0.47	0.47	0.47
1.0	0.70	0.75	0.81	0.83	0.83	0.83	0.83	0.83
1.5	0.80	0.86	0.97	1.03	1.07	1.08	1.08	1.08
2.5	0.88	0.97	1.12	1.22	1.33	1.39	1.40	1.40
3.5	0.91	1.01	1.19	1.31	1.45	1.56	1.59	1.60
5.0	0.94	1.05	1.24	1.38	1.55	1.72	1.82	1.83
∞	1.00	1.12	1.36	1.52	1.78	2.10	2.53	∞

折减系数 a 表 7-3

H/B	E_1/E_2				
	1	2	5	10	100
0	1.0	1.00	1.00	1.00	1.00
0.1	1.0	0.972	0.943	0.923	0.76
0.25	1.0	0.885	0.779	0.699	0.431
0.5	1.0	0.747	0.566	0.463	0.228
1.0	1.0	0.627	0.399	0.287	0.121
2.5	1.0	0.55	0.274	0.175	0.058
5.0	1.0	0.525	0.238	0.136	0.036
∞	1.0	0.500	0.200	0.100	0.010

    上面介绍的成层岩石地基都为水平层理的情形，因此都可以通过简化利用弹性理论进行计算。在实际地质条件中，经常会遇到如图 7-7（e）所示的倾斜岩层条件。对于这种情形，就很难利用弹性理论计算地基沉降值，必须考虑使用数值分析方法，如有限元法、有限差分法进行计算。

    2. 横观各向同性岩石地基

    对于弹性的横观各向同性岩石地基，可以利用 Gerrard 和 Harrison（1970）、Kulhawy（1978）、Kulhawy 和 Goodman（1980）提供的公式计算沉降值。这些公式适用于圆形基础下横观各向同性岩石地基的沉降计算，且要求基础荷载方向与基础底面垂直。横观各向同性岩石的弹性参数包括竖向的、水平的变形模量 E_z 和 E_h，竖向和水平面之间的剪变模量 G_{hz}，水平应力引起竖向应变的泊松比 μ_{hz} 和竖向应力引起水平应变的泊松比 μ_{zh}。

地基沉降 δ_z 的计算公式根据系数 β 的取值不同有以下三个表达式：

当 $\beta > 0$ 时，

$$\delta_z = \frac{Q(c' + G_{hz})de(e^2 - \beta^2)}{2rG_{hz}[c' + d(e + \beta)^2][c' + d(e - \beta)^2]} \tag{7-8a}$$

当 $\beta < 0$ 时，

$$\delta_z = \frac{Qe\,(ad)^{\frac{1}{2}}}{2r(ad - c'^2)} \tag{7-8b}$$

当 $\beta = 0$ 时，

$$\delta_z = \frac{Q(c' + G_{hz})de^3}{2rG_{zb}\,(c' + de^2)^2} \tag{7-8c}$$

系数 β 由下式确定：

$$\beta = \frac{ad - c'^2 - 2c'G_{zh} - 2G_{zh}\,(ad)^{\frac{1}{2}}}{4G_{zh}d} \tag{7-9}$$

其中系数 a、c'、d、e 又可以由下式确定：

$$a = \frac{E_h(1 - \mu_{hz}\mu_{zh})}{(1 + \mu_{hh})(1 - \mu_{hh} - 2\mu_{hz}\mu_{zh})} \tag{7-10a}$$

$$c' = \frac{E_h\mu_{zh}}{1 - \mu_{hh} - 2\mu_{hz}\mu_{zh}} \tag{7-10b}$$

$$d = \frac{E_h\mu_{zh}(1 - \mu_{hh})}{\mu_{hz}(1 - \mu_{hh} - 2\mu_{hz}\mu_{zh})} \tag{7-10c}$$

$$e = \frac{ad - c'^2 - 2c'G_{zh} + 2G_{zh}\,(ad)^{\frac{1}{2}}}{4G_{zh}d} \tag{7-10d}$$

式中　Q——作用在基础上的集中荷载；

　　　r——圆形基础的半径。

如果基础形状为方形或矩形，可以将其折算为一定等效半径的圆形基础进行计算。对于边长为 B 的正方形基础，等效半径为 $r = B/\sqrt{\pi}$；对于长宽分别为 L 和 B 的矩形基础，等效半径为 $r = \sqrt{LB/\pi}$。

如图 7-8 所示，为包含三组正交节理面的地基岩体，在这种条件下，沉降计算中所需的弹性常数（包括变形模量、剪变模量和泊松比）可以根据完整

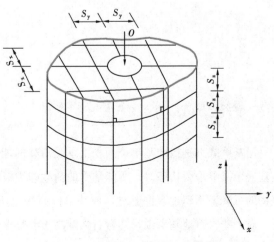

图 7-8　正交节理岩体沉降计算模型

192

岩石的弹性参数，节理面的间距及其法向和切向刚度计算求得。具体计算过程如下：

$$\frac{1}{E_i} = \frac{1}{E_r} + \frac{1}{S_i k_{ni}} \tag{7-11}$$

$$\frac{1}{G_{ij}} = \frac{1}{G_r} + \frac{1}{S_i k_{si}} + \frac{1}{S_j k_{sj}} \tag{7-12}$$

$$\mu_{ij} = \mu_{ik} = \mu_r \frac{E_i}{E_r} \tag{7-13}$$

$$G_r = \frac{E_r}{2(1+\mu_r)} \tag{7-14}$$

式中　　$i = x,y,z$；$j = y,z,x$；$k = z,x,y$；

E_r——完整岩石的变形模量；

μ_r——泊松比；

G_r——剪变模量；

$S_{x,y,z}$——三个方向上的节理面间距；

k_{ni}——i 方向上节理面的法向刚度；

k_{si}——i 方向上节理面的切向刚度。

式（7-11）～式（7-13）中的水平变形模量 E_h、剪变模量 G_{hz} 及各个方向上的泊松比可通过下式计算：

$$E_h = \frac{E_x + E_y}{2} \tag{7-15}$$

$$G_{hz} = \frac{G_{xz} + G_{yz}}{2} \tag{7-16}$$

$$\mu_{zh} = \mu_r \frac{E_z}{E_r}；\mu_{hz} = \mu_{hh} = \mu_r \frac{E_h}{E_r} \tag{7-17}$$

竖向与水平方向上的变形模量之比为：

$$\frac{E_z}{E_h} = \frac{\mu_{zh}}{\mu_{hz}} \tag{7-18}$$

7.3　岩石地基的承载力

地基承载力是指地基单位面积上承受荷载的能力，一般分为极限承载力和容许承载力。地基处于极限平衡状态时，所能承受的荷载即为极限承载力。在保证地基稳定的条件下，建筑物的沉降量不超过容许值时，地基单位面积上所能承受的荷载即为设计采用的容许承载力。对一些岩石地基来说，其岩石强度高于混凝土强度，因此岩石的承载力就显得毫无意义了。然而，我们发现岩石地基的承载力通常与场地的地质构造有紧密联系，在下面的内容里将主要介绍破碎风化岩体、缓倾结构面岩体、成层岩体及岩溶地基等各种地质条件下的岩石地基承载力确定方法。

7.3.1 岩石地基的承载力

7.3.1 规范方法

根据《建筑地基基础规范》GB 50007—2011 的规定，对于完整、较完整、较破碎的岩石地基承载力特征值可按岩基载荷试验方法确定；对破碎、极破碎的岩石地基承载力特征值，可根据平板载荷试验确定。对完整、较完整和较破碎的岩石地基承载力特征值，也可根据室内饱和单轴抗压强度按下式进行计算：

$$f_a = \psi_r \cdot f_{rk} \tag{7-19}$$

式中　f_a——岩石地基承载力特征值（kPa）；

　　　f_{rk}——岩石饱和单轴抗压强度标准值（kPa）；

　　　ψ_r——折减系数，根据岩体完整程度以及结构面的间距、宽度、产状和组合，由地区经验确定。无经验时，对完整岩体可取 0.5；对较完整岩体可取 0.2～0.5；对破碎岩体可取 0.1～0.2。

值得注意的是上述折减系数值未考虑施工因素及建筑物使用后风化作用的继续影响，对于黏土质岩，在确保施工期及使用期不致遭水浸泡时，也可采用天然湿度的试样，不进行饱和处理。

岩体完整程度应按表 7-4 划分为完整、较完整、较破碎、破碎和极破碎。当缺乏试验数据时可按表 7-5 执行。

岩体完整程度划分　　　　　　　　　　　　　　　　表 7-4

完整程度等级	完整	较完整	较破碎	破碎	极破碎
完整性指数	>0.75	0.75～0.55	0.55～0.35	0.35～0.15	<0.15

岩体完整程度划分（缺乏试验数据）　　　　　　　　表 7-5

名　称	结构面组数	控制性结构面平均间距（m）	代表性结构类型
完　整	1～2	>1.0	整状结构
较完整	2～3	0.4～1.0	块状结构
较破碎	>3	0.2～0.4	镶嵌结构
破　碎	>3	<0.2	碎裂结构
极破碎	无序	—	松散结构

7.3.2 破碎岩体的地基承载力

破碎岩体的地基承载力计算方法与土力学中的计算方法类似，即在基底下岩体中划分主

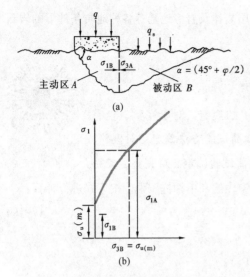

图 7-9 破碎岩石地基楔形滑动示意图

动和被动楔形体，而后进行极限平衡分析。需要注意的是，如果不存在由结构面形成的优势滑动面，那么计算过程中采用的抗剪强度参数即为破碎岩体的强度参数，如果存在由结构面形成的优势滑动面，那么计算中就应该采用该结构面的强度参数。

如图 7-9 所示，可以将地基下岩体划分为主动区 A 和被动区 B 进行极限平衡分析，我们假定基础在纵向是无限延伸的，并且忽略两个区岩石本身的重量。此时两个区的受力条件类似于三轴试验条件下的岩石试件。对于主动区 A，其大主应力为基底压力 q，小主应力为水平方向上由被动区 B 所提供的约束力；对于被动区 B，其大主应力为水平方向上由主动区 A 提供的推力，当基础位于地面以上且被动 B 上无荷载作用时，其小主应力为零，当基础有一定埋深时，则其小主应力等于基底以上岩石的自身重力 q_s。我们首先分析基础位于地面以上且无荷载作用（$q_s = 0$）的情况。

在一定的上部建筑物荷载作用下，如果图 7-9 中两个滑动面上的剪应力同时达到其抗剪强度，那么此时地基岩体处于极限平衡状态，此时作用的荷载即为极限荷载，其基底压力即为极限承载力。由上面分析可知，A 区的小主应力 σ_{3A} 与 B 区的大主应力 σ_{1B} 是一对作用力和反作用力，其大小相等、方向相反，即 A 区的小主应力是由 B 区抵抗受压所提供的，其大小应为岩体的单轴抗压强度。由第 3 章可知，岩体在三向受压状态下的强度可以由 Hoek-Brown 强度准则确定，那么破碎岩体的三轴强度可以表示为：

$$\sigma_1 = (m\sigma_{u(r)}\sigma_3 + s\sigma_{u(r)}^2)^{1/2} + \sigma_3 \tag{7-20}$$

式中　m、s——与岩石类型和岩体破碎程度相关的常量；

　　$\sigma_{u(r)}$——完整岩石（intact rock）的单轴抗压强度；

σ_1、σ_3——大、小主应力。

式（7-20）可以用来计算作用在主动区 A 上的大主应力，即极限地基承载力，但是首先应该求出其小主应力，数值上应该等于被动区 B 的单轴抗压强度。B 区的单轴抗压强度同样地可以由式（7-20）计算，只需令 $\sigma_3 = 0$，则其单轴抗压强度为：

$$\sigma_{u(m)} = (s\sigma_{u(r)}^2)^{1/2} = s^{1/2}\sigma_{u(r)} \tag{7-21}$$

再将上式作为 σ_3 代回到式（7-20）中，就可以得到 A 区的大主应力，即为地基极限承载力：

$$\sigma_{1A} = (m\sigma_{u(r)}\sigma_{u(m)} + s\sigma_{u(r)}^2)^{1/2} + \sigma_{u(m)}$$
$$= s^{1/2}\sigma_{u(r)}[1 + (ms^{-1/2} + 1)^{1/2}] \tag{7-22}$$

根据主动区 A 上的大主应力和小主应力之间的关系，可以绘制出图 7-9 中所示的曲线。由曲线我们可以看出，两者之间存在着非线性关系，小主应力，即围压的小量增加可以使极限地基承载力得到很大的提高。

通过以上计算得到的是地基的极限承载力，引入安全系数的概念就可以得到岩石地基的容许承载力：

$$q_a = \frac{C_{f1} s^{1/2}\sigma_{u(r)}[1 + (ms^{-1/2} + 1)^{1/2}]}{F} \tag{7-23}$$

式中　C_{f1}——考虑基础形状因素的修正系数；

F——安全系数，在大多数荷载条件下，其值可以在 2 到 3 之间，这可以保证地基沉降不会影响到建筑物的安全和正常使用；对于恒载加最大活载的情形，可以考虑取安全系数为 3，而当组合中包括风荷载和地震荷载时，取安全系数为 2。

需要注意的是，在上述计算过程中涉及完整岩石和破碎岩体单轴抗压强度两个不同概念，区分它们是很重要的。完整岩石的单轴抗压强度是由岩芯实验得出的，而岩体的单轴强度是利用完整岩石的强度并结合破碎程度等因素计算得出的，反应岩体破碎程度的参数为 m 和 s。

7.3.3　具有埋深的基础

上面讨论的是基础位于地面以上且地面无荷载时岩石地基承载力的计算方法，当基础位于地面以下，即基础具有一定埋深，或者地面有荷载 q_s 作用时，就必须考虑基底以上岩体自重和地面荷载对被动楔形区 B 的约束作用（图 7-9a）。分析 B 的应力条件，相当于竖向的小主应力 $\sigma_{3B} = q_s$，因此通过修正式（7-23）即可得具有埋深基础下岩石地基的容许承载力：

$$q_a = \frac{C_{f1}[(m\sigma_{u(r)}\sigma_3' + s\sigma_{u(r)}^2)^{1/2}]}{F} \tag{7-24}$$

式中

$$\sigma_3' = (m\sigma_{u(r)}q_s + s\sigma_{u(r)}^2)^{1/2} + q_s \tag{7-25}$$

7.3.4　承载力系数

对于较为完整的软弱岩体，可以利用 Bell 法计算地基的容许承载力。Bell 法的计算原理与上述计算方法相同，但是它考虑了主动滑动区的自重，同时也可以计算具有埋深或地面有荷载的情况。Bell 法的计算公式为：

$$q_{a} = \frac{C_{f1}cN_{c} + C_{f2}\dfrac{B\gamma}{2}N_{\gamma} + \gamma DN_{q}}{F} \qquad (7\text{-}26)$$

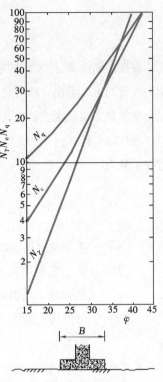

式中　B——基础宽度；

　　　γ——岩石重度；

　　　D——基础埋深；

　　　c——岩体黏聚力；

C_{f2}、C_{f1}——考虑基础形状因素的修正系数。

N_{c}、N_{γ} 和 N_{q} 称为承载力系数，由下式计算：

$$\left.\begin{array}{l} N_{c} = 2N_{\varphi}^{\frac{1}{2}}(N_{\varphi}+1) \\[2mm] N_{\gamma} = N_{\varphi}^{\frac{1}{2}}(N_{\varphi}^{2}-1) \\[2mm] N_{q} = N_{\varphi}^{2} \end{array}\right\} \qquad (7\text{-}27)$$

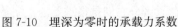

式中，$N_{\varphi} = \tan^{2}\left(45° + \dfrac{\varphi}{2}\right)$。图 7-10 给出了承载力系数 N_{c}、N_{γ} 和 N_{q} 与岩体内摩擦角之间的关系。

图 7-10　埋深为零时的承载力系数

需要指出的是，当基础置于地表（$q_{s}=0$）且忽略滑动楔形体本身的重力时，式（7-26）可以被简化为：

$$q_{a} = \frac{C_{f1}cN_{c}}{F} \qquad (7\text{-}28)$$

7.3.5　边坡岩石地基

对于边坡上的岩石地基，考虑到一侧临空面的出现使得侧压力减小，必须修正承载力系数。对于坡角小于 $\varphi/2$ 的边坡而言，地基上的容许荷载一般由其地基承载力和容许沉降控制，而对于坡角大于 $\varphi/2$ 的边坡，则一般由边坡的稳定条件控制地基上的容许荷载，很少需要验算其地基承载力。

岩石边坡地基的容许地基承载力可以利用下式计算：

$$q_{a} = \frac{C_{f1}cN_{cq} + C_{f2}\dfrac{B\gamma}{2}N_{\gamma q}}{F} \qquad (7\text{-}29)$$

式中　N_{cq}、$N_{\gamma q}$——由图 7-11 给定的承载力系数。

系数 N_{φ} 由稳定数 N_{0} 确定，N_{0} 为：

$$N_0 = \frac{\gamma H}{c} \tag{7-30}$$

利用承载力系数计算地基容许承载力时，需要假定地基中的地下水位线位于基底以下至少一倍基础宽度，当地下水位线超过这个水平时，计算就必须考虑地下水的作用。

有研究表明，当基础位于边坡顶部，且基础底面外边缘线与边坡顶部的水平距离小于 6 倍基础宽度时，必须考虑折减其地基容许承载力。折减的方法主要是利用下节中介绍的边坡稳定性分析方法验算地基的稳定性，此时为了保证变形最小，取安全系数为 2～3。

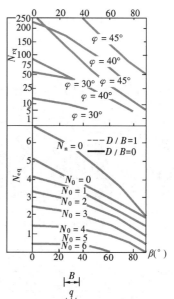

7.3.6 缓倾结构面岩石地基的承载力

7.3.2 节中介绍的地基承载力计算方法采用的是类似土质地基中的分析方法，假定在地基中形成主动和被动楔形滑动体，并分析其受力条件。上述的滑动面是根据力学中双向受压条件下的破坏面确定的，即破坏面与大主应力面呈 $\left(45° + \dfrac{\varphi}{2}\right)$ 夹角，式中 φ 为岩体的内摩擦角

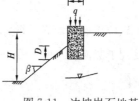

图 7-11 边坡岩石地基的
承载力系数

值。而当岩体中包含有一组或几组缓倾结构面时，有可能直接由结构面形成滑动楔形体，此时地基的承载力将会减小，这主要有两个方面的原因：第一，由于楔形滑动体的形状是由结构面的方位决定的，其大小和表面积将会受到限制，有可能使容许地基承载力减小；第二，结构面的强度通常要比岩体的强度小很多，这将使楔形滑动面的强度大大减小，导致容许地基承载力的降低。

图 7-12 所示为包含两组缓倾正交结构面的岩石地基，两组结构面与水平面呈的夹角分别为 ψ_1 和 ψ_2，由此形成主动滑动区 A 和被动滑动区 B。水平作用在主动滑动区 A 上的最小

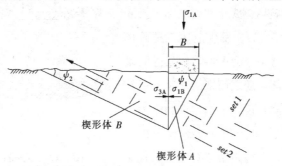

图 7-12 缓倾正交结构面岩石地基楔形滑动示意图

主应力 σ_{3A}，即被动滑动区 B 上的最大主应力 σ_{1B} 可由下式计算：

$$\sigma_{3A} = \sigma_{1B} = \left(\frac{\gamma B}{2\tan\psi_1}\right)N_{\varphi 2} + \left(\frac{c_2}{\tan\varphi_2}\right)(N_{\varphi 2} - 1) \tag{7-31}$$

由此可以得到地基的容许承载力：

$$q_a = \frac{\left[\sigma_{3A}N_{\varphi 1} + \left(\frac{c_1}{\tan\varphi_1}\right)(N_{\varphi 1} - 1)\right]}{F} \tag{7-32}$$

式中　B——基础宽度；

　　　ψ_1——第一组结构面的倾角；

　　　c_1、c_2——两组结构面的黏聚力；

$$N_{\varphi 1} = \tan^2\left(45° + \frac{\varphi_1}{2}\right); N_{\varphi 2} = \tan^2\left(45° + \frac{\varphi_2}{2}\right);$$

　　　φ_1、φ_2——第一和第二组结构面的内摩擦角。

当基础位于地面以下，即基础具有一定埋深，或者地面有荷载 q_s 作用时，相当于被动楔形体受到了竖向的约束作用，因而使地基承载力大大得到提高。考虑 q_s 的影响进行楔形滑动体极限平衡分析，只需对式（7-31）进行修正：

$$\sigma_{3A} = \sigma_{1B} = \left(q_s + \frac{\gamma B}{2\tan\psi_1}\right)N_{\varphi 2} + \left(\frac{c_2}{\tan\varphi_2}\right)(N_{\varphi 2} - 1) \tag{7-33}$$

由此得到启发，可以通过设置岩石锚杆以提供被动楔形体竖向约束作用的方法来提高缓倾岩层地基的容许承载力。岩石锚杆的一端锚固到被动楔形体的下方稳定岩层中，另一端锚固到岩石表面，这相当于人为提供了 q_s 的作用。可以利用式（7-33）来计算为了得到一定容许地基承载力所需的锚固力。

7.3.7　双层岩石地基承载力

当地基岩体为双层分布，且上部岩体强度较高但厚度较薄，而下卧有较厚的软弱岩体时，其地基破坏主要有三种破坏模式：冲切破坏、折断破坏和弯曲破坏（图 7-13）。发生上述三种破坏的后果是很严重的，这是因为上层岩体发生的是极具突然性的脆性破坏，随之而来的便是下层软弱岩体发生很大的沉降，这对上部建筑物极为不利，因此要尽量避免。Hoek 和 Londe 曾分析过一个工程实例的破坏，一幢高层建筑的基础置于10m 厚的石灰岩层上，其岩体强度较高，其中一

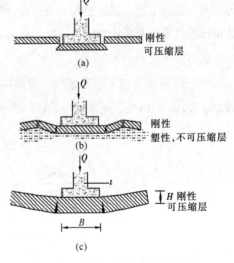

图 7-13　双层岩石地基破坏模式

(a) 冲切破坏；(b) 折断破坏；(c) 弯曲破坏

个上部荷载为 2000MN 的基础下岩层发生了冲切破坏。对于双层地基来说，另外还有可能发生过大的沉降或沉降差而使地基失效。

当上下层岩体的力学性能差异较大时，即上硬下软时，则上层岩体的变形模量要比下层岩体的大很多，因此上层岩体将承担绝大部分的基础荷载，地基的容许承载力主要取决于本层岩体的强度。在设计初期，通常假定由上层岩体承担全部的基础荷载，这使计算结果偏于安全。而后如果可以得到较为精确的上下两层岩体的变形模量值，那么就可以利用有限元法等数值分析方法计算两层岩体中的应力分布，进而对设计进行修正。

上层地基岩体取何种破坏模式主要受两个方面因素的影响，一是上下层岩体的强度性质，二是上层岩体厚度 H 与基础宽度 B 的比值。当 H/B 较小且下层岩体压缩性较大时，可能会发生冲切破坏；当下层岩体不可压缩，但是具有明显塑性性质时，如黏土或软页岩，可能会发生折断破坏；当 H/B 较大且下层岩体压缩性较大时，可能会发生弯曲破坏。

对于可能发生冲切破坏的岩石地基，其地基承载力的确定主要是考虑上层岩体的抗冲切能力。一般来说，冲切破坏面的形状为一个柱面，其面积为基底周长与上层岩体厚度的乘积。在设计中要注意由于开挖基坑导致上层岩体厚度的减小，必须验算使其满足抗冲切的要求。

针对岩石地基冲切破坏可以采取的工程治理措施主要是对下层软弱岩体灌浆以提高其承载力。上层岩体的抗剪强度可以通过岩石直剪试验测定，也可以通过完整岩石的单轴抗拉和抗压强度建立 Mohr 强度包络线计算确定。

对于可能发生折断破坏和弯曲破坏的岩石地基，则主要是判断上层岩体下边缘的拉应力是否超过岩体的抗拉强度来保证地基的稳定。考虑基底为圆形的情况，假定基底下的上层岩体只受到周边的支承作用，忽略下层软弱岩体的支承作用，当基底半径为 $B/2$，中心有 Q 的集中力作用时，在上层岩体中形成的圆形受力区域中心下边缘的拉应力为：

$$\sigma_t = \frac{6M}{H^2} \tag{7-34}$$

$$M = \frac{Q}{4\pi}\left[(1+\mu)\ln\left(\frac{r}{r_0}\right)+1\right] \tag{7-35}$$

式中　H——上层岩体厚度；

　　　M——岩体圆形受力区域中心的最大弯矩值；

　　　r——圆形受力区域的半径；

　　　μ——岩石的泊松比。

r_0 取决于基础直径 B 与岩体厚度 H 之间的关系：

$$\left.\begin{array}{l} 当 B > H 时, r_0 = \dfrac{B}{2} \\[3mm] 当 B < H 时, r_0 = \left[1.6\left(\dfrac{B}{2}\right)^2 + H^2\right]^{\frac{1}{2}} - 0.675H \end{array}\right\} \tag{7-36}$$

在应用上述公式过程中，还需注意一个问题，那就是上层岩体圆形受力区域的半径 r 的取值问题。对 r 进行敏感性分析表明，随着 r 的增大，岩体中的拉应力也将不断增大。

7.3.8 岩溶地基承载力

由于岩溶地区工程地质条件的复杂性，其基础工程设计极具挑战性。在岩溶地区发生过不少地基失效的工程事故，这些事故发生的原因主要有两个方面：一是在工程选址阶段没有探查到地基范围内的洞穴，地基设计没有考虑洞穴的影响；二是没有充分考虑到洞穴对地基承载力和沉降的影响。因此，岩溶地区成功的基础工程设计应该充分考虑到上述两个方面的原因。首先，在岩溶地区进行基础工程设计之前，必须对该地区进行详细的工程地质勘察，对古岩溶，现在不再发展和发育的岩溶，主要查明它的分布和规模，特别是上覆土层的结构特征。对于现在还继续作用和发育的岩溶，除应查明其分布和规模外，还应注意岩溶发育速度和趋势，以估价其对建筑物的影响。其次，进行岩溶地基稳定性评价，确定存在洞穴时岩溶地基的承载力，当承载力不足时，则采取一些有效的工程措施进行治理。

对地基稳定性有影响的岩溶洞隙，应根据其位置、大小、埋深、围岩稳定性和水文地质条件综合分析，因地制宜采取下列处理措施：

1）对较小的岩溶洞隙，可采用镶补、嵌塞与跨越等方法处理。

2）对较大的岩溶洞隙，可采用梁、板和拱等结构跨越，也可采用浆砌块石等堵塞措施以及洞底支撑或调整柱距等方法处理。跨越结构应有可靠的支承面。梁式结构在稳定岩石上的支承长度应大于梁高 1.5 倍。

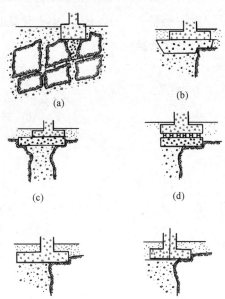

图 7-14　岩溶地基的治理措施

3）基底有不超过 25％基底面积的溶洞（隙）且充填物难以挖除时，宜在洞隙部位设置钢筋混凝土底板，底板宽度应大于洞隙，并采取措施保证底板不向洞隙方向滑移，也可在洞隙部位设置钻孔桩进行穿越处理。

4）对于荷载不大的低层和多层建筑，围岩稳定，如溶洞位于条形基础末端，跨越工程量大，可按悬臂梁设计基础，若溶洞位于单独基础重心一侧，可按偏心荷载设计基础。

图 7-14 给出了岩溶地基上的一系列梁板跨越式基础。

另外还可以利用强夯法提高岩溶地基的承载力，这种方法主要适用于洞穴垂直高度有限的岩溶地基。Couch（1984）曾报道过这方面的工程实例，在岩溶地区的一个地基工程中利用 15t 的重锤从 18m 的高处落下加固 8～10m 深度范围内的地基岩土体。对于规模较大的洞穴，还可以利用桩基础进行处理。还需注意的是，地下水的作用会对岩溶地基的稳定性产生非常不利的影响。首先，渗流梯度的增大会加剧洞穴的扩大速率，这必然导致洞穴周围的岩体需要承受更大的外力，从而影响地基的稳定性；其次，地下水位的降低会增加岩体中的有效应力，形成已有洞穴上的附加荷载；再次，地下水的流动可能带走洞穴中的填充物或使之松动，降低岩溶地基的承载力。

7.4 岩石地基的稳定性

7.4.1 岩基的抗滑稳定

7.4.1 岩石地基的
稳定性

当岩基受到有水平方向荷载作用后，由于岩体中存在节理及软弱夹层，因而增加了岩基滑动的可能。实践表明，坚硬岩基滑动破坏的形式不同于松软地基。前者的破坏往往受到岩体中的节理、裂隙、断层破碎带以及软弱结构面的空间方位及其相互间的组合形态所控制。由于岩基中天然岩体的强度，主要取决于岩体中各软弱结构面的分布情况及其组合形式，而不决定于个别岩石块体的极限强度。因此，在探讨岩基的强度与稳定性时首先应当查明岩基中的各种结构面与软弱夹层位置、方向、性质以及搞清它们在滑移过程中所起的作用。岩体经常被各种类型的地质结构面切割成不同形状与大小的块体（结构体）。为了正确判断岩基中这些结构体的稳定性，必须考虑结构体周围滑动面与结构面的产状、面积以及结构体体积和各个边界面上的受力情况。为此，研究岩基抗滑稳定是防止岩基破坏的重要课题之一。

根据过去岩基失事的经验以及室内模型试验的情况来看，大坝失稳形式主要有两种情况：第一种情况是岩基中的岩体强度远远大于坝体混凝土强度，同时岩体坚固完整且无显著的软弱结构面。这时大坝的失稳多半是沿坝体与岩基接触处产生，这种破坏形式称为表层滑动破坏。第二种情况是在岩基内部存在着节理、裂隙和软弱夹层，或者存在着其他不利于稳定的结构面。在此情况下岩基容易产生深层滑动。除了上述两种破坏形式之外，有时还会产生所谓混合滑动的破坏形式，即大坝失稳时一部分沿着混凝土与岩基接触面滑动，另一部分则沿岩体中某一滑动面产生滑动，因此，混合滑动的破坏形式实际上是介于上述两种破坏形式之间的情况。

目前评价岩基抗滑稳定，一般仍采用稳定系数分析法。

1. 坝基接触面或浅层的抗滑稳定（图 7-15）

稳定系数 K_s 为：

$$K_s = \frac{f_0 \Sigma V}{\Sigma H} \qquad (7\text{-}37)$$

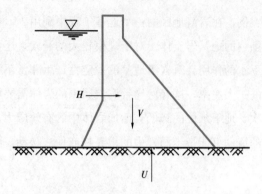

图 7-15　坝基接触面或浅层的抗滑计算

式中　ΣV——垂直作用力之和，包括坝基水
压力（扬压力）；

ΣH——水平作用力之和；

f_0——摩擦系数，在水工中，是将潮
湿岩体的平面置于倾斜面上求
得，一般为 0.6～0.8。

上式没有考虑坝基与岩面间的黏聚力。
而且由于基础与岩面的接触往往造成台阶状，并用砂浆与基础黏结。因而接触面上的抗剪强
度 τ 可采用库仑方程：$\tau = \tau_0 + f_0 \sigma$，则：

$$K_s = \frac{\tau_0 A + f_0 \Sigma V}{\Sigma H} \qquad (7\text{-}38)$$

式中　σ——正应力；

τ_0——接触面上的黏聚力或混凝土与岩石间的黏聚力；

A——底面积。

上述稳定系数分析法只是一个粗略的分析，以致采用稳定系数 K_s 选取较大的值。美国
垦务局曾推荐的抗滑稳定方程式的库仑表示法，在坝工上采用稳定系数 $K_s = 4$，以作为最高
水位、最大扬压力与地震力的设计条件。

近年来在一些文献中，考虑到坝基剪应力的变化幅度较大而将上式改写为：

$$K_s = \frac{\tau_0 \gamma A + f_0 \Sigma V}{\Sigma H} \qquad (7\text{-}39)$$

式中，$\gamma = \tau_m / \tau_{max}$，代表平均剪应力与在下游坝址最大剪应力之比，一般采用 0.5。

2. 岩基深层的抗滑稳定

1）单斜滑移面倾向上游（图 7-16a）

$$K_s = \frac{f_0 (H \sin\alpha + V \cos\alpha - U) + cL}{H \cos\alpha - V \sin\alpha} \qquad (7\text{-}40)$$

当坝底扬压力 $U = 0$ 和黏聚力 $c = 0$ 时，则：

$$K_s = \frac{f_0 (H \sin\alpha + V \cos\alpha)}{H \cos\alpha - V \sin\alpha} \qquad (7\text{-}41)$$

2）单斜滑移面倾向下游（图 7-16b）

$$K_s = \frac{f_0 (V \cos\alpha - H \sin\alpha - U) + cL}{H \cos\alpha + V \sin\alpha} \qquad (7\text{-}42)$$

3）双斜滑移面（图 7-17）

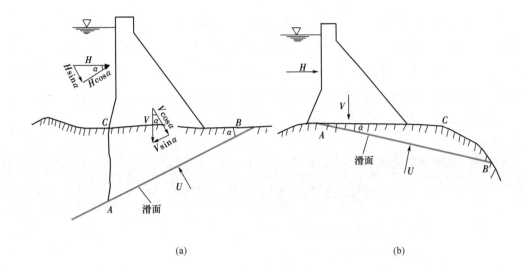

图 7-16　单斜面的深层滑动

（a）滑面倾向上游；（b）滑面倾向下游

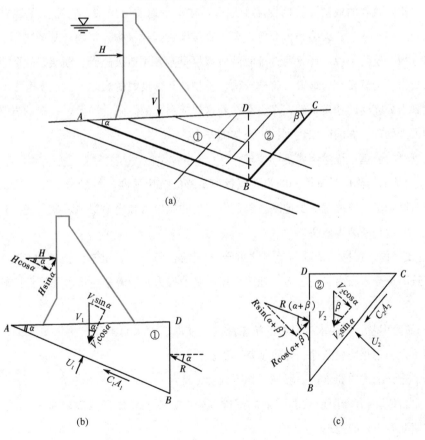

图 7-17　双斜面的深层滑动

在这种双斜滑移面形式下，计算抗滑稳定时将双斜滑移面所构成的楔体$\triangle ABC$划分为两个楔体，即$\triangle ABD$及$\triangle BCD$。这时，$\triangle ABD$是属于单斜滑移面倾向下游的模型。为了抵抗其下滑，可用抗力R将其支撑。而$\triangle BCD$则属于滑移面倾向上游的模型。它受到楔体$\triangle ABD$向下滑移的推力，即R的推力。按照力的平衡原理，我们可求出$\triangle ABD$的R抗力：

$$R = \frac{H(\cos\alpha + f_1\sin\alpha) + f_1 U_1 + (V + V_1)(\sin\alpha - f_1\cos\alpha)}{\cos(\varphi - \alpha) - f_1\sin(\varphi - \alpha)} \tag{7-43}$$

$\triangle ABC$楔体抗滑稳定的稳定系数K_s为：

$$K_s = \frac{f_2\left[R\sin(\varphi + \beta) - U_2 + V_2\cos\beta\right]}{R\cos(\varphi + \beta) - V_2\sin\beta} \tag{7-44}$$

式中　f_1、f_2——AB及BC滑面上的摩擦系数；

　　　φ——岩石的内摩擦角。

7.4.2　岩基的加固措施

建（构）筑物的地基，长期埋藏于地下，在整个地质历史中，它遭受了地壳变动的影响，使岩体存在褶皱、破裂和折断等现象，直接影响到建（构）筑物地基的选用。对于要求高的建（构）筑物来说，首先在选址时就应该尽量避开构造破碎带、断层、软弱夹层、节理裂隙密集带、溶洞发育等地段，将建（构）筑物选在最良好的岩基上。但实际上，任何地区都难找到十分完美的地质条件，多少存在着这样或那样的缺陷。因此，一般的岩基都需要有一定的人工处理，方能确保建（构）筑物的安全。

处理过的岩基应该达到如下的要求：

1）地基的岩体应具有均一的弹性模量和足够的抗压强度。尽量减少建（构）筑物修建后的绝对沉降量。要注意减少地基各部位间出现的拉应力和应力集中现象，使建筑物不致遭受倾覆、滑动和断裂等威胁。

2）建（构）筑物的基础与地基之间要保证结合紧密，有足够的抗剪强度，使建（构）筑物不致因承受水压力、土压力、地震作用或其他推力，沿着某些抗剪强度低的软弱结构面滑动。

3）如为坝基，则要求有足够的抗渗能力，使库体蓄水后不致产生大量渗漏，避免增高坝基扬压力和恶化地质条件，导致坝基不稳。

为了达到上述的要求，一般采用如下处理方法：

1）当岩基内有断层或软弱带或局部破碎带时，则需将破碎或软弱部分，采用挖、掏、填（回填混凝土）的处理。

2）改善岩基的强度和变形，进行固结灌浆以加强岩体的整体性，提高岩基的承载能力，达到防止或减少不均匀沉降的目的。固结灌浆是处理岩基表层裂隙的最好方法，它可使基岩的整体弹性模量提高 1~2 倍，对加固岩基有显著的作用。

　　3）增加基础开挖深度或采用锚杆与插筋等方法提高岩体的力学强度。

　　4）如为坝基，由于蓄水后会造成坝底扬压力和坝基渗漏，为此，需在坝基上游灌浆，做一道密实的防渗帷幕，并在帷幕上加设排水孔或排水廊道使坝基的渗漏量减少，扬压力降低，排除管涌等现象。帷幕灌浆一般用水泥浆或黏土浆灌注，有时也用热沥青灌注。

　　5）开挖和回填是处理岩基的最常用方法，对断层破碎带、软弱夹层、带状风化等较为有效。若其位于表层，一般采用明挖，局部的用槽挖或洞挖等，务必使基础位于比较完整的坚硬岩体上。如遇破碎带不宽的小断层，可采用"搭桥"的方法，以跨过破碎带。对一般张开裂隙的处理，可沿裂隙凿成宽缝，用键槽回填混凝土。

复习思考题

7.1　岩石地基工程有哪些特征？

7.2　岩石地基设计应满足哪些原则？

7.3　岩石地基上常用的基础类型有哪几种，地基破坏模式有哪些？

7.4　确定岩石地基中应力分布的意义是什么？

7.5　根据完整岩石和结构面的性质，可以将岩石地基的沉降分为哪三种类型？

7.6　岩石地基承载力的确定应考虑哪些因素，主要有哪几种方法？

7.7　岩石地基加固常用的方法有哪些？

7.8　设岩基上条形基础受倾斜荷载，其倾斜角 $\delta=18°$，基础的埋置深度为 3m，基础宽度 $b=8$m。岩基岩体的物理力学性指标是：$\gamma=25$kN/m^3，$c=3$MPa，$\varphi=31°$。试求岩基的极限承载力，并绘出其相应的滑动面。

第8章

岩石力学研究新进展

8.1 概述

岩石力学是一门理论内涵深，工程实践性强的发展中科学。一方面，岩石力学面对的是"数据有限"的问题，不仅输入给模型的基本参数很难准确给出，而且能够对过程（特别是非线性过程）的演化提供反馈信息或者能校正模型的测试手段并不多。另一方面，对岩体的破坏机理的认识还存在不足。自然界中的岩体被各种构造形迹（如断层、节理、层理、破碎带等）切割成既连续又不连续的地质体。因切割程度的不同，形成松散体-弱面体-连续体的一个序列。这一岩体序列要比迄今为止人类熟知的任何工程材料都复杂，它几乎到处都在变化着。工程岩体所涉及的是多场（应力场、温度场、渗流场）、多相（气、固、液）影响下的地质构造与工程结构相互作用的耦合问题。因此，工程岩体的变形破坏特征是极为复杂的，且多半是高度非线性的。岩体力学问题很多是不确定性的、多尺度的，研究的对象也在不断地变化，很难找到一种绝对精确的算法进行求解。正因如此，岩石力学的许多模型要么是不准确的，要么是不完整的，可以广泛接受和适用的概化模型并不多。所以，人们在理论分析和数值模拟岩体力学问题时，经常不得不对特定条件进行假设，套用已有的理论和定理进行处理，致使分析结果与实际出入较大。如果认为输入参数、边界条件、几何方程、平衡方程是基本符合实际的，那么对计算结果影响最大的是岩体本构模型，而岩体本构模型本身带有相当程度的不准确性。目前对岩体本构模型的研究还不够完善，特别是对各种假定下得到的本构模型的选择上。"参数不准"和"模型不准"已成为岩石力学理论分析与数值模拟的"瓶颈"问题。

多种数值方法、细观力学、断裂与损伤力学、系统科学等在岩石力学中的应用以及人工智能、神经网络、遗传算法、进化计算、非确定性数学等与岩石力学交叉学科的兴起，为我们提供了全新的思维方式和研究方法，为突破岩石力学的确定性研究方法提供了强有力的理论基础。

8.2 数值分析在岩石力学中的应用

8.2.1 数值分析方法的分类

　　岩体的天然状态所具有的复杂性决定了只有少数的岩石力学问题可以得到解析解。如本书前述的应力重分布及围岩压力问题，只有在一系列的简化和假设条件下建立了一定的计算模型，才能得到偏微分方程的一些解析解。但是，在实际工程中，由于岩体的非均质性，岩体的本构关系非线性，岩体结构面造成的非连续性，边界条件的复杂性等原因，难以得到解析解，只能采用数值分析的方法求得近似解。应用计算机来求解大量繁复的计算是完成数值分析方法的必要前提。数值分析法具有较广泛的适用性，它不仅能模拟岩体的复杂力学特性，也可很方便地分析各种边值问题和施工过程，并对工程进行预测和预报，因此，岩石力学数值分析方法是解决岩土工程问题的有效工具。

　　在岩石力学有关领域的数值分析方法应用中，主要使用的方法为有限单元法、边界单元法、离散单元法、拉格朗日单元法、块体理论以及位移反分析方法等。

8.2.2 有限单元法原理及其应用要点

　　有限单元法自20世纪50年代发展至今，已成为求解复杂工程问题的有力工具，并在岩土工程领域被广泛采用。

　　数值分析法是以离散化原则为基础的，即把一个复杂的整体问题离散化为若干个较小的等价单体，有限单元法也是如此。有限单元法是通过变分原理（或加权余量法）和分区插值的离散化处理把基本控制方程转化为线性代数方程，把求解域内的连续函数转化为求解有限个离散点处的场函数值。有限单元法的最基本元素是单元和节点，基本计算步骤的第一步为离散化，问题域的连续体被离散为单元与节点的组合，连续体内各部分的应力及位移通过节点传递，每个单元可以具有不同的物理特征，这样，便可以得到在物理意义上与原来的连续体相近似的模型。有限单元法的第二步为单元分析，单元分析一般以位移法为基本方法，即根据所采用的单元类型，建立单元的位移-应变关系、应力-应变关系、力-位移的关系，建立单元的刚度矩阵。第三步由单元刚度矩阵集合成总体刚度矩阵，并由此建立系统的整体方程组。第四步引入计算模型的边界条件，求解方程组，求得节点位移。第五步求出各单元的应变和应力。

　　为了更好地解决实际岩体工程问题，在应用有限单元法时应注意和处理好下列问题：

1. 正确划定计算范围与边界条件

大多数的岩土工程问题都涉及无限域或半无限域。有限单元法是在有限的区域进行离散化，为使这种离散化不会产生较大的误差，必须取足够大的计算范围，但计算范围太大，单元不能划分得较小，又会付出很大的计算工作量，经济上的负担太大；计算范围太小，边界条件又会影响到计算误差，所以必须划定合适的计算范围。一般来说，计算范围应不小于岩体工程轮廓尺寸的 3～5 倍。有两类边界条件，位移边界与应力边界，应根据工程所处的具体条件确定边界类型及范围。

2. 正确输入岩体参数及初始地应力场

岩体各单元的物理力学参数直接涉及计算的正确性。由于尺寸效应及岩体自然状态的离散性，一般室内试验所得的试验值不能直接输入计算，一般是试验值与经验值相配合而选定参数，还要参考围岩分类及对比同类工程，还可以参考反分析的成果。初始地应力场的输入也直接影响计算结果，所以，正确决定岩体的初始应力状态是有限单元法分析中的一个重要问题，一般浅部岩体工程无特殊情况按自重应力考虑。

3. 采用特殊单元来处理岩体的非连续性和边界效应

对于岩体中明确的结构面（断层、大节理），为了考虑岩体的非连续性，可以采用特殊的"节理单元"来模拟。平面问题的无厚度节理单元是由 R. E. Goodman（1976）最先提出的，可以较好地解决节理单元两旁的非连续性和切向变形问题，但节理单元的缺点是由于无厚度，计算中可能会发生节理上下面相互"嵌入"的现象，必须对这种嵌入量作人为的限制，以免导致较大的误差。

8.2.3 岩石力学问题的其他数值分析方法

鉴于岩体的非连续性和多变性，为了能充分表现岩体特性，根据需要，还有其他一些数值计算方法可以采用。

1. 边界单元法

在有限单元法中，求解域被离散为单元，并对连续介质的位移场和应力场提供物理近似，对于单元的节点可建立和求解控制方程。因此，有限单元法是对问题的微分近似表达式给出了精确解，实质上属于微分法。与微分法相对应的是积分法，积分法所涉及的边界可包围整个求解域，而数值分析的离散化仅在边界上近似，即在边界上划分单元作近似处理。图8-1 表示了在外部问题模拟时微分法与积分法之间的区别。

积分法统称为边界单元法，有直接法和间接法两类，它们都是利用了简单奇异问题的解析解，并可近似满足每个边界单元的应力和位移边界条件。由于该法仅仅限定离散问题的边界，可把问题的重点转移到边界上来，可有效地使已知条件降维，从而减小方程组的规模，大大提高计算效率，尤其是在涉及三维静力学问题时特别有用。由于边界单元法可以正确地

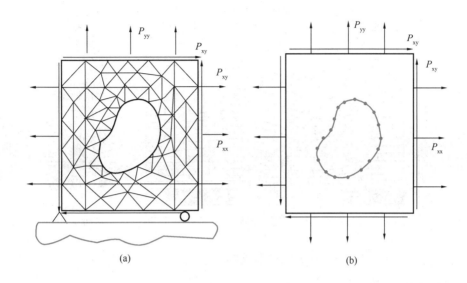

图 8-1　连续介质中外部问题的模拟

（a）微分法（有限单元法）；（b）积分法（边界单元法）

模拟远处的边界条件，并可保证在整个材料体内应力场和位移场变化的连续性，因此，边界单元法最适用于均质材料和线性问题。

2. 离散单元法

尽管有限元法或边界单元法将求解域的内部或边界进行了离散化，但在计算过程中，仍要求保持整体完整性，单元之间决不允许拉开，应力仍保持连续。离散单元法则完全强调岩体的非连续性，求解域由众多的岩体单元所组成，单元之间不要求完全紧密接触，单元之间既可以是面接触，也允许是面与点的接触，每个岩体单元不仅要输入它的材料力学参数等，还要确定形成岩块四周结构面的切向刚度、法向刚度以及 c_j、ϕ_j 值，也允许块体之间滑移或受到拉力以后脱开，甚至脱离母体而自由下坠。

图 8-2 是一个离散单元法的算例。它是研究地下煤层开挖形成冒落和岩层移动，研究冒落带深度与节理间距的关系。

离散单元法认为，岩体中的各离散单元，在初始应力作用下各块体保持平衡。岩体被表面或内部开挖以后，一部分岩体就存在不平衡力，离散单元法对计算域内的每个块体所受的四周作用力及自重进行不平衡力计算，并采用牛顿运动定律确定该岩块内不平衡力引起的速度和位移。反复对逐个块体进行类似的计算，最终确定岩体在已知荷载作用下是否将破坏或计算出最终稳定体系的累积位移，所采用的计算方法称为松弛法，常用动态松弛法，是一种反复迭代的计算方法。为了要达到快速收敛和避免产生振荡，还要对运动方程式加上一定的阻尼系数。

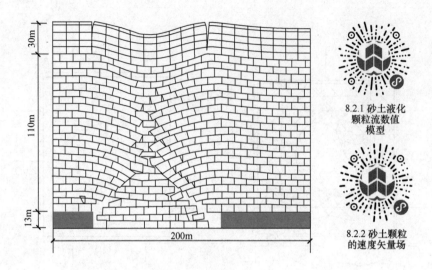

8.2.1 砂土液化
颗粒流数值
模型

8.2.2 砂土颗粒
的速度矢量场

图 8-2　岩层移动和冒落形态

3. 块体理论

工程岩体除极完整和极破碎外，一般情况下将被自身结构面以及工程开挖面共同切割出随机分布的个别块体和群体。这些块体随它们的空间几何形状和开挖面形成它们的可运行状态，有些是可能不稳定的危险块体，另一些则是稳定块体。块体理论认为，在开挖面上所揭露的块体，分为可能产生向开挖面运动的块体和不可能向开挖面运动的块体，不可能向开挖面运动的块体即为稳定块体。具备可运动条件的块体有的仍可保持稳定，有的则在自重与周围块体的组合作用下失稳破坏，此块体则为危险块体。另外，在开挖面所揭露的块体中，有的块体会首先失稳坠落，而有的块体要周围其他块体坠落后才失稳。所以，在不稳定块体中，有这样的危险块体，由于它的失稳会引起系列块体失稳，如果及时采取加固措施（例如锚固），稳定了这一块体，就使周围一大片岩块都稳定，这一块体就成为岩体稳定的关键，把它称为"关键块体"。块体理论就是针对岩体中具有结构面这一共性，根据集合论拓扑学原理，运用矢量分析和全空间赤平投影图形方法，构造出可能的所有块体类型，将这些块体和开挖面的关系分成可移动块体和不可移动块体，对几何可移动块体再按力学条件分为稳定块体、潜在关键块体和关键块体。关键块体是最危险的块体，确定了关键块体以后可进行相应的锚固计算。

块体理论是一种三维空间的块体稳定计算，对于一个开挖工程，如果找到了所有关键块体，就可以在开挖过程中，在关键块体失稳前进行及时加固，其余开挖面可不采取加固措施，或仅采取一般维持稳定的措施，就能确保整个工程的安全。

块体理论应用的关键是要对岩体中的结构面性状把握准确，而实际岩体差异性大，结构面也并不是全部为平面，这使得块体理论在实际应用上尚有一定的困难。

以上介绍了几种常见的岩石力学数值计算方法，但不限于此，例如对计算单元，有人也发展神经单元、拉格朗日单元等。在计算方法上，还有半解析法、加权残余法以及松弛法中的静松弛法等。不同数值计算方法的结合，更能充分发挥各种数值方法优势互补的作用。如有限元-边界元的混合、有限元-离散元的混合、有限元-无限元和有限元-块体元的混合采用等。图 8-3 就是边界元、离散元组合的例子。通过组合使用，发挥不同数值方法的优势，提高计算精度和计算速度。

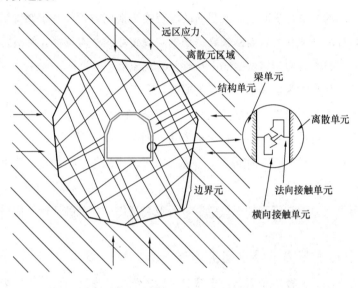

图 8-3　边界元、离散元与结构元的耦合

8.3　岩石细观力学特性研究

8.3.1　基本概念

岩石力学研究的基本问题是岩石的变形性和抗破坏性，而岩石的破坏规律的研究一直是岩石力学研究的难点。强度理论的本质就是岩石破坏理论，解决岩石强度理论问题的关键是弄清岩石的破坏过程。在岩体稳定性分析中，研究岩体破坏过程是预报岩体的失稳破坏、选择最佳围岩支护时间的最基本的工作之一，如岩体破坏的初始破裂常被用作预报岩体破坏的关键性指标。目前，在隧道岩爆预报中，常采用微地震监测预报技术，其基本理论依据就是岩石破坏前其内部会产生大量的微裂纹，并以弹性波的形式向外释放能量，监测岩石发出的弹性波即可预报岩体破坏。地下工程开挖施工的关键技术之一是监测围岩的变形以确定围岩支护时间。这些技术都是建立在岩体破坏过程的研究基础之上，因此，岩体破坏过程的研究是分析岩体稳定性问题的重要的基础研究。

连续介质力学方法研究岩石的变形问题在某些条件下是适合的，对于岩石的破坏问题，传统的方法是应用岩石宏观力学试验和理论分析相结合，建立岩石强度理论来判断岩石的破坏。这种方法难以分析岩石的破裂演化过程及破坏规律。以断裂力学为基础研究岩石的破坏问题在某些特定条件下是适合的，因为断裂力学研究的是受力均质材料内裂纹扩展规律。事实上，大多数岩石是极不均匀的，存在着微裂纹和微空洞等几何不连续缺陷。岩石损伤力学研究具有初始缺陷的岩石力学问题，但目前的宏观连续损伤力学和基于典型损伤基元的细观损伤力学方法，难以描述受力岩石从细观损伤到宏观破坏的本质特征，解决这一问题需要一门新的学科——岩石细观力学（meso-mechanics of rock）。

细观是介于宏观和微观之间的一个尺度概念，对于研究岩石的破裂而言，可以把野外岩体中普遍发育的、直接影响岩体力学特性的、大于毫米级别的裂隙、节理、断层等划定为宏观尺度；把发育在岩石结构中，直接影响岩石力学性质的，毫米-微米级别的裂纹划定为细观尺度；把发育在岩石中矿物晶体内部，一般对岩石的宏观力学性质没有直接影响的微裂纹、位错等划定为微观尺度。

因此，岩石细观力学是研究细观尺度上岩石破裂演化过程及破坏规律的科学。

8.3.2　岩石细观力学特性研究方法

岩石细观力学的研究取决于岩石力学试验过程的测量技术。目前，岩石细观力学问题从理论和实验两方面同时展开研究。

理论研究方面是统计细观损伤力学研究方法，统计细观损伤力学作为一种对大量细观对象（微损伤）的统计理论，包括三个层次的描述：细观描述、统计描述及宏观描述。细观描述是对单个微损伤的状态进行描述，并给出决定状态变化的细观动力学。统计描述，即定义能描述由大量微损伤组成的系统的概率分布函数，并导出确定该分布函数的统计演化方程，统计描述提供了连接细观运动与宏观现象之间的桥梁。宏观描述从统计分布函数出发，做出相应的统计平均，从而确定微损伤对宏观力学性能的影响。

岩石细观损伤的实验研究是近几年来的热点课题。随着研究的深入，发现发生在岩石中的损伤主要是脆性损伤，其表现形式主要是多重或单重弥散、随机分布的微裂纹（群），岩石所有的宏观力学特性都与微裂纹的萌生、扩展、相互作用有关，这也是岩石细观损伤的实验研究成为热点课题的原因。

传统的宏观岩石力学方法是将天然岩石制成一定标准的试样，在压力机（普通或刚性压力机）上作压缩、拉伸或剪切实验，通过记录加载过程中的应力-应变的变化、监测声发射事件的频率和数量，并辅以肉眼的直接观察来分析岩石的破坏特征和破坏过程。这种方法最大的优点是将岩石的变形过程定量地描述出来，从而获得岩石的力学参数和本构关系曲线。经过大量的试验研究，积累了大量的岩石变形曲线，从而不断提出和改善描述这些曲线的本构方程。

从目前采用较多的压力机试验看，岩石破坏过程是通过试样的位移量和声发射事件数得到的，因而由此获得的结论是间接的，在变形过程中，岩石内部的变化基本上是一种推断性结论，对涉及岩石破坏机理的一些关键性问题，如破裂最初产生位置、已有源破裂的扩展等，都知之甚少，因此需要借助于先进的测试仪器直接观测岩石细观破裂过程。

1. 光学显微镜观测方法

光学显微镜是观测岩石中裂纹状况最普通的工具之一。采用光学显微镜研究岩石破裂过程中的微构造变化，其优点是技术简单易行，成像直观，可以在较大范围内观察和统计裂纹的发育，特别是微构造的定量测量技术和精度，这可能是光学显微镜观测仍然得到运用的原因。

然而，光学显微镜法存在难以克服的技术难题。例如，首先，试样经过切片、磨制、粘胶等加工环节，会引起原有裂纹扩大，甚至新产生一些加工裂纹，这大大降低了观测的可靠程度。其次，切片的部位不一定是裂纹产生和发展的主导部位，其观测结果很大程度上是试样变形的平均结果，而不完全是裂纹扩展的结果。其三，对不同的试样都需要区分三种裂纹，即原有裂纹、新产生或扩展的裂纹和加工造成的裂纹，这在技术上是难点。其四，岩样经过卸载，原有裂纹会发生变化。因此，光学显微镜的观测结果是不完全的。

2. 电子显微镜观测方法

用于岩石细观研究的电子显微镜有透射电子显微镜和扫描电子显微镜（简称 SEM）两种。实验研究证明，扫描电子显微镜在岩石细观观测时更有效。扫描电子显微镜的工作原理是：电子枪发射的电子束打到被测物体表面后，激发出各种成像物理信号，如二次电子信号。由于其信号强弱与被测物体表面的物质成分及表面形貌变化有密切关系，因此由检测器及成像电路对这种信号进行检测、处理后，即可得到物体表面形貌的直观放大图像。因此，SEM 获得的是被测物体表面形貌的三维立体图像，这对研究岩石的微构造特征是十分有用的。

20 世纪 80 年代末，利用具有大样品室和加载台的 SEM 进行岩石细观破坏过程的实时连续观测，是细观观测技术的最新发展。这种方法是：将岩石直接加工成可被 SEM 容纳的试样，经过烘干镀金处理后，置于 SEM 加载台上，在对岩样加载的同时，观测记录岩石中破裂的产生、发展。显然，这种方法从根本上改变了以往研究中岩样不单一、加载观测不连续的弊端，它比以前的研究方法跨了一大步。但是这一技术还处在起步阶段，其试样制作、处理、观测的原理和技术等都还不完善，试验成果不足以总结出令人信服的结论。其中缺陷之一是试样体积偏小，最大试样尺寸一般为 10mm×20mm×30mm；其二是只能观测到试样表面的岩石细观破坏过程，使观测结果的代表性大打折扣。

3. 声发射方法

声发射方法是一种间接的动态观测方法。岩石或其他固体材料在应力作用下发生变形

214

时，其内部将产生微裂纹，微裂纹在产生、扩展、闭合以及贯通过程中，会有超声波发射，称为声发射（Acoustic Emission，简称 AE）。由于微裂纹很难直接动态观测，声发射方法便成了研究岩石变形过程中微破裂动态过程的有效工具。另外，由于声发射活动与地震活动具有内在联系，因此声发射方法又是研究地震产生发展的手段之一。

从声发射时间序列的统计特性到声发射源的空间分布特征的研究，已取得了不少重大成果。声发射源的空间定位研究大约始于 20 世纪 60 年代后期。早期的工作利用过门槛波的初动方法进行定位，误差和噪声较多，但由于能探测到较多的 AE 事件，因此在统计意义下发现了声发射活动伴随变形扩容而沿一些主破裂面集中的现象。20 世纪 70 年代后期，由于高速 A/D 芯片及大规模存储介质的应用，使 AE 波形的动态捕获成为可能，从而可以十分准确地测定波的初动，大大地提高了定位精度，得到了一些关于 AE 群集、变形局部扩容及 AE 空区之间的一些相关性，以及震源机制。比较一致的结论有：①声发射震源在变形开始时随机分布于标本之中，随后便向最终破裂面集中；②声发射震源分布具有群集性特征，AE 密集区与非常扩容区具有良好的对应关系；③声发射震源分布具有自相似结构，其分维数在应力达到破裂强度的 $80\%\sim90\%$ 前为 2.7 左右，临近破裂前，可观察到分维数明显降低。

声发射方法探测岩石细观破坏最大缺陷在于难以将细观破坏定量化，但是作为岩石微裂纹成核及扩展方向的预报手段，对监测岩石破坏过程及地震预报具有重要价值。

4. 计算机断层成像观测方法

1895 年，德国人伦琴在试验阴极射线管时发现了 X 射线。三天以后，伦琴的夫人偶然看到了手的 X 射线造影，从此开创了用 X 射线进行医学诊断的放射学——X 射线摄影术，也开创了工程技术与医学相结合的新纪元。传统的 X 射线装置尽管在形态学诊断方面起到了划时代的作用，但也存在着缺陷：一是影像重叠，即 X 射线装置将三维景物显示在二维的胶片或荧光屏上，深度方向上的信息重叠在一起引起混淆；二是密度分辨率低，究其原因，对于 X 射线摄影来说是由于胶片的动态范围不大，对于 X 射线透视方法来说是由于肉眼在低亮度下分辨性能降低所致；三是 X 射线透视所用剂量较大并需在暗室操作；四是胶片存贮和检索困难。为了全面解决传统 X 射线摄影装置的几个缺陷，特别是解决深度方向上的信息重叠与密度分辨率低的问题，得求助于"计算机断层成像技术"。

基于 X 射线的计算机断层成像技术（computerized tomography，简称 CT），在岩石细观破坏观测领域取得了巨大成功。该方法基本过程是：将岩石试样致损到一定程度后放入 CT 扫描空间，通过 X 射线的 CT 方法可以给出岩石试样任意断面的 CT 图像。CT 图像的灰度是岩样响应部位物理密度的函数，因此通过 CT 图像灰度的变化可以观测岩石试样的微裂纹分布状态。基于与 CT 设备配套的三轴加载装置配合，可以实现对岩石试样损伤过程的动态观测，即根据 CT 图像可以观测到岩石试样中微裂纹成核、扩展、闭合、分岔、贯通等细观损伤活动的全过程。

　　CT 图像的分辨率一般在 $0.35 \times 0.35 \mathrm{mm}^2$ 左右，低于光学显微镜的分辨率，不能观测到岩石中矿物颗粒相互作用和破坏过程，但可以定性和定量观察岩石内部微裂纹的形态、运动及演化规律。CT 方法的优点在于可以无损地观察到岩石内部变化，可以实现实时观测，CT 图像的分辨率可以满足岩石细观力学分析所需要的精度。

8.3.3　基于 CT 的岩石细观力学研究

1. 概述

　　计算机断层成像技术有效地排除了无关截面对图像的干扰，彻底解决了影像重叠问题。这是因为投影数据 100% 地只依赖于成像断面内物体对 X 射线的线吸收系数，丝毫不涉及其他截面的情况。另外，由于使用了计算机，可以将感兴趣区域的某些细微的组织特性差别换成计算机可分辨的灰度差别，从而解决了其他传统手段无法解决的密度分辨率低的矛盾，大大提高了分辨能力。

　　1972 年在英国放射年会上报道了计算机截面扫描技术，该技术迅速在医学诊断中发展并取得极大成功。20 世纪 80 年代初，CT 技术作为一种无损检测手段在工业领域获得广泛应用。20 世纪 80 年代末，CT 技术用于观测岩石受力后内部裂纹的产生、扩展及与宏观力学性质的联系。目前，CT 技术已发展到一个新的水平，可以给出材料受力后形成的位移场和变形场，采用三维显示技术可获得试件受力状态下内部裂纹的立体图像。

2. 密度损伤增量理论

　　CT 动态观测具有无损反映介质内部细观变化的优势。由于岩土材料受力变形时密度在变化，同时岩土材料成分复杂（不是均匀物质，不同物质吸收 X 射线不同），绝对密度难以测量。所以，采用基于灰度变化的 CT 图像分析方法和基于区域 CT 数均值变化反映密度变化的定量 CT 均值方法，是研究岩石细观力学问题的一种近似方法。另一种方法是避开测定岩土材料的绝对密度变化量，而通过测定岩土材料密度相对变化量来解决问题。

　　用 CT 机扫描物体获得的图像，图像内任意一个像素可用数值表示，这一数值就称为 CT 数，其值可表示为：

$$H = a\mu + b \tag{8-1}$$
$$\mu = \rho\mu^{\mathrm{m}} = (1-\alpha)\rho_{\mathrm{r}}\mu_{\mathrm{r}}^{\mathrm{m}} + \alpha\rho_{\mathrm{g}}\mu_{\mathrm{g}}^{\mathrm{m}} \tag{8-2}$$

式中　a、b——常数；

　　　　μ——X 射线的线吸收系数，若假设岩石缺陷仅为空气充填，则见式（8-2）；

　　　　ρ_{r}、ρ_{g}——分别为一个体素（像素对应的岩石体元称为体素）内岩石基质材料和空气的密度；

　　　　α——该体素内各种缺陷（内部全部为空气充填）之和占单元整体体积的百分比；

μ_r^m、μ_g^m——分别为该体素内岩石基质材料和空气的质量吸收系数。

从式（8-1）和式（8-2）可推出：

$$\mu = \rho_r \mu_r^m + \alpha(\rho_g \mu_g^m - \rho_r \mu_r^m) \tag{8-3}$$

$$\alpha = \frac{\mu - \rho_r \mu_r^m}{\rho_g \mu_g^m - \rho_r \mu_r^m} = \frac{H - H_r}{H_g - H_r} \tag{8-4}$$

式中 H_r、H_g——分别为该体素内岩石基质材料和空气的CT数。

由于该体素内岩石整体密度（bulk density）（含岩石基质材料和空气）可表示为：

$$\rho = (1-\alpha)\rho_r + \alpha\rho_g \tag{8-5}$$

若忽略空气的密度（$\rho_g = 0$），则有：

$$\rho = (1-\alpha)\rho_r \tag{8-6}$$

定义空气的CT数 $H_g = -1000$，将其代入式（8-4），后再代入式（8-6）得：

$$\rho = \frac{1000 + H}{1000 + H_r}\rho_r \tag{8-7}$$

式中 ρ、H——分别为该体素内岩石整体密度和CT数；

ρ_r、H_r——分别为该体素内岩石基质材料密度和CT数。

式（8-7）中含有两个未知量 ρ_r 和 H_r，难以获得 ρ 的绝对值。假定 ρ_r 与应力无关（岩石基质与孔隙等缺陷相比不可压密），对应的 H_r 也与应力无关。岩石在受力时若体素内岩石整体有新缺陷产生或原有缺陷变化，ρ 会发生改变，相应值 H 也发生改变，而 ρ_r、H_r 始终不变。实验中由于岩石变形，体素的空间位置在随时改变，采用扫描定位和其他方法动态跟踪体素的密度变化。设 ρ_0、H_0 分别为初始应力状态下该体素内岩石的整体密度和CT数，ρ_i、H_i 分别为任意应力状态下该体素内岩石的整体密度和CT数，由式（8-7）得：

$$\rho_0 = \frac{1000 + H_0}{1000 + H_r}\rho_r, \rho_i = \frac{1000 + H_i}{1000 + H_r}\rho_r \tag{8-8}$$

从式（8-8）中可得到：

$$\Delta D = \frac{\rho_i - \rho_0}{\rho_0} = \frac{H_i - H_0}{1000 + H_0} \tag{8-9}$$

密度损伤增量（ΔD）是指受力岩石在任意应力相对初始应力状态下的密度变化量，可用CT数来表示。岩石内部密度变化的本质是损伤，这样就可以把一个不可测的密度绝对量变成一个可测量的密度损伤增量。

3. 岩石细观破裂过程的定量分析

图8-4为一组单轴压缩条件下砂岩（圆柱形岩样的直径为50mm，高为100mm）的CT扫描图像，图中从上到下有五个扫描层面，其编号分别为：CT/-63，CT/-83，CT/-103，CT/-123，CT/-143。

从图8-4中可以发现，在单轴压缩条件下岩石经历了初始损伤的压密阶段，图中应力在

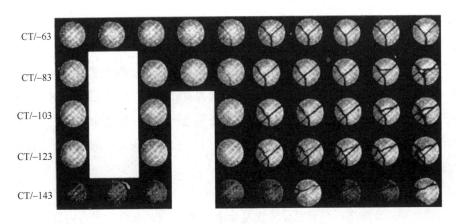

图 8-4　不同应力状态砂岩样的 5 个扫描层面的 CT 图像

14.02MPa 之前各扫描层面的 CT 图像；裂纹出现-扩展阶段，图中应力在 16.71～19.93MPa
之间的 CT/－63 和 CT/－83 两扫描层面的 CT 图像，而 CT/－63 扫描层面先出现裂纹，
CT/－103、CT/－123、CT/－143 三个扫描层面无裂纹出现，处于初始损伤的压密阶段，
从整个岩石角度看，裂纹出现-扩展具局部性；裂纹归并-分岔阶段，图中应力在 20.59～
21.45MPa 之间各个层面的 CT 图像，各层面的分岔程度不同，而 CT/－103 和 CT/－123 两
个中间扫描层面分岔程度最高，说明受压岩样的中部处于应力集中部位；裂纹重分岔-扩展
阶段，图中应力在 21.45～25.88MPa 之后各层面的 CT 图像，裂纹进一步扩展，扩容量逐
步加大；裂纹贯通-宏观破坏阶段，图中应力在 25.88MPa 之后各层面的 CT 图像，岩石的
宏观破坏是因为 CT/－143 层面细观破裂进一步发展、分岔，而与其他各层面裂隙连通的
结果。

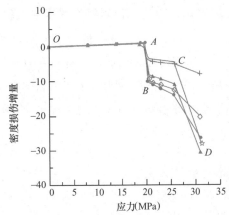

图 8-5　单轴压缩条件下砂岩的密度损伤增量
（$\Delta D \times 10^{-3}$）与应力（σ）关系曲线

　　—┼—　CT/－63　　—◇—　CT/－83

　　—●—　CT/－103　　—▲—　CT/－123

　　　　　—☆—　CT/－143

　　为了进一步定量分析受压岩石的细观损伤-
宏观破坏的演化规律，运用岩石的密度损伤增量
理论，建立密度损伤增量与应力的关系（ΔD－
σ）；定量分析岩石受力后的密度损伤状态及裂纹
的演化过程，如图 8-5 所示。

　　从图 8-5 中可以看出，各个扫描层面都经历
了四个阶段，即图中的 OA 段、AB 段、BC 段及
CD 段。

　　OA 段：表示整个岩石处于初始损伤压密和
局部的裂纹出现-扩展共存阶段，A 点对应的应力
为 19.93MPa。当应力增加到 16.71MPa 之前，
整个岩石处于压密阶段，即随着应力增加岩石密
度损伤增量增大（正值），当应力增加在 16.71～

19.93MPa 时，既存在着局部岩石压密（CT/-103，CT/-123，CT/-143 层面），即随着应力增加岩石密度损伤增量增大（正值），又存在着局部裂纹产生-扩展（CT/-63，CT/-83 层面），即随着应力增加岩石密度损伤增量减小直至负值，从整个岩石来看，局部裂纹产生-扩展从上向下发展，从局部裂纹产生-扩展的层面看，裂纹产生-扩展从外向内发展。

AB 段：为岩石密度损伤增量与应力关系曲线迅速下降段。在此阶段，应力的微小增加导致岩石密度损伤增量迅速减小，表示岩石裂纹归并-分岔阶段。在整个岩石内存在个别次要贯通的裂纹。

BC 段：为岩石密度损伤增量与应力关系曲线缓慢下降段。在此阶段，岩石密度损伤增量随应力增加而逐渐减小，表示岩石裂纹重分岔-扩展阶段。在整个岩石内存在个别次要贯通的裂纹，但重分岔的裂纹并未在整个岩石内贯通。

CD 段：为岩石密度损伤增量与应力关系曲线迅速下降段。在此阶段，岩石密度损伤增量随应力增加而迅速减小，重分岔及扩展的裂纹在整个岩石内贯通，表示岩石裂纹贯通-宏观破坏阶段。

从图 8-5 中还可以看出，5 个扫描层面的密度损伤增量 ΔD 变化幅值不同，反映了压缩程度和扩容状态的差异性。从受力岩样的上部向下部各扫描层面（CT/-63，CT/-83，CT/-103，CT/-123，CT/-143）来看，其总密度损伤增量值（$\Sigma \Delta D$）分别为：-23.4，-62.9，-70.0，-64.4，-39.1。岩样的损伤程度中部最大，损伤破裂顺序是从上部到下部。由于岩样的中部应力集中，$\Sigma \Delta D$ 最小，扩容最大。

通过对单轴压缩条件下砂岩的 CT 动态观测，经 CT 数字图像和岩石密度损伤增量与应力（ΔD-σ）关系曲线分析发现，岩石细观损伤-破裂演化过程为：初始损伤的压密阶段、裂纹产生-扩展阶段、裂纹归并-分岔阶段、裂纹重分岔-扩展阶段、裂纹贯通-宏观破坏阶段。裂纹产生-扩展阶段属局部现象，整个岩石还处于压密阶段，因此，岩石的受力破坏经历了初始空隙的压密、局部扩容-整体扩容和宏观破坏三大阶段。采用 CT 图像和密度损伤增量与压力关系曲线分析岩石细观损伤演化过程，是定量分析岩石受力破坏规律的重要途径。

8.4 岩石断裂力学与损伤力学概论

8.4.1 岩石断裂力学概述

1. 历史与现状

近年来，断裂力学和损伤力学的发展，是对经典连续介质力学的一个重要贡献。断裂力学是研究带裂纹固体的强度和固体中裂纹传播规律的科学。断裂力学认为，带有初始裂纹的结构或构件，在一定的受力条件下，在裂纹尖端产生应力集中，引起初始裂纹扩展，初始裂纹超过一定尺寸，脆性裂纹将以很高的速度扩展，直至断裂。由于产生脆断时的工作应力较低，通常不超过材料的屈服应力，甚至还低于常规设计的允许应力，所以，这种脆断现象通常称为低应力脆断。

岩石作为典型的脆性材料，具有抗压强度高、抗拉强度低的典型脆性力学特性。断裂力学研究的脆性断裂现象自然会引起岩石力学界的重视。将断裂力学的研究成果应用于岩石力学，进一步研究岩石断裂和破坏的规律，这就是岩石断裂力学。岩石断裂力学视岩体介质为存在有许多初始缺陷和初始裂纹（裂隙结构面）的、有间断的复合结构体，初始裂纹被理想化为一条光滑的间断面。在这样理想化的受力模式下，着重研究缺陷和裂纹的应力集中，并将应力集中区视为这种结构体（岩体）内的最危险区，由裂纹尖端的应力和位移，根据应力条件和断裂准则判断裂纹的扩展及其破裂方向，评价岩体的断裂强度和断裂失稳模式。

运用断裂力学分析岩石的断裂强度可以比较实际地评价岩石的开裂和失稳。国际上对岩石断裂的研究已经获取一些成果，可用于分析工程中反映出的裂纹出现以及预测岩石结构的破裂和扩展。

2. 断裂力学分类与主要研究内容

断裂力学可分为线弹性断裂力学和弹塑性断裂力学。按研究裂纹的尺度可分为微观断裂力学和宏观断裂力学。

根据外力作用方式，断裂力学按裂纹扩展形式将介质中存在的裂纹分为三种基本形式，张开型即Ⅰ型（图8-6a）、滑开型即Ⅱ型（图8-6 b）和撕开型即Ⅲ型（图8-6c）。张开型上下表面位移是对称的，由于法向位移的间断造成裂纹上下表面拉开。滑开型裂纹上下表面的切向位移是反对称的，由于上下表面切向位移间断，从而引起上下表面滑开，而法向位移则

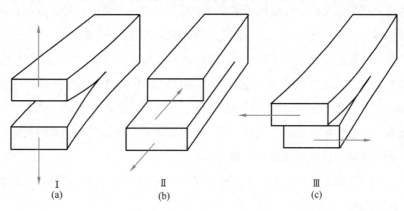

图8-6 裂纹的三种形式

不间断，因而只形成面内剪切。撕开型裂纹上下表面位移间断，沿 Z 方向扭剪。

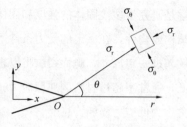

图 8-7　裂纹尖端极坐标表示图

对于平面问题，假定裂纹尖端塑性区与裂纹长度及试样宽度相比非常小，把材料当作完全弹性体，按线弹性理论，可分别得出各种类型裂纹尖端附近的应力场的解析表达式，对于 I 型裂纹，在如图 8-7 所示的极坐标系中，裂纹尖端应力由式（8-10）给出。

$$
\begin{aligned}
\sigma_x &= \frac{K_{\mathrm{I}}}{\sqrt{2\pi r}}\cos\frac{\theta}{2}\left(1+\sin\frac{\theta}{2}\sin\frac{3\theta}{2}\right) \\
\sigma_y &= \frac{K_{\mathrm{I}}}{\sqrt{2\pi r}}\cos\frac{\theta}{2}\left(1-\sin\frac{\theta}{2}\sin\frac{3\theta}{2}\right) \\
\tau_{xy} &= \frac{K_{\mathrm{I}}}{\sqrt{2\pi r}}\cos\frac{\theta}{2}\sin\frac{\theta}{2}\cos\frac{3\theta}{2}
\end{aligned}
\right\} \tag{8-10}
$$

$$
K_{\mathrm{I}} = \lim_{r,\theta\to0}\left[\sigma_y\sqrt{2\pi r}\right] \tag{8-11}
$$

式中　K_{I}——I 型应力强度因子。

K_{I} 表征了裂纹尖端附近应力场强度，其值大小取决于荷载的形式和数值、物体形状及裂纹长度等因素。把 τ_{xy} 和 τ_{yz} 代入上式中即可得出 II 型和 III 型应力强度因子 K_{II} 和 K_{III}。在平面应力状态下，应力强度因子可表示为：

$$
K = F\sigma_r\sqrt{\pi a} \tag{8-12}
$$

式中　σ_r——远场应力（压为负）；

　　　F——与裂纹的几何特征、加载条件和边界效应有关的系数；

　　　a——裂纹边长。

在断裂力学中通过分析 F 值来研究不同裂纹组合的相互作用时的应力特征。

断裂力学之所以定义应力强度因子来描述裂纹尖端应力场强度，是因为在裂纹尖端附近应力场出现奇异性。由式（8-10）知，裂纹尖端的应力值与 $r^{-1/2}$ 成正比。当 $r\to0$ 时，得出 $\sigma_y\to\infty$ 的结论，从而在数学上出现奇异性。实际材料受力后不可能产生无限大的应力。

试验表明，当应力强度因子 K 达到一个临界值时，裂纹就会失稳扩展，导致物体的断裂，这个临界值被称之为断裂韧度，用 K_C 表示。显然 K_C 值越大，裂纹越不容易扩展。因此断裂韧度是裂纹抵抗扩展的能力参量，它与材料有关，与物体裂纹的几何尺寸和外力大小无关，与常用的极限强度均是材料的一种力学性能。

对于单一的断裂问题，可采用应力强度因子 K 判据，即 $K>K_\mathrm{C}$ 时裂纹失稳扩展，$K<K_\mathrm{C}$ 时裂纹不会扩展。

线弹性断裂力学对 I 型裂纹的断裂判据，有比较符合实际的结果。而复合应力状态的裂纹扩展准则是比较复杂的问题，尤其是压剪应力状态，至今还难以给出比较符合实际的断裂判据。在考虑多裂纹相互作用时，其他裂纹对该裂纹的影响，是通过引入应力强度因子影响系数来考虑。基于线弹性断裂力学的叠加原理，多裂纹存在时，裂纹 A 应力强度因子 K_A 的表达式如下：

$$K_A = \sum_{j=1}^{n} (F_j - 1)K_0 + K_0 \tag{8-13}$$

式中　K_0——裂纹 A 单独存在（不受其他断裂影响）时的应力强度因子；

$\quad\quad K_A$——在周围有 n 条裂纹存在叠加后的应力强度因子；

$\quad\quad F_j$——其他裂纹的影响系数，$F_j = K_j/K_0$，其中 K_j 是受附近第 j 条裂纹影响裂纹 A 的应力强度因子；F 值的大小一般取决于该裂纹的相对位置以及所处应力状态等，通常由应力强度因子手册查到；复杂的实际断裂，则需通过边界配置法、有限元法和试验等方法确定。

3. 发展方向

目前，岩石断裂力学着重于试验研究，获得控制岩石断裂的材料参数、断裂机理，以及岩石在不同物理环境和加载条件下，所表现出的断裂性状。主要的试验研究内容如下：

1）岩石断裂韧度测试；

2）岩石断裂过程区及其微观分析；

3）拉剪、压剪复合断裂的机理；

4）裂纹扩展速率及其控制；

5）动态断裂韧性；

6）岩石流变断裂的时效历程。

岩石断裂力学的应用前景主要如下：

1）岩石的断裂预测与控制断裂。可应用于边坡、岩基开挖和洞室稳定；地质热能开发；地震预测；避免冲击地压和岩爆以及工程爆破的减震等方面。

2）岩石裂纹的产生与扩展。可应用于油气田开发中的水压或气压致裂（扩大采油量或采气量）；岩石切割与破碎、凿岩侵入分析；地震机制研究；多裂隙岩体断裂扩展模型等。

但是，目前断裂力学用于岩石力学的研究还存在局限性，由于断裂力学以连续介质力学为基础，难以处理岩体中密集型节理带以及所导致的岩体各向异性。裂纹的几何形状一般多局限于宏观的椭圆形，而实际岩石中往往存在着许多很细小的微裂纹；断裂力学一般只注重研究裂纹的产生和扩展条件，而对裂纹扩展中的相互影响研究不够。

8.4.2　岩石损伤力学概述

大量的试验表明，岩石破坏是由其内部各种缺陷相互作用、扩展、最终形成宏现断裂的过程。古典变形力学，视材料为均匀连续的；断裂力学则认为除了位移间断的裂纹外，周围材料为均质连续的。损伤力学是以微观缺陷为出发点来研究材料的力学性状，分析多相的、非均质的介质。损伤力学引入到岩石力学后，能较好地解决岩石的各向异性和非均匀性问题。

1. 损伤定义

在外载和环境的作用下，由于细观结构的缺陷（如微裂纹、微孔隙等）引起的材料或结构的劣化过程，称为损伤。损伤力学是研究损伤介质的材料性质，以及在变形过程中损伤演化直至破坏的力学过程。

为描述方便，引入抽象的"损伤变量"概念，它可以是各阶张量，如标量、矢量、二阶张量等，用来概括描述损伤。下面以最简单的例子说明"损伤变量"这一概念。

设有一均匀受拉的直杆，其原始面积为 A_0，认为材料劣化的主要机制是由于微缺陷导致的有效承载面积减小，出现损伤的面积为 A_D。试件的实际承载面积为 A_{ef}，则 $D=A_D/A_0$ 定义为损伤因子，$\psi=A_{ef}/A_0$ 定义为连续因子，于是有：

$$D+\psi=1 \tag{8-14}$$

$D=0$ 为理想无损伤材料，$D=1$ 为完全损伤材料，而实际材料的损伤因子 D 介于两者之间。密度和体积质量的变化可以直接反映损伤。

试件不考虑损伤时，其表观应力为 $\sigma=P/A$，当考虑损伤时其有效应力 $\sigma_{ef}=P/A_{ef}$，于是：

$$\left.\begin{aligned} \sigma/\sigma_{ef}&=A/A_{ef}=\psi=1-D\\ 或\ \sigma_{ef}&=\sigma/(1-D) \end{aligned}\right\} \tag{8-15}$$

式中　ψ——表观应力 σ 与有效应力 σ_{ef} 的比值；

　　　　D——应力增量（$\sigma_{ef}-\sigma$）和有效应力 σ_{ef} 的比值，由此可以通过应力或模量的测量来确定损伤因子。

此外，还可以用一些间接方法测量损伤，如 X 光摄像、声发射、超声技术、CT 技术和红外热成像技术等，对于导电材料可用电阻涡流损失法、交变电抗及磁阻或电位的改变来检测试件有效面积的变化。

2. 历史与现状

1958 年，苏联塑性力学专家 Kachanov 在研究蠕变断裂时首先提出了"连续性因子"与"有效应力"概念。1963 年，苏联学者 Rabotnov 又在此基础上提出了"损伤因子"的概念，此时的工作多限于蠕变断裂。在 20 世纪 70 年代后期，法国的 Lemaitre 与 Chaboche、瑞典的 Hult、英国的 Hayhurst 和 Leckie 等人利用连续介质力学的方法，根据不可逆过程热力学原理，把损伤因子进一步推广为一种场变量，逐步建立起"连续介质损伤力学（continuum damage mechanics，CDM）"这一门新的学科。与此并行，材料学家揭示了细微观的以微裂纹、微孔隙、剪切带等为损伤基元的事实，为力学家提供了从细观角度来研究其力学行为的可能。由此诞生了以 Rice-Tracey，Gurson 等人观点为代表的细观损伤力学。由原先的平行发展到现在成为互补的连续介质损伤力学和细观损伤力学，构成了损伤力学的主体部分。

3. 损伤力学分类与主要研究内容

按损伤的分类，可分为弹性损伤、弹塑性损伤、疲劳损伤、蠕变损伤、腐蚀损伤、照射损伤、剥落损伤等。

通常研究两大类最典型的损伤，由裂纹产生与扩展的脆性损伤和由微孔洞的产生、长大、汇合与扩展的韧性损伤，介乎两者之间的还有准脆性损伤。损伤力学主要研究宏观可见缺陷或裂纹出现之前的力学过程。含宏观裂纹物体的变形以及裂纹的扩展是断裂力学研究的内容。

损伤力学的主要研究内容如图 8-8 所示。

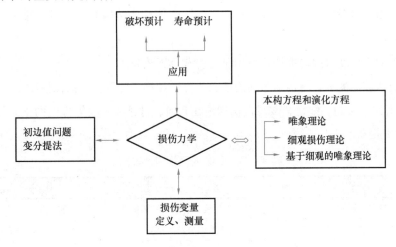

图 8-8　损伤力学的主要研究内容

4. 连续介质损伤力学

连续介质损伤力学把损伤力学参数当做内变量，用宏观变量来描述微观变化，利用连续介质热力学和连续介质力学的唯象学方法，研究损伤的力学过程。它着重考察损伤对材料宏观力学性质的影响以及材料和结构损伤演化的过程和规律，而不细察其损伤演化的细观物理与力学过程，只求用连续损伤力学预计的宏观力学行为与变形行为符合实际结果和实际情况。它虽然需要微观模型的启发，但是并不需要以微观机制来导出理论关系式。不同的作者选用具有不同意义的损伤力学参数来定义损伤变量。通常所说的损伤力学即是指连续介质损伤力学。

5. 细观损伤力学

细观损伤力学从非均质的细观材料出发，采用细观的处理方法，根据材料的细观成分——基体、颗粒、孔隙等的单独行为与相互作用来建立宏观的本构关系。损伤的细观理论是一个采用多重尺度的连续介质理论，通常的研究方法是，第一步从损伤材料中取出一个材料构元，它从试件或结构尺度上可视为无穷小，包含了材料损伤的基本信息，无数构元的总和便是损伤的全部。材料构元体现了各种细观损伤结构（如孔隙群、微裂纹、剪切带内空洞富集区、相变区等）。然后对承受宏观应力作为外力的特定的损伤结构进行力学计算（这个计算中常作各种简化假设），便可得到宏观应力与构元总体应变的关系及与损伤特征量的演化关系，这些关系即对应于特定损伤结构的本构方程，又可用它来分析结构的损伤行为。

细观损伤力学的主要贡献在于对"损伤"赋予了真实的几何形象和具有力学意义的演化过程。作为宏观断裂先兆的四种细观损伤基元是：①微孔隙损伤与汇合；②微裂纹损伤与临界串接；③界面损伤（含位错、孔隙化与汇合）；④变形局部化与沿带损伤。细观损伤理论的建模方法可概括为：

1）选择一个能描述待研究损伤现象的最佳尺度；

2）分离出需要考虑的基本损伤结构，并将嵌含该损伤结构的背景材料按一定力学规律统计平均为等效连接介质；

3）将由更细尺度得到的本构关系用于这一背景连续介质；

4）进而从该尺度下含损伤结构的连续介质力学计算来阐明材料损伤模型。

表 8-1 对照了宏观、细观和微观损伤理论在几何、材料和方法等方面的主要特点。这里主要阐述细观损伤理论。

微观、细观、宏观损伤理论表征　　　　　　　　　　　　　表 8-1

	微 观	细 观	宏 观
几何	空位、断键、位错	孔洞、微裂纹、界面、局部化带	宏观裂纹、试件尺寸
材料	物理方程	基体本构与界面模型	本构方程与损伤演化方程
方法	固体物理	连续介质力学与材料科学	连续介质力学

从细观损伤力学出发，关于材料损伤的扩展已进行了不少工作。在用细观损伤力学对裂纹岩石稳定性进行分析时，我们通常把初始裂纹也作为一种损伤来统一处理。试验表明，不同的岩石材料，由于其中所包含的微裂纹的数量和尺寸等差异，可分为由微观裂纹的产生、扩展和汇合成主裂纹的脆性破坏过程和由孔隙形成、发展和微孔隙群汇合的韧性损伤破坏过程。损伤过程对应于应变的积累和局部化，这些过程是不可逆的。

目前对于细观损伤力学存在两种不同的看法：一种认为细观模型为损伤变量和损伤演化赋予了真实的几何形象和物理过程，深化了对损伤过程本质的认识，它比宏观的连续损伤力学具有更基本的意义。另一种意见认为：这种通常称为"自洽"的方法其主要困难是从非均质的微观材料需要经过许多简化假设才能过渡到宏观均质材料。由于微观的损伤机制非常复杂（多重尺度、多种机制并存在交互作用等），人们对于微观组成部分的了解还不够充分，它的完备性与实用性还有待于进一步研究。然而，研究进展表明，这一方法的应用前景是非常具有吸引力的。

损伤力学研究的难点和重点是含损伤材料的本构理论和演化方程。目前的研究有三种途径，唯象的宏观本构理论、细观的本构理论、基于统计的考虑非局部效应的本构理论。唯象的模型注重研究损伤的宏观后果，细观的本构理论更易于描述过程的物理与力学的本质。但因为不同的材料和不同的损伤过程及细观机制交互并存，人们难以在力学模型上穷尽对其机制的力学描述。但是能抓住其主要细观损伤机制的力学模型，在一定类别的材料损伤描述上，已获得相当的成功。

6. 发展方向

近年来，损伤力学和断裂力学的结合成为一种发展趋势。损伤是断裂前期微裂纹（或微孔隙）演化程度的表现，损伤的极限状态是主裂纹开始扩展，而宏观断裂则是主裂纹扩展的结果。损伤力学研究在各种加载条件下（塑性变形、蠕变、疲劳等），物体中的损伤随着变形而发展并最终导致破坏的过程和规律。当材料由于损伤形成了裂纹，在外载作用下，裂纹由起始扩展到失稳扩展，也是一个过程。断裂力学适于研究固体中裂纹扩展的规律。岩石破坏过程是一个初始缺陷的演化，宏观裂纹的产生及扩展，最后导致材料宏观断裂破坏的连续变化过程，可以用损伤力学和断裂力学来共同描述和研究。损伤力学和断裂力学相结合来进行含裂纹岩石稳定性分析，得到越来越广泛的应用。

损伤力学的发展前景是非常广阔的，今后在以下几个方面有可能取得进展：

1）材料各向异性问题；

2）内变量改进，包括引进新的内变量，分解原来的内变量，以区别损伤的形成和发展两个阶段的不同规律，以及与断裂力学结合，用统一的内变量来描述与处理整个破坏过程；

3）进一步引进应力以外的致损因素；

4）进一步从细观角度对损伤加以研究。

损伤力学与现代计算技术的结合，将有力地推动其在工程设计和强度分析中的应用，为工程技术人员的设计决策提供较为准确可靠的理论工具。

8.5　岩石力学中的多场耦合分析

人类工程活动，一方面要依托于地质环境（geological environment），另一方面又影响和改造着地质环境。地质环境的优劣直接影响工程活动的正常运转和工程的稳定性。在地质环境中，岩体与地下水的相互作用，影响和改变着地质环境的状态。在天然状态下，地质环境中岩体和地下水之间的相互作用主要可归纳为两个方面：一是地下水与岩体之间发生物理或化学的相互作用，使岩体和地下水的性质或状态发生不断的变化；二是地下水与岩体产生相互的力学作用，这个过程不断地改变着作用双方的力学状态和力学特性。二者叠加作用的结果可能使岩体引起劈裂扩展、剪切变形和位移，增加岩体中结构面的孔隙度和连通性，增强了岩体的渗透性能。

岩石工程面对的是复杂的地质体——岩体，岩体是一种具有复杂结构的多相介质体，天然状态下存在着地应力、地下水及温度等，岩石力学耦合分析的核心任务，就是要研究人类工程和自然相互作用下的由应力场、渗流场、温度场、地球化学场等相互作用引起的岩体变形和破坏规律。

1. 影响岩体应力场的因素

它包括地应力、工程应力、热应力、地球化学应力、渗透应力等。在运用岩体应力场分析工程岩体稳定性时，一定要综合考虑地应力场、工程应力场、热应力场、地球化学应力场、渗透应力场等。

2. 影响岩体渗流的因素

它包括地应力、工程应力、热应力、地球化学应力、渗透应力等。地应力场和工程应力场的变化导致岩体结构的调整，从而改变岩体的渗透性能和孔隙性状，同时也改变着地下水的补给、径流、排泄条件，从而影响岩体应力场。通过建立岩体的渗透系数、孔隙率与应力的关系，描述岩体应力场变化对渗流场的影响。热应力场变化引起地下水性状的变化，从而导致地下水流动速度的改变。

3. 岩体渗流对应力场的影响

岩体中的地下水通过对岩体的物理作用、化学作用、孔隙静水压力和动水压力的作用，从而改变岩体的应力场。

8.5.1　岩体的渗透定理

1. 孔隙型岩体渗透定理

孔隙型岩体渗透定理符合常温孔隙介质不变条件下的达西定律，即：

$$\upsilon = KJ = -K\nabla H \tag{8-16}$$

式中　υ——渗流速度，也称比流量（specific discharge），它与渗透速度 u 的关系为：$\upsilon = nu$，这里 n 为孔隙率；

J——水力坡度（无量纲），它是一个与坐标方向无关且大于 0 的值；

∇H——水力梯度，它是一个与坐标方向有关的值；

K——渗透系数，也称水力传导系数（hydaulic conductivity），$K = (\gamma/\mu)k$，这里，γ、μ 分别为流体的重度和动力黏滞系数，k 为渗透率（permeability）。

若岩体受应力作用时，孔隙型岩体应力与渗流关系符合关系式 $K(\sigma) = K_0 \exp(-\alpha\sigma)$，从而可推出，常温孔隙型岩体渗流公式为：

$$v = K_0 \exp\,(-\alpha\sigma)J \tag{8-17}$$

式中　K_0——$\sigma=0$ 时的渗透系数；

　　　σ——有效应力（MPa）；

　　　α——待定系数。

若岩体既受应力又受温度作用时，由于有：

$$K(\sigma,T) = \frac{\rho_0 g \exp\left[-\alpha_1(T-T_0)\right]}{\mu_0 \exp\left[-\alpha_2(T-T_0)\right]} k \exp\,(-\alpha\sigma)$$

$$= K_0 \frac{\exp\left[-\alpha_1(T-T_0)\right]}{\exp\left[-\alpha_2(T-T_0)\right]} \exp\,(-\alpha\sigma) \tag{8-18}$$

故可导出既受应力又受温度作用的孔隙型岩体渗透公式为：

$$v = K_0 \frac{\exp\left[-\alpha_1(T-T_0)\right]}{\exp\left[-\alpha_2(T-T_0)\right]} \exp\,(-\alpha\sigma)J \tag{8-19}$$

式中　α_1——受温度影响流体密度变化的待定系数；

　　　α_2——受温度影响流体动力黏滞系数变化的待定系数；

　T_0，T——分别为起始温度和温度变量。

2. 裂隙型岩体渗透定理

岩体中常温不变形单裂隙渗流的立方定理是通过窄缝槽水力学实验得出的，即：

$$q = (rb^3/12\mu)J_f = K_f bJ_f \tag{8-20}$$

式中　　　q——裂隙的单宽流量；

　　　　　b——裂隙宽度；

　　　　K_f——裂隙的渗透系数，$K_f = \lambda b^2 \rho g/\mu$；

　　　　　λ——与裂隙面形状和粗糙度有关的系数，光滑平直时 $\lambda = \dfrac{1}{12}$；

　　　　　J_f——水力坡度。

当岩体中存在密集裂隙时，则裂隙介质岩体的渗流公式为：

$$V = K_f J_f = \frac{r\lambda}{\mu} k_f J_f = \frac{r\lambda}{\mu} \frac{\delta y}{\delta x} \sum_{i=1}^{M} b_i^3 S_i (I - \alpha_i \alpha_i) J_f \tag{8-21}$$

式中　V——渗流速度矢量；

　　　J_f——水力坡度量；

　　　K_f——渗透系数张量；

　　　k_f——渗透率张量；

　　　M——岩体内裂隙组数；

　　　S_i——第 i 组裂隙的平均密度；

　　　b_i——第 i 组裂隙的平均隙宽；

I——单位矢量；

α_i——第 i 组裂隙的平均方向余弦矢量。

若裂隙岩体受应力作用时，由试验结果知，$K(\sigma) = K_0 \sigma^{-D_f}$，故可得裂隙型岩体渗流公式为：

$$V = K_{f0} J_f \sigma^{-D_f} \tag{8-22}$$

若同时考虑温度变化时，则裂隙型岩体渗流公式为：

$$V = K_{f0} J_f \frac{\exp\left[-\alpha_1(T - T_0)\right]}{\exp\left[-\alpha_2(T - T_0)\right]} \sigma^{-D_f'} \tag{8-23}$$

式中 K_{f0}——初始渗透系数张量；

D_f——裂隙分布的分维数，一般 $0 < D_f \leqslant 2$，$D_f = 0$ 时，岩体内无裂隙存在（孔隙型岩体），此时可用 $K(\sigma) = K_0 \exp(-\alpha\sigma)$。

3. 岩溶管道型岩体渗透定理

当岩溶管道中的水流流态为层流时，岩溶岩体中单管道渗透定理为：

$$V = K_c J_c = (r/8\mu) r_c^2 J_c \tag{8-24}$$

式中 K_c、J_c——分别为管流中的渗透系数和水力坡度；

r_c——管道半径。

8.5.2   岩体渗流场、温度场与应力场耦合模型

由于岩体结构的复杂性，定量研究岩体水力学问题时不可能只用一种模式。建立岩体渗流场与应力场耦合模型一般采用三种方法：机理分析方法、系统辨识方法和混合分析方法。以上述岩体结构类型和耦合模型的建模方法为基础，将岩体渗流场、温度场与应力场耦合模型分为集中参数型模型和分布参数型模型。集中参数型模型包括：多变量自回归模型、人工神经网络模型、非线性混沌动力学模型；分布参数型模型包括：连续介质模型、等效连续介质模型、裂隙网络模型、狭义和广义双重介质模型。这些模型大多已应用于岩体工程中。从现有的岩体渗流场、温度场与应力场耦合模型看，其中岩体渗流与应力场耦合的连续介质和等效连续介质模型应用得相对较多，在这些耦合模型中渗流对应力的影响仅按有效应力理论考虑。岩体渗流场与应力场耦合的裂隙网络模型应用较少。未来工程岩体稳定性分析中最切合实际的模型应该是岩体渗流场、温度场与应力场耦合的裂隙网络模型、狭义双重介质模型和广义双重介质模型。

集中参数模型是把岩体系统看成"黑箱"，运用系统的输入输出信息（如大坝的位移、库水位、坝内地下水位等观测资料）建立模型，分析预测岩体或岩体工程的稳定性。该模型未考虑岩体或岩体工程内的结构及力学、水力学性质。分布参数模型以岩体结构为基础，考虑岩体空间上的水力学特性，建立不同结构类型的水力学模型。在工程应用中关键要研究三

个问题：一是模型的选择要以岩体结构为基础，采用现场地质调查、勘查、物探、试验等多种技术手段，揭示工程岩体的结构性特征，然后进行必要的研究分析；注意工程影响范围与区域岩体结构的关系，若工程影响范围内岩体相对完整，而区域岩体存在大断层时，仍可按连续介质处理。二是岩体力学及水力学参数，通过现场试验、现场裂隙测试及模型反演等方法确定。三是边界条件，根据工程影响范围及岩体水力学性质确定。对于相对完整、以孔隙为主的岩体运用连续介质模型；对于以裂隙为主且裂隙密集的岩体运用等效连续介质模型；对于以裂隙为主且裂隙稀疏的岩体运用裂隙网络介质模型；当岩体为岩溶管道网络型，也可运用该模型，只是将裂隙渗透定理改为管道渗透定理；对于既考虑岩块孔隙储水（岩块视为均质各向同性介质，其渗透性用标量渗透系数描述），又考虑裂隙导水的岩体可用狭义双重介质模型，而考虑岩块为密集裂隙时，用广义双重介质模型（岩块视为非均质各向异性介质，其渗透性用张量渗透（率）系数描述）。

岩体渗流场与应力场耦合的模型，可用有限元数值解法进行计算，用迭代法求解，也可组合刚度矩阵和渗透矩阵统一求解，但要注意求解方程组时出现的病态方程问题。

岩石力学中的耦合分析问题是目前研究的热门课题，还有许多问题值得进一步深入研究，解决耦合问题的难点是：①岩体结构的定量描述；②应力与渗流关系、应力与温度关系以及温度、化学作用、应力及渗流之间相互作用机理及关系；③工程应用的定量分析。

8.6　深部岩体力学问题

随着经济建设与国防建设的不断发展，地下空间开发不断走向深部——逾千米乃至数千米的矿山（如金川镍矿和南非金矿等），水电工程埋深逾千米的引水隧道，核废料的深层处置，深层地下防护工程（如 700m 防护岩层下的北美防空司令部）等。伴随着深部岩体工程发生了一系列新的岩体力学问题，这与浅部岩体工程相比具有较大的差异，而用传统的连续介质力学理论无法圆满解决，引起了全世界岩石力学工程领域专家学者的极大关注，成为当前研究的热点。

8.6.1　深部岩体的特点

深部岩体由于其结构、变形、高应力、结构与材料贮能等特点，其物理力学性状与浅部岩体相比有显著的不同，主要为：

1. 深部岩体材料具有非均匀、非连续特点

深部岩体作为地质体，是由地质构造破碎带、裂隙和节理纵横交割为尺寸大小不同的岩块。把深部岩体作为具有不同尺寸等级岩块构成的块系集合来研究，这个块系集合的尺度

存在着自相似规律。分析深部岩体的变形与破坏时，首先必须掌握工程场地的岩体宏观至细观的结构特点。

2. 深部岩体变形具有非协调、非连续特点

岩体变形由岩块变形和岩块边界面（结构面）附近区域以及岩体弱化区（裂缝处）的变形组成，而后者占岩体变形的主要部分。岩块变形可以是协调的，也可由于微裂纹的产生、扩展而变成非协调、非连续的。岩体结构面的变形往往是非协调、非连续的。岩体的破坏和失稳可以是岩体弱化区（裂缝处）剪切带的形成、岩桥的贯穿、裂隙群的扩张，也可以是完整岩块中裂纹的产生、扩展引起的破坏，一般前者是主要的。因此需要采用非协调、非连续、非线性的弹塑性力学分析方法进行研究。

3. 深部岩体具有非常高的初始应力状态

一些区域处于由稳定向不稳定发展的临界应力状态，即不稳定的临界平衡状态，这种高应力状态不但存在于岩块内，也存在于结构面处。当外部施加一定扰动时（包括开挖洞室和巷道、地下爆破或爆炸、水库充水等），岩体可能由渐进蠕变发展到破坏，即局部交替碎裂现象，也可能由动力突变产生破坏，表现为岩爆、岩块冲击地震、突水或瓦斯突出，或者产生自组织现象进入新的岩体结构和平衡状态。这方面研究的重点是搞清楚临界状态发展成不稳定的渐进或突变的条件，或者变形和自组织现象的条件。研究的数学模型和方法必须考虑材料的几何性质，变形的不可逆性、耗散性和非连续性。

4. 深部岩体具有贮能特点

由于深部岩体材料黏结力、内摩擦和剪胀性及结构面的摩擦和黏结，在地质构造运动和自重应力作用下积累了弹性变形能和位能。此时的岩体宏观能量平衡是在一定的约束条件下维持的，当扰动破坏约束条件改变时，变形能可以转化为动能。研究岩体平衡的约束条件以及变形能的转化条件和形式必须采用贮能材料和贮能结构数学模型，此时材料单元采用能反映内摩擦、黏性和剪胀特性的组合结构单元，平衡变形和运动方程必须能反映变形与微变形、应力与微应力、宏观能量平衡和微观能量平衡的特点，这构成深部岩体力学分析的另一个方面。

5. 深部岩体具有块系结构特点

变形的非协调、非连续特点、高应力状态特点以及介质的贮能特点充分反映深部岩体在动载作用下的动力反应特性，包括岩体变异反应现象、宽频谱慢速摆动波系的产生、岩体超低摩擦现象、岩体的低频拟共振现象等。这就要求更准确地模拟岩体块系的相互作用，更准确地描述块系的变形和运动、岩块材料变形，建立精确反映深部岩体诸特点的变形、动力和运动方程及其数学模型，从而能解释上述动力现象，并给出产生这些动力现象的条件，以便在矿山工程、地震工程、地下工程中利用这些现象或者预防产生这些现象。

8.6.2　深部岩体工程力学特性

1. 分区破裂化现象

在深部岩体中开挖洞室或巷道时，其两侧和工作面前的围岩中会产生交替的破裂区和不破裂区，称这种现象为分区破裂化现象。从很多的深部工程实例可以归纳出如下的分区破裂化现象的规律性：围岩中的分区破裂化现象大致发生在深部岩体围岩中的初始垂直地应力 $\sigma_{地}$ 大于岩体单轴压缩强度极限 R_c 的情况下，分区破裂化现象中破裂区的数量取决于 $\sigma_{地}/R_c$ 比值，比值越大，破裂区越多，反之则越少；分区破裂化现象既可发生在巷道钻爆法施工时，也可发生在巷道机械化掘进时；巷道机械法掘进时开始发生分区破裂化时的岩体初始地应力一般高于钻爆法掘进时开始发生分区破裂化时相应初始地应力，这意味着，卸载速度对分区破裂化现象的产生也有一定的影响。

2. 岩爆与冲击动力现象

自 18 世纪以来，人们在矿山工程中已熟悉了以岩块弹射和岩块冒落为表现形式的岩爆现象，岩块弹射的速度可达 10m/s，足以损伤人员和设备。这一类的岩爆主要发生在开挖面，但在围岩内部以及岩体深部，也会发生冲击动力现象，它们的本质都是相同的，即岩体失稳导致岩体位移和运动。

虽然岩爆和岩体冲击的机理目前尚未十分清楚，但是关于岩体中的高地应力以及岩体内部贮存的大变形能是其发生的必要内部因素，已取得了广泛的共识，亦即 Cook 提出的岩爆发生的能量过剩原理（energy excess）。据此不难理解：为什么岩爆发生于深部地下矿区；水库诱发地震的震源位于地下 1000～3000m 的深度；为什么地下爆破诱发地震的能量会超过爆破炸药的总能量。例如 1989 年俄罗斯在基洛夫地区矿山实施的 230t 当量（10^8～10^9 J）地下爆破，其诱发的地震能量为 10^{12} J。随着对深部岩体中动力现象发生机理不断深入的研究，又取得了一系列相关成果。当动力冲量作用于岩体时，由于岩体的振动，岩石间的相对压紧程度会随时间变化。可以设想，在某些时刻，当岩块间相对疏松时，岩石间的摩擦力和摩擦系数会大大降低（降低达数倍），这就是所谓的岩体的超低摩擦效应。由于超低摩擦效应，岩块的运动更加容易产生。由于摩擦系数的降低，平衡的约束条件被破坏，岩体的临界平衡条件变化导致岩块的运动；其次是岩体拟共振现象，由于超低摩擦效应是与岩块系的振动同时产生的现象，所以其大小应是随时间而变化的，即具有频率特性，当激发动力冲量的频率与其相应时，可以预期岩块的运动（振动）会加剧，这种岩体的拟共振现象在实验室和野外测试中都已经观察到。俄罗斯某些油田利用地面激振法在油井的采油末期，提高采油量 50%～100%，其原理就是利用了超低摩擦效应和拟共振现象。

由上述的深部岩体工程力学特性可见，深部岩体工程与浅部岩体工程相比具有显著不同，也与基于连续介质弹塑性力学的分析有所不同。按照传统的连续介质弹塑性力学的概念，由于巷道的开挖、应力集中及应力重分布，在巷道围岩中形成了不同的区域，在这些区域内岩石处于不同的应力、变形状态，由巷道周边从表到里分别为破裂区、塑性区和弹性区。而在深部岩体工程围岩中，则出现破裂区和非破裂区多次交替的现象。因此，分区破裂现象是深部岩体工程响应的特征和标志，在分析深部岩体工程围岩的变形、破裂和稳定性时必须考虑分区破裂现象及破裂区的残余强度，它是深部岩体工程的开挖、支护设计和施工的关键。

根据分区破裂现象来界定深部岩体工程，就可以得到深部岩体工程明确的概念。当然对于深部岩体的工程地质和岩体力学条件，不可能得到"深部"这个词具体量值，由上面所介绍的分区破裂现象可知，分区破裂现象的出现与深部岩体工程所在地的地应力值有关，与巷道或洞室开挖引起的应力集中系数有关，即与巷道形状有关，还应与巷道（洞室）开挖引起的力学特性（极限强度、变形模量等）有关。但是由于分区破裂现象目前尚处于定性分析阶段，还没有达到定量分析的精确阶段，所以尚没有一个定量界定"深部"的具体公式，这也成为今后深部岩体力学研究的一个任务。俄罗斯学者在假定 $\sigma_{地} = \gamma H$ 后，曾经推出了一个界定"深度"的公式，该公式包含了应力集中系数、岩体单轴压缩强度、岩体弹性模量、拉伸与压缩模量以及岩石的极限拉伸变形，但是由于推导该公式的分区破裂化机理不全面，因此该公式在实践中并没有得到承认和推广。

8.6.3 深部岩体工程设计施工特点

深部岩石力学关于岩爆、大变形以及分区破裂化的机理和发生发展规律尚是一个正在研究的课题，因此，关于岩爆、大变形以及分区破裂化条件下的设计计算理论尚未形成。

1. 对浅部地下工程，地应力水平低，按照传统的岩石力学弹塑性理论，洞室周围依次出现塑性区（松动圈）、弹性应力区和未扰动区。地下工程设计理论就是及时支护，与围岩共同作用，使围岩应力小于岩石强度，允许围岩变形，防止围岩破坏，所以在岩石应力应变曲线上工作在峰值强度前加荷段上。

对深部地下工程，地应力水平高，一旦开挖卸荷，围岩即破坏。围岩工作在岩石应力应变全过程曲线的峰值强度后下降段，部分围岩中形成剪切滑移线，裂缝开裂，产生所谓的局部化变形，该部分工作在残余强度。所以，深部地下工程的设计计算是建立在非连续非协调的非线性岩石力学基础上，是研究计算围岩中的局部化变形及其应力状态。

2. 浅部地下工程开挖后，围岩一般不会破坏，因此采用一次支护即可实现工程的稳定性，而深部开挖后，围岩即破坏，因此一次支护就不能满足工程稳定性要求，必须采用二次支护或多次支护才能实现工程的稳定性。

3. 深部地下工程设计施工特点：①采用二次支护稳定性控制设计理论；②大变形支护的主要特点是柔性屈服支护；③调动深部围岩强度，控制深部大变形隧道地压；④缩小开挖断面；⑤按照分区破裂化设置不同深度锚杆，调动不同深度未破裂区围岩强度。

8.7 新的数学方法和非线性科学在岩石力学中的应用

在通常情况下，岩石力学所涉及的岩体是很复杂的，其力学性状大多具有高度的不确定性与非线性，采用以连续介质力学为基础的确定性研究方法进行分析时，会使岩石力学模型很复杂，要确定的力学参数很多。而对于某些问题，仍未得到满意结果，这主要是因为能够真实反映岩体复杂特性的理论体系尚未健全。

对于岩石力学与工程这样的复杂系统，要对它的力学性状进行预测和控制，必须借助现代先进的科学技术，建立适合于岩石力学与工程特点的岩石系统理论。目前，这类发展比较成熟的理论和方法主要包括：分形理论、耗散结构理论、协同学、突变理论、混沌理论和人工神经网络等。

8.7.1 分形几何及其在岩石力学中的应用

岩石内部含有大量不同阶次、形状极不规则的微孔隙、微裂纹等内部缺陷，是造成岩石宏观非弹性变形和各向异性的根本原因，这些微孔隙和微裂纹的扩展与岩石强度直接相关。20世纪70年代由法国数学家 Mandelbort 创建的分形理论，研究数学领域和自然界中经典欧氏几何无法表述的极其复杂和不规则几何形体与现象，并用分形维数定量刻画其复杂程度。分形几何是研究非线性现象和图形不规则性的理论和方法，它在处理诸如岩石断裂形貌、岩石破碎、岩体结构、岩石颗粒特性、地下水渗流、节理粗糙度以及岩层的不规则分布等过去认为难以解决的复杂问题，得到了一系列准确的解释和定量结果。分形岩石力学是定义在分形度量空间的岩石力学理论，具体地说，是研究考虑自然分形效应的岩石介质变形破坏规律的力学理论。

20世纪70～80年代，分形岩石力学研究的第一个层次是对现象的描述，如对地形地貌、裂纹扩展路径、裂隙网络的分形计算，然后与一些物理量挂钩，得到一些关系并加以解释。目前，分形岩石力学的研究已进入第二个层次，也就是对岩石分形的物理机制和演化规律的研究。

下面以岩体结构的分维为例说明分形几何的应用。分形几何为岩体结构能准确、合理、定量的表征及建立岩体介质理论提供了理论和方法，是进一步解决岩石力学计算问题的重要基础。用分形几何分析岩体结构，主要是岩体结构分维的计算，岩体结构分维刻画了岩体结构的复杂程度，并对岩体的完整性给出了定量表征。令岩体的分维为 D，在二维空间，完整岩体无节理切割，$D=0$；断续岩体 $D\in(0,1)$；岩体充分破碎，裂隙充满了整个平面，则 $D=$

2。有学者指出，岩体结构分维存在着上限值 $D=1.60$，尽管这个上限值只是经验性的结果，但 $D=1.60\sim2$ 时，岩体已相当破碎，岩体的工程性质很差，$D=1.60$ 是一个岩体性质发生突变的界限值。因此，按岩体分维数 D 可将岩体完整性初步划分为四类，见表 8-2 和图 8-9。

按 D 划分的岩体完整性类别 表 8-2

D	0	0～1	1～1.60	1.60～2
裂隙特征	无裂隙	断续裂隙	裂隙较发育	裂隙极发育
岩体完整性	完 整	较完整	一般-较破碎	破 碎

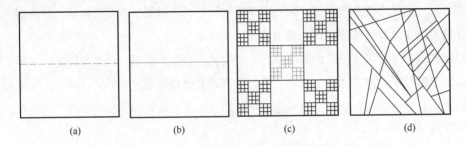

图 8-9 几种典型裂隙岩体分形结构模型（平面）

（a）断续裂隙岩体分形结构模型 $D=0.63$；（b）平直贯通裂隙岩体分形结构模型 $D=1.0$；

（c）一般裂隙岩体分形结构模型 $D=1.46$；（d）自然裂隙岩体分形结构模型 $D=1.47$

分形几何在岩体力学中的应用尚处于发展之中，它有可能成为岩体力学中重要的数学工具，例如，在完整岩块力学性能和各种岩体的力学性能之间有可能通过分维建立数学联系。

8.7.2 非线性科学方法在岩石力学与工程中的应用

近年来，以所谓的"新三论"（耗散结构理论、协同学和突变理论）为代表的，包括突变、分岔、分形、混沌、神经网络等非线性系统科学得到了很大发展，并且在各方面得到应用，取得了许多新的成果。

耗散结构理论、协同学和突变理论三者研究内容基本相同，都是依据系统的稳定性分析，揭示系统动态演化过程中的自动合作行为、反馈机制和涨落过程，但它们研究的思维方法和侧重点有所差异。

以往描述自然现象往往采用确定性理论或随机性理论。目前，解决岩石力学问题所采用的方法大部分为确定性方法，而随机性方法（例如：时间序列分析、灰色控制等）也时有采用。所谓随机性理论是指给定初始条件之后，只能对系统的状态变化做概率性的描述。在相空间里来看，服从确定性理论的状态可以用一条明确的"相"轨道来表示，而服从随机性理论的状态只能用状态"云"来表示，"云"的密布之处，其相应状态出现的概率最大。

确定性理论和随机性理论，可以描述自然现象的两个极端情况。在自然界中是否存在介于两者之间的情形呢？以往我们总认为，根据确定性理论建立的方程（例如微分方程等），方程中各个参数都是确定的，对于给定的初值，应该求出一个确定解。但出人意料的是，只有很少几个参数描述的确定性系统，在一定条件下竟也会出现随机性行为，这种随机性行为并非来自外界的干扰，而是产生于系统内部的非线性。更令人惊奇的是，这种随机行为中蕴涵着一定的秩序。把非线性的确定性系统所表现出的这种随机行为称为混沌。混沌是一种看似随机却并非完全随机的系统。混沌理论的发现突破了确定论与随机论之间不可逾越的障碍。

混沌系统对初始条件具有极端敏感性，即无论初始状态的误差多么微小，都会随系统的演化而迅速放大，这主要是由于系统在演化过程中误差成指数增长，无论多么小的误差都会迅速增长到完全影响系统宏观行为的程度，因而，混沌系统的长期行为是不可预测的。

迄今为止，混沌一词还没有一个公认的普遍适用的数学定义。要判断某一现象是否是混沌现象，起码要确定它满足的最少必要条件，如是否存在奇异吸引子（无论系统的动态特性多么复杂以及初始状态如何不同，系统的状态最终会回到吸引子区），是否存在正的 Lyapunov 指数等等。

8.7.3　人工智能与专家系统在岩石力学中的应用

鉴于岩体的力学性质是如此复杂，在实际的岩石工程中，依靠人们实践经验进行技术决策的方法仍然起到相当重要的作用。为了处理岩石力学中的不确定性，一些例如人工神经网络、遗传算法、模糊数学、概率统计、灰色系统等理论直接引用到岩石力学中来。

人工神经网络（artificial neural network，ANN）理论是 20 世纪 80 年代后期在现代神经科学研究成果的基础上，依靠人脑基本特征，试图模仿生物神经系统的功能或结构而发展起来的一种新型信息处理系统或计算体系。人工神经网络是由大量的神经元广泛相互联结而成的复杂系统，它基于现代科学研究成果，能反映人脑思维的一些基本特性。网络的信息处理由神经元之间的相互作用实现，知识与信息的存储表现为网络元件互连间分布的物理关系，网络的学习与识别决定于各神经元连接权系数的动态演化过程。

人工神经网络是一个高度非线性的超大规模连续时间动力系统，也是一个超大规模非线性连续时间自适应信息处理系统，同时它具有大规模分布处理及高度的鲁棒性和学习联想能力。神经网络有很多网络模型，以 BP（Back-Propagation）网络应用最为广泛。在神经网络用于岩石力学的问题中，也是以采用 BP 网络模型居多。BP 网络由 1 个输入层、1 个输出层和 1 至多个隐层组成。每层包含若干节点（神经元），层间节点通过权值连接，网络的训练由 3 部分组成，即输入信息的前向传播，误差的反向传播和连接权值的调整。输入信号先向前传播到隐节点，经过作用函数后，再把隐节点的输出信息传播到输出节点，最后给出输出值。传统的 BP 算法收敛速度慢，常需要成千上万次迭代，而且随样本维数的增加，网络的收敛速度会更慢。但可通过加入动量项，利用高阶导数、共轭梯度法、递推最小二乘法以及神经元空间搜索法等对传统的 BP 算法进行改进。

遗传算法（genetic algorithm）是一种模拟自然进化过程搜索最优解的方法。它借鉴了生物界自然选择和自然遗传机制，是 20 世纪 60 年代美国密执安大学的 J. H. Holland 教授提出的。它基于达尔文适者生存、优胜劣汰的进化原则，对包含可行解的群体反复使用遗传学的基本操作，不断生成新的群体，使种群不断进化。同时，以全局并行搜索技术来搜索优化群体的最优个体，以求得满足要求的最优解。

计算机在岩石力学的应用不仅是为了承担繁重而复杂的计算任务，而且可以发展成为重要的智囊团和决策工具。人工智能系统和软件，可以通过岩体失稳分析，以后不犯重复的错误。专家系统则为岩体工程中如何很好地利用为数众多的岩石力学专家的经验和处理方案提供了良好的处理方案。此外，岩体中的节理发育具有成组性和随机性特点。应用数学统计方法，不仅可以建立岩体的节理概率模型，而且以此为基础，可进行岩石工程的可靠度分析。

8.8　其他

以上介绍的是岩石力学研究新进展的几个主要问题，每一个内容都形成了岩石力学研究的一个新的学科方向。例如，分形岩石力学、智能岩石力学等。这些已在解决复杂的岩石工程问题方面起到了重要的作用。实际上，岩石力学研究的主要成就还远远不止这些。

环境对岩石的破裂性能的影响逐渐受到人们的重视。环境中腐蚀物质的化学反应、应力腐蚀，加快了岩石的破裂，导致最终的失稳。因此，研究环境对岩石破裂特性的影响规律，评价环境影响下的岩体的长期稳定性、长期强度，已成为岩体工程的开发领域中的一个重要的研究课题。例如，湿润条件下的破坏韧性值比干燥条件下的要低，裂纹扩展速度加快。Lajtai 等报告了水对花岗岩时效变形的影响。Rebinder 等探讨了化学环境对钻进面上岩石力学性质的影响，比较了几种不同化学药剂的作用及其机制，用 Griffith 强度理论对由于化学物质的吸附使得矿物表面能降低、促进裂纹扩展等进行了说明。但是，当岩石钻进过程时间较短时，新裂纹的形成与新形成裂纹的化学物质的吸附作用以及发生速度还未很好地弄清楚。上述研究表明了环境对岩石力学性质的影响，但对其影响机制未很好地阐明，对破裂过程的模拟和预测还没有得到令人满意的结果。

为了说明化学环境条件对岩石的破裂性质的影响，进行了双扭转（double torsion）、标准三点弯曲、单轴压缩、多阶段三轴压缩等试验，对岩石在不同的化学环境下的破坏过程进行了声发射监测。为了说明岩石力学性质与ζ电位之间的关系，对不同的岩石和化学溶液组合进行了ζ电位测试。试验发现：与空气侵蚀条件相比，裂纹尖端的水或化学溶液使岩石的断裂韧度明显地降低；应力腐蚀破裂也明显地受到化学环境的影响，并依赖于 ζ 电位；抗拉强度明显地受到化学集结物的影响，并依赖于 ζ 电位，而三轴强度不会因化学集结物的变化而明显地变化。

对双扭转试验测得的大岛花岗岩在蠕变、应力增加和松弛过程的声发射随应力演化的行为分别进行了时间分形分析。结果表明：无论是受化学溶液、水，还是空气的侵蚀，大岛花岗岩在蠕变、应力增加和松弛过程中都表现有时间分形特征，个别具有单一分形结构，大多数具有多重时间相关分形结构。这种分形特征因花岗岩试件的各向异性、受力状态和过程以及受侵蚀的环境而有所区别。分形维数的改变与岩石系统状态的演化有对应关系，如系统临近破坏，分形维数就降低。

岩石工程的建设给岩石力学研究提出了许多挑战性的课题，同时也给岩石力学的发展带来了无数的机遇。基础学科的最新成果为岩石力学注入了新的生机，岩石力学研究也将不断丰富和拓宽数学力学学科研究领域的内容，促进理论研究水平的提高和完善，为解决重大岩土工程面临的问题提供有力的理论工具。

附录

岩石力学实验指导书及实验报告

实验课程名称_____岩石力学_____

开 课 实 验 室_____

学　　　　院_____年级_____专业班_____

学 生 姓 名_____学　号_____

开 课 时 间_____至_____学年第_____学期

目　　录

实验一　岩石含水率试验

一、实验目的、原理

岩石中水的质量与岩石固体颗粒质量比值的百分数表示称为岩石含水率。岩石含水率试验应采用烘干法，并适用于不含结晶水矿物的岩石。

二、试样制备、使用仪器及材料

主要仪器包括：天平、烘箱、干燥器。试件应符合下列要求：

(1) 保持天然含水率的试件应在现场采取，不得采用爆破或湿钻法。试件在采取、运输、储存和制备过程中，含水率的变化不应超过 1%。

(2) 每个试件的尺寸应大于组成岩石最大颗粒的 10 倍。

(3) 每个试件的质量不得小于 40g。

(4) 每组试验试件的数量不宜少于 5 个。

三、实验步骤

(1) 称制备好的试件质量 g_1。

(2) 将试件置于烘箱内，在 105～110℃的恒温下烘干试件。

(3) 将试件从烘箱中取出，放入干燥器内冷却至室温，称试件质量 g_2。

(4) 重复 (2)、(3) 程序，直到将试件烘干至恒量为止，即相邻 24h 两次称量之差不超过后一次称量的 0.1%。

(5) 称量精确至 0.01g。

四、实验过程原始记录、结果及分析

$$w = \frac{g_1 - g_2}{g_2} \times 100\%$$

式中　w——岩石天然含水率；

　　　g_1——保持天然水分的试件质量（g）；

　　　g_2——烘至恒重的试件质量（g）。

岩石含水率测定记录表

试件编号	试件天然质量 g_1（g）	试件烘干质量 g_2（g）	试件含水率 w（%）	岩石平均含水率（%）	备　注

实验二　岩石颗粒密度试验

一、实验目的、原理

岩石的密度定义为岩石单位体积（包括岩石中孔隙体积）的质量，用 ρ 表示。岩石颗粒密度试验应采用比重瓶法，并适用于各类岩石。

二、试样制备、使用仪器及材料

试件应符合下列要求：

（1）将岩石用粉碎机粉碎成岩粉，使之全部通过 0.25mm 筛孔，用磁铁吸去铁屑。

（2）对含有磁性矿物的岩石，应采用瓷研钵或玛瑙研钵粉碎岩石，使全部通过 0.25mm 筛孔。

主要仪器包括：

（1）粉碎机、瓷研钵或玛瑙研钵、磁铁块和孔径为 0.25mm 的筛。

（2）天平。

（3）烘箱和干燥器。

（4）真空抽气设备和煮沸设备。

（5）恒温水槽。

（6）容积 100mL 的短颈比重瓶。

（7）温度计。

三、实验步骤

（1）将制备好的岩粉，置于 $105\sim110℃$ 的恒温下烘干，烘干时间不得少于 6h，然后放入干燥器内冷却至室温。

（2）用四分法取两份岩粉，每份岩粉质量为 15g。

（3）将经称量的岩粉装入烘干的比重瓶内，注入试液（纯水或煤油）至比重瓶容积的一半处。对含水溶性矿物的岩石，应使用煤油作试液。

（4）当使用纯水作试液时，应采用煮沸法或真空抽气法排除气体；当使用煤油作试液时，应采用真空抽气法排除气体。

（5）当采用煮沸法排除气体时，煮沸时间在加热沸腾以后，不应少于 1h。

（6）当采用真空抽气法排除气体时，真空压力表读数宜为 100kPa，抽至无气泡逸出，抽气时间不宜少于 1h。

（7）将经过排除气体的试液注入比重瓶至近满，然后置于恒温水槽内，使瓶内温度保持稳定并使上部悬液澄清。

（8）塞好瓶塞，使多余试液自瓶塞毛细孔中溢出，将瓶外擦干，称瓶、试液和岩粉的总质量，并测定瓶内试液的温度。

（9）洗净比重瓶，注入经排除气体并与试验同温度的试液至比重瓶内，按（7）、（8）程序称瓶和试液的质量。

（10）称量精确至 0.01g。

四、实验过程原始记录、结果及分析

$$\rho_s = \frac{m_s}{m_1 + m_s - m_2}\rho_0$$

式中　ρ_s——岩石颗粒密度（g/cm³）；

　　　m_s——干岩粉质量（g）；

　　　m_1——瓶、试液总质量（g）；

m_2——瓶、试液、岩粉总质量（g）；

ρ_0——与试验温度同温的试液密度（g/cm^3）。

颗粒密度试验应进行两次平行测定，两次测定的差值不得大于 0.02g/cm^3，取两次测值的平均值。

岩石颗粒密度测定记录表

测定次数	干岩粉质量 m_s（g）	瓶、试液质量 m_1（g）	瓶、试液、岩粉质量 m_2（g）	岩石颗粒密度 ρ_s	岩石平均密度	备注

实验三　岩石块体密度试验

一、实验目的、原理

岩石块体密度试验可采用量积法、水中称量法或蜡封法，并应符合下列要求：

(1) 凡能制备成规则试件的各类岩石，宜采用量积法。

(2) 除遇水崩解、溶解和干缩湿胀性岩石外，均可采用水中称量法。

(3) 不能用量积法或水中称量法进行测定的岩石，宜采用蜡封法。

二、试样制备、使用仪器及材料

量积法试件应符合下列要求：

(1) 试件尺寸应大于岩石最大颗粒的 10 倍。

(2) 试件可用圆柱体、方柱体或立方体。

(3) 沿试件高度，直径或边长的误差不得大于 0.3mm。

(4) 试件两端面不平整度误差不得大于 0.05mm。

(5) 端面应垂直于试件轴线，最大偏差不得大于 0.25°。

(6) 方柱体或立方体试件相邻两面应互相垂直，最大偏差不得大于 0.25°。

蜡封法试件宜为边长 40～60mm 的浑圆状岩块。测干密度时，每组试验试件数量不得少于 3 个；测湿密度时，试件数量不宜少于 5 个。

主要仪器包括：

(1) 钻石机、切石机、磨石机、砂轮机等。

(2) 烘箱和干燥器。

(3) 天平。

(4) 测量平台。

(5) 熔蜡设备。

(6) 水中称量装置。

三、实验步骤

量积法试验应按下列步骤进行：

(1) 量测试件两端和中间三个断面上相互垂直的两个直径或边长，按平均值计算截面积。

(2) 量测端面周边对称四点和中心点的五个高度，计算高度平均值。

(3) 将试件置于烘箱中，在 105～110℃的恒温下烘 24h，然后放入干燥器内冷却至室温，称试件质量。

（4）长度量测精确至 0.01mm，称量精确至 0.01g。

蜡封法试验应按下列步骤进行：

（1）测湿密度时，应取有代表性的岩石制备试件并称量；测干密度时，试件应在 105～110℃恒温下烘 24h，然后放入干燥器内冷却至室温，称干试件质量。

（2）将试件系上细线，置于温度 60℃左右的熔蜡中约 1～2s，使试件表面均匀涂上一层蜡膜，其厚度约 1mm 左右。当试件上蜡膜有气泡时，应用热针刺穿并用蜡液涂平，待冷却后称蜡封试件质量。

（3）将蜡封试件置于水中称量。

（4）取出试件，擦干表面水分后再次称量。当浸水后的蜡封试件质量增加时，应重做试验。

（5）湿密度试件在剥除蜡膜后，按实验的一步骤，测定岩石含水率。

（6）称量精确至 0.01g。

水中称量法试验应按下列步骤进行：

（1）将试件置于烘箱内，在 105～110℃温度下烘 24h，取出放入干燥器内冷却至室温后称量。

（2）当采用自由浸水法饱和试件时，将试件放入水槽，先注水至试件高度的 1/4 处，以后每隔 2h 分别注水至试件高度的 1/2 和 3/4 处，6h 后全部浸没试件。试件在水中自由吸水 48h 后，取出试件并沾去表面水分称量。

（3）当采用煮沸法饱和试件时，煮沸容器内的水面应始终高于试件，煮沸时间不得少于 6h。经煮沸的试件，应放置在原容器中冷却至室温，取出并沾去表面水分称量。

（4）当采用真空抽气法饱和试件时，饱和容器内的水面应高于试件，真空压力表读数宜为 100kPa，直至无气泡逸出为止，但总抽气时间不得少于 4h。经真空抽气的试件，应放置在原容器中，在大气压力下静置 4h，取出并沾去表面水分称量。

（5）将经煮沸或真空抽气饱和的试件，置于水中称量装置上，称试件在水中的质量。

（6）称量精确至 0.01g。

四、实验过程原始记录、结果及分析

（1）量积法按下列公式计算岩石块体干密度：

$$\rho_d = \frac{m_s}{AH}$$

式中　ρ_d——岩石块体干密度（g/cm³）；

　　　m_s——干试件质量（g）；

　　　A——试件截面积（cm²）；

　　　H——试件高度（cm）。

（2）蜡封法按下列公式计算岩石块体干密度和块体湿密度：

$$\rho_d = \frac{m_s}{\dfrac{m_1 - m_2}{\rho_w} - \dfrac{m_1 - m_s}{\rho_p}}$$

$$\rho = \frac{m}{\dfrac{m_1 - m_2}{\rho_w} - \dfrac{m_1 - m_s}{\rho_p}}$$

$$\rho_d = \frac{\rho}{1 + 0.01w}$$

式中　ρ——岩石块体湿密度（g/cm³）；

　　　m——湿试件质量（g）；

　　　m_1——蜡封试件质量（g）；

　　　m_2——蜡封试件在水中的质量（g）；

　　　ρ_w——水的密度（g/cm³）；

　　　ρ_p——石蜡的密度（g/cm³）；

w——岩石含水率（%）。

（3）水中称量法按下列公式计算岩石块体干密度：

$$\rho_d = \frac{m_s}{m_p - m_w}\rho_w$$

式中　ρ_d——岩石块体干密度（g/cm³）；

　　　m_s——干试件质量（g）；

　　　m_p——试件经煮沸或真空抽气饱和后的质量（g）；

　　　m_w——饱和试件在水中的称量（g）；

　　　ρ_w——水的密度（g/cm³）。

岩石块体密度测定记录表

测定次数	干试件质量 m_s （g）	试件质量 m_1（m_p） （g）	在水中的质量 m_2（m_w） （g）	试件截面积、高度 A、H	水、石蜡的密度 ρ_w、ρ_p	岩石块体干密度 ρ_d

实验四　岩石单轴抗压强度试验

一、实验目的、原理

当岩石试样在无侧限压力条件下，岩石在纵向压力作用下出现压缩破坏时，单位面积上所承受的载荷称为岩石的单轴抗压强度，即试样破坏时的最大载荷与垂直于加载方向的截面积之比。单轴抗压强度试验适用于能制成规则试件的各类岩石。

根据现场岩体工程状态，按照标准可进行岩石试样不同含水状态下的单轴抗压强度试验，即天然状态、烘干状态、饱和状态。

二、试样制备、使用仪器及材料

试件可用岩芯或岩块加工制成。试件在采取、运输和制备过程中，应避免产生裂缝。试件尺寸应符合下列要求：

（1）圆柱体直径宜为 48～54mm。

（2）试件的直径应大于岩石最大颗粒尺寸的 10 倍。

（3）试件高度与直径之比宜为 2.0～2.5。

试件精度应符合下列要求：

（1）试件两端面不平整度误差不得大于 0.05mm。

（2）沿试件高度，直径的误差不得大于 0.3mm。

（3）端面应垂直于试件轴线，最大偏差不得大于 0.25°。

试验前要对岩石的颜色、结构、矿物成分、颗粒大小、胶结物性质等特征进行描述，并记述受载方向与层理、片理及节理裂隙之间的关系，节理裂隙的发育程度及其分布。

主要仪器包括：

（1）钻石机、锯石机、磨石机、车床等。

（2）测量平台。

（3）材料试验机。

三、实验步骤

（1）将试件置于试验机承压板中心，调整球形座，使试件两端面接触均匀。

（2）以每秒 0.5～1.0MPa 的速度加荷直至破坏，记录破坏荷载及加载过程中出现的现象。

（3）试验结束后，应描述试件的破坏形态。

四、实验过程原始记录、结果及分析

岩石单轴抗压强度试验值，按下式进行计算：

$$R_c = \frac{P_c}{A}$$

式中　R_c——岩石单轴抗压强度试验值（kPa）；

　　　P_c——试样破坏时的最大荷载值（kN）；

　　　A——试样的横截面积（m²）。

岩石单轴抗压强度试验记录表

试样编号	岩石名称	含水状态	试 样 尺 寸			破坏最大荷载（kN）	单轴抗压强度（kPa）	平均值（kPa）
			平均高度（mm）	平均直径（mm）	横截面积（mm²）			
备注	描述试样破坏形态							

实验五　岩石抗拉强度试验

一、实验目的、原理

抗拉强度试验采用劈裂法，适用于能制成规则试件的各类岩石。劈裂法是在圆柱体试样的直径方向上，施加相对的线性荷载，使之沿试样直径方向破坏的试验，间接测定岩石的抗拉强度。

二、试样制备、使用仪器及材料

试件应符合下列要求：

（1）圆柱体试件的直径宜为 48～54mm，试件的厚度宜为直径的 0.5～1.0 倍，并应大于岩石最大颗粒的 10 倍。

（2）其他应符合实验四的要求。

主要仪器包括：

（1）钻石机、锯石机、磨石机、车床等。

（2）测量平台。

（3）材料试验机。

三、实验步骤

（1）通过试件直径的两端，沿轴线方向划两条相互平行的加载基线。将两根垫条沿加载基线，固定在试件两端。

（2）将试件置于试验机承压板中心，调整球形座，使试件均匀受荷，并使垫条与试件在同一加荷轴线上。

(3) 以每秒 0.3～0.5MPa 的速度加荷直至破坏。

(4) 记录破坏荷载及加荷过程中出现的现象，并对破坏后的试件进行描述。

四、实验过程原始记录、结果及分析

岩石抗拉强度按下式进行计算：

$$R_t = \frac{2P_{max}}{\pi Dl}$$

式中　R_t——岩石的抗拉强度（kPa）；

　　　P_{max}——试样破坏时最大荷载值（kN）；

　　　　D——试样直径（m）；

　　　　l——试样厚度（m）。

岩石抗拉强度试验记录表

试样编号	岩石名称	含水状态	试样尺寸		破坏最大荷载（kN）	单轴抗拉强度（kPa）	平均值（kPa）
			平均厚度（mm）	平均直径（mm）			
备注	描述试样破坏形态						

实验六　岩石剪切试验

一、实验目的、原理

岩石的抗剪强度是岩石对剪切破坏的极限抵抗能力。本试验采用三种不同角度（50°、60°、70°）的斜剪方式进行剪切试验，所测试的是岩石本身的抗剪强度。若条件具备也可参照标准进行直剪试验。

二、试样制备、使用仪器及材料

采用切石机、磨石机等制样设备在室内进行加工，试样加工精度和尺寸要满足下列要求：

试样边长为 50mm×50mm 的方试块，试样边长加工精度控制在 1%～2% 以内，在切、磨制取试样过程中，不允许有人为裂隙出现。量测试样尺寸，检查试样加工精度，并记录试样加工过程中的缺陷，要求量测准确至 0.02mm。

试验前要对岩石的颜色、结构、矿物成分、颗粒大小、胶结物性质等特征进行描述，并记述受载方向与层理、片理及节理裂隙之间的关系，节理裂隙的发育程度及其分布。

三、实验步骤

试验用压力机应能连续加载且没有冲击，具有足够的吨位，并在总吨位的 10%～90% 之间进行试验，压力机的承压板，必须具有足够的刚度。压力机还须具有球形座，板面须平整光滑。试样上下两端的滑车和斜剪仪，有足够的刚度，板面须平整光滑。压力机应符合国家计量标准的规定。

将滑车放置在压力机承压板中心，试样各置于三种不同角度的斜剪仪上，然后再放置于滑车中心，调整球形座的承压板，使试样均匀受载，按每秒 300～500kPa 的加载速度连续施加荷载直到试样破坏为止，并记录最大破坏荷载，描述试样破坏形态，且记下有关情况。

四、实验过程原始记录、结果及分析

（1）计算作用在试件剪切面上的法向总压力和切向总剪力：

$$N-P\cos\alpha-Pf\sin\alpha=0$$

$$Q+Pf\cos\alpha-P\sin\alpha=0$$

式中 P——压力机上施加的总垂直力（kN）；

$\quad\quad N$——作用在试件剪切面上的法向总压力（kN）；

$\quad\quad Q$——作用在试件剪切面上的切向总剪力（kN）；

$\quad\quad f$——压力机垫板下面的滚珠的摩擦系数，可由摩擦校正试验决定；

$\quad\quad \alpha$——剪切面与水平面所呈的角度。

（2）按下式计算不同角度的各级法向荷载下的正应力和剪应力：

$$\sigma=\frac{P}{A}(\cos\alpha+f\sin\alpha)$$

$$\tau_f=\frac{P}{A}(\sin\alpha-f\cos\alpha)$$

式中 A——剪切面面积（m²）。

（3）绘制剪应力与正应力关系曲线，采用图解法，以正应力为横坐标、剪应力为纵坐标，线性拟合绘制 τ_f-σ 抗剪曲线图，从拟合曲线表达式确定 c、φ 值。

岩石抗剪强度试验记录表

试样编号	岩石名称	含水状态	试样尺寸 （mm×mm）	斜剪角度	破坏最大荷载 （kN）	正应力 （kPa）	剪应力 （kPa）
备注	描述试样破坏形态，黏聚力 c 和内摩擦角 φ 值						

实验七　岩石三轴试验

一、实验目的、原理

岩石三轴试验是在三向应力状态下测定岩石的强度和变形的一种方法，本试验方法所指的三轴试验系侧向等压的三轴试验。

根据岩样的含水状态，按照规程的规定可做烘干状态下和饱和状态下的三轴试验。当用电阻片测定变形时，应在试样饱和之前做好防潮处理工作。

为便于资料分析，在进行岩石三轴试验的同时，应制样测定岩石的抗拉强度和单轴抗压强度。

二、试样制备、使用仪器及材料

采用钻石机、切石机、磨石机等制样设备取出圆柱体岩芯。在室内进行加工，试样加工精度和尺寸要满足下列要求：

试样直径为50mm，直径误差不得超过1mm。试样高度为直径的2～2.5倍。两端面的不平行度，最大不超过0.05mm，端面应垂直于试样轴线，最大偏差不超过0.25°，在钻、切、磨制取试样过程中，不允许有人为裂隙出现。量测试样尺寸，检查试样加工精度，并记录试样加工过程中的缺陷，要求量测准确至0.02mm。

试验前要对岩石的颜色、结构、矿物成分、颗粒大小、胶结物性质等特征进行描述，并记述受载方向与层理、片理及节理裂隙之间的关系，节理裂隙的发育程度及其分布。

试样的防油处理，首先在准备好的试样表面上涂上薄层胶液（如聚乙烯醇缩醛胶等），待胶液凝固后，再在试样上套上耐油的薄橡皮保护套或塑料套，以防止试样破坏后碎屑落入压力室内。

三、实验步骤

岩石三轴压缩试验采用岩石三轴压力仪进行。在进行三轴试验时，先将试件施加侧压力，即小主应力 σ_3'，然后逐渐增加垂直压力，直至破坏，得到破坏时的大主应力 σ_1'，从而得到一个破坏时的莫尔应力圆。采用相同的岩样，改变侧压力为 σ_3''，施加垂直压力直至破坏，得 σ_1''，从而又得到一个莫尔应力圆。绘出这些莫尔应力圆的包络线，即可求得岩石的抗剪强度曲线。如果把它看作一根近似直线，则可根据该线在纵轴上的截距和该线与水平线的夹角求得黏聚力 c 和内摩擦角 φ。

将试样置于三轴压力室内，如要测变形还要接好电阻应变片的连接线，选择几个侧向压力值，先施加预定的侧向压力，在侧向压力稳定后，以每秒 $500\sim800kPa$ 的加载速度连续施加轴向载荷直至破坏，并记录破坏时的最大荷载及相应的侧向压力值，描述试样的破坏形态，且记下有关情况。

四、实验过程原始记录、结果及分析

$$\sigma_1 = \frac{P_c}{A}$$

式中 σ_1——不同侧向应力时的轴向应力值（kPa）；

P_c——试样破坏时的最大荷载（kN）；

A——试样横截面积（m²）。

岩石三轴试验记录表

试样编号	岩石名称	含水状态	试样尺寸			侧向应力（kPa）	最大破坏荷载（kN）	轴向应力（kPa）
			平均直径（mm）	平均高度（mm）	横截面积（mm²）			
备注	描述试样破坏形态，黏聚力 c 和内摩擦角 φ 值							

实验八　岩石变形试验

一、实验目的、原理

在纵向压力作用下测定试样的纵向和横向变形，然后计算岩石的弹性模量和泊松比。弹性模量是指纵向单轴压缩应力与纵向应变之比。一般取单轴抗压强度的 50% 作为应力和该应力下的纵向应变值进行计算，根据需要也可以确定任何应力下的弹性模量。

泊松比是横向应变与纵向应变之比，一般取单轴抗压强度的 50% 时的横向应变值和纵向应变值计算。根据需要也可以求任何应力下的泊松比。

根据岩样的含水状态，按照规程的规定可测出岩石试样烘干状态下和饱和状态下岩石的弹性模量和泊松比。

应注意的是当用电阻片测定变形时，应在试样饱和之前对电阻片进行防潮处理。

二、试样制备、使用仪器及材料

采用钻石机、切石机、磨石机等制样设备取出圆柱体岩芯在室内进行加工，试样加工精度和尺寸要满足下列要求：

试样直径为 50mm，直径误差不得超过 1mm。高度为 100mm，高度误差不得超过 3mm。两端面的不平行度，最大不超过 0.05mm，端面应垂直于试样轴线，最大偏差不超过 0.25°，在钻、切、磨制试样过程中，不允许有人为裂隙出现。量测试样尺寸，检查试样加工精度，并记录试样加工过程中的缺陷，要求量测准确至 0.02mm。

试验前要对岩石的颜色、结构、矿物成分、颗粒大小、胶结物性质等特征进行描述，并记述受载方向与层理、片理及节理裂隙之间的关系，节理裂隙的发育程度及其分布。

三、实验步骤

试验用压力机应能连续加载且没有冲击，具有足够的吨位，并在总吨位的 10%～90% 之间进行试验，压力机的承压板，必须具有足够的刚度，压力机还须具有球形座，板面须平整光滑，试样上下两端加的辅助承压板直径不小于试样直径，且也不宜大于试样直径的两倍，并有足够的刚度，板面须平整光滑。压力机应符合国家计量标准的规定。

当选择引伸仪试验时，要求引伸仪通过国家计量检定合格，引伸仪要安装在试样中部，每个试样安装纵向和横向引伸仪各 1 个。将安装好引伸仪的试样置于压力机承压板中心，以每秒 500～800kPa 的加载速度逐渐对试样施加载荷，使之均匀受载直至破坏，描述试样破坏形态，且记下有关情况。

在施加载荷的过程中，引伸仪将自动记录各级纵向和横向的应力-应变关系曲线。

四、实验过程原始记录、结果及分析

(1) 弹性模量按下式进行计算：

$$E_{50} = \frac{\sigma_{50}}{\varepsilon_{50}}$$

式中　E_{50}——弹性模量（kPa）；

　　　σ_{50}——相应于抗压强度 50% 的应力值（kPa）；

　　　ε_{50}——应力为抗压强度 50% 时的纵向应变值。

(2) 泊松比按下式进行计算：

$$\mu = \frac{\varepsilon_{d50}}{\varepsilon_{l50}}$$

式中　μ——泊松比；

　　　ε_{d50}——应力为抗压强度 50% 时的横向应变值；

　　　ε_{l50}——应力为抗压强度 50% 时的纵向应变值。

岩石变形试验记录表

试样编号	岩石名称	含水状态	试样尺寸		应力值 σ_{50}（kPa）	纵向应变值 ε_{l50}	横向应变值 ε_{d50}	泊松比 μ
			平均高度（mm）	平均直径（mm）				
备注		描述试样破坏形态，单轴抗压强度（kPa）值						

参 考 文 献

[1] 张永兴，许明．岩石力学(第三版)［M］．北京：中国建筑工业出版社，2015．

[2] 中华人民共和国住房和城乡建设部．工程岩体分级标准 GB/T 50218—2014 ［S］．北京：中国计划出版社，2014．

[3] 中华人民共和国住房和城乡建设部．建筑边坡工程技术规范 GB 50330—2013 ［S］．北京：中国建筑工业出版社，2013．

[4] 中华人民共和国住房和城乡建设部．工程岩体试验方法标准 GB/T 50266—2013 ［S］．北京：中国计划出版社，2013．

[5] 国家能源局．水电工程岩体质量检测技术规程 NB/T 35058—2015［S］．北京：中国电力出版社，2016．

[6] 中华人民共和国交通运输部．公路隧道设计规范第一册土建工程 JTG 3370.1—2018［S］．北京：人民交通出版社股份有限公司，2018．

[7] 李建林．卸荷岩体力学原理与应用［M］．北京：科学出版社，2016．

[8] 沈明荣，陈建峰．岩体力学(第二版)［M］．上海：同济大学出版社，2015．

[9] 孙广忠，孙毅．岩体力学原理［M］．北京：科学出版社，2011．

[10] 蔡美峰，何满潮，刘东燕．岩石力学与工程(第二版)［M］．北京：科学出版社，2013．

[11] John A. Hudson, John P. Harrison．工程岩石力学［M］．北京：科学出版社，2009．

高等学校土木工程专业指导委员会规划推荐教材（经典精品系列教材）

征订号	书 名	定价	作 者	备 注
V28007	土木工程施工（第三版）（赠送课件）	78.00	重庆大学 同济大学 哈尔滨工业大学	教育部普通高等教育精品教材
V36140	岩土工程测试与监测技术（第二版）	48.00	宰金珉 王旭东 等	
V25576	建筑结构抗震设计（第四版）（赠送课件）	34.00	李国强 等	
V30817	土木工程制图（第五版）（含教学资源光盘）	58.00	卢传贤 等	
V30818	土木工程制图习题集（第五版）	20.00	卢传贤 等	
V36383	岩石力学（第四版）（赠送课件）	48.00	许明 张永兴	
V32626	钢结构基本原理（第三版）（赠送课件）	49.00	沈祖炎 等	
V35922	房屋钢结构设计（第二版）（赠送课件）	98.00	沈祖炎 陈以一 等	教育部普通高等教育精品教材
V24535	路基工程（第二版）	38.00	刘建坤 曾巧玲 等	
V31992	建筑工程事故分析与处理（第四版）（赠送课件）	60.00	王元清 江见鲸 等	教育部普通高等教育精品教材
V35377	特种基础工程（第二版）（赠送课件）	38.00	谢新宇 俞建霖	
V28723	工程结构荷载与可靠度设计原理（第四版）（赠送课件）	37.00	李国强 等	
V28556	地下建筑结构（第三版）（赠送课件）	55.00	朱合华 等	教育部普通高等教育精品教材
V28269	房屋建筑学（第五版）（含光盘）	59.00	同济大学 西安建筑科技大学 东南大学 重庆大学	教育部普通高等教育精品教材
V28115	流体力学（第三版）	39.00	刘鹤年	
V30846	桥梁施工（第二版）（赠送课件）	37.00	卢文良 季文玉 许克宾	
V31115	工程结构抗震设计（第三版）（赠送课件）	36.00	李爱群 等	
V35925	建筑结构试验（第五版）（赠送课件）	49.00	易伟建 张望喜	
V36141	地基处理（第二版）（赠送课件）	39.00	龚晓南 陶燕丽	
V29713	轨道工程（第二版）（赠送课件）	53.00	陈秀方 娄平	
V28200	爆破工程（第二版）（赠送课件）	36.00	东兆星 等	
V28197	岩土工程勘察（第二版）	38.00	王奎华	
V20764	钢-混凝土组合结构	33.00	聂建国 等	
V36410	土力学（第五版）（赠送课件）	58.00	东南大学 浙江大学 湖南大学 苏州大学	

注：本套教材均被评为《"十二五"普通高等教育本科国家级规划教材》和《住房城乡建设部土建类学科专业"十三五"规划教材》。

征订号	书 名	定价	作 者	备 注
V33980	基础工程（第四版）（赠送课件）	58.00	华南理工大学 等	
V34853	混凝土结构（上册）——混凝土结构设计原理（第七版）（赠送课件）	58.00	东南大学 天津大学 同济大学	教育部普通高等教育精品教材
V34854	混凝土结构（中册）——混凝土结构与砌体结构设计（第七版）（赠送课件）	68.00	东南大学 同济大学 天津大学	教育部普通高等教育精品教材
V34855	混凝土结构（下册）——混凝土桥梁设计（第七版）（赠送课件）	68.00	东南大学 同济大学 天津大学	教育部普通高等教育精品教材
V25453	混凝土结构（上册）（第二版）（含光盘）	58.00	叶列平	
V23080	混凝土结构（下册）	48.00	叶列平	
V11404	混凝土结构及砌体结构（上）	42.00	滕智明 等	
V11439	混凝土结构及砌体结构（下）	39.00	罗福午 等	
V32846	钢结构（上册）——钢结构基础（第四版）（赠送课件）	52.00	陈绍蕃 顾强	
V32847	钢结构（下册）——房屋建筑钢结构设计（第四版）（赠送课件）	32.00	陈绍蕃 郭成喜	
V22020	混凝土结构基本原理（第二版）	48.00	张誉 等	
V25093	混凝土及砌体结构（上册）（第二版）	45.00	哈尔滨工业大学 大连理工大学等	
V26027	混凝土及砌体结构（下册）（第二版）	29.00	哈尔滨工业大学 大连理工大学等	
V20495	土木工程材料（第二版）	38.00	湖南大学 天津大学 同济大学 东南大学	
V36126	土木工程概论（第二版）	36.00	沈祖炎	
V19590	土木工程概论（第二版）（赠送课件）	42.00	丁大钧 等	教育部普通高等教育精品教材
V30759	工程地质学（第三版）（赠送课件）	45.00	石振明 黄雨	
V20916	水文学	25.00	雒文生	
V31530	高层建筑结构设计（第三版）（赠送课件）	54.00	钱稼茹 赵作周 纪晓东 叶列平	
V32969	桥梁工程（第三版）（赠送课件）	49.00	房贞政 陈宝春 上官萍	
V32032	砌体结构（第四版）（赠送课件）	32.00	东南大学 同济大学 郑州大学	教育部普通高等教育精品教材
V34812	土木工程信息化（赠送课件）	48.00	李晓军	

注：本套教材均被评为《"十二五"普通高等教育本科国家级规划教材》和《住房城乡建设部土建类学科专业"十三五"规划教材》。